실무를 위한 식품 품질관리

FOOD QUALITY CONTROL

실무를 위한 식품품질관리

류기형 · 권미라 · 김병기 · 김병용 · 박양균 · 양지영
은종방 · 이승주 · 이재권 · 정헌상 · 최원석
전국식품공학교수협의회

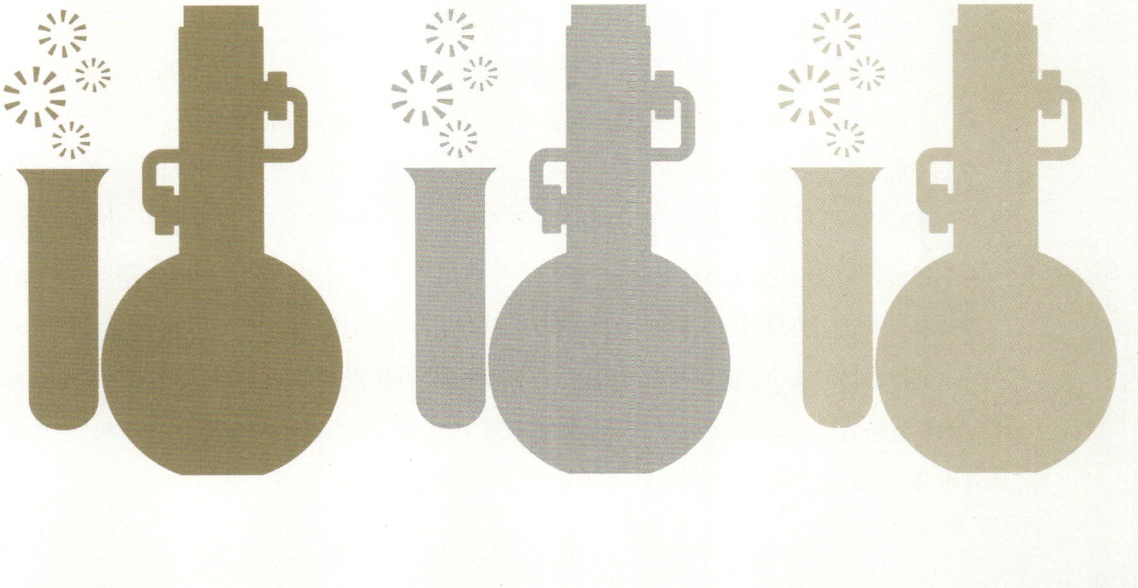

수학사

머리말

식품품질관리란 소비자가 만족하는 품질이 보증된 제품을 생산하기 위하여 원료에서부터 생산 공정을 거쳐 완제품까지 평가하고 관리하는 것이다. 최근 품질관리의 중요성에 대한 관심이 학계와 산업체를 중심으로 확산되고 있으며, 관련 기술 역시 크게 발전하고 있다. 이러한 산업체와 학계의 분위기와 더불어 이를 학문적 체계를 세우고자 하는 요구에 따라 (사)전국식품공학교수협의회에서는 교재 편찬사업의 두 번째 도서로 『실무를 위한 식품품질관리』를 기획하였다. 책을 집필할 저자를 섭외하려고 여러 학교의 학과로 연락을 취하면서 더욱 더 '식품품질관리' 교과과정을 충실히 수행할 수 있는 교재의 필요성을 확인하게 되었다.

이 책의 내용은 제품의 품질 평가를 포함한 산업체에서 필요한 실무 위주로 집필하려고 노력하였다. 특히 핵심 키워드는 식품품질, 품질경영, 공정관리(생산·위생 관리), 제품 평가, 통계, 실무품질관리로 요약될 수 있다. 제1장에서는 식품품질관리의 개요를 서술하였고, 제2장은 총체적 품질경영과 품질경영을 위해 사용되는 도구들의 내용을 설명하였다. 제3장은 공정관리를 생산관리와 위생관리 부분으로 나누어 다루었으며, 제4장은 제품의 평가를 위한 이화학적 분석법, 미생물학적 분석법, 식품관능검사로 구성하였다. 제5장은 품질 평가에서 데이터를 통계적 방법으로 처리하기 위한 통계 기초를 소개하고, 마지막 제6장은 실무에서 요구하는 제품등록 및 품목보고서 작성과, 고객이 상품을 구매하는 과정에서 불만을 제기하는 소비자 클레임에 대한 대처 방안 등을 다루었다.

집필진을 섭외하기 위해 (사)전국식품공학교수협의회 회원학과를 통해 '식품품질관리학' 개설 상황을 파악하였을 때, 대부분의 학교는 교과과정에 포함되어 있었으나 실제 강의는 전담 교수와 도서의 불충분함 등으로 활성화되어 있지 못한 경우가 많았다. 이번에 출간하는 『실무를 위한 식품품질관리』가 학과에서 '품질관리학' 과목의 강의를 개설하는 데 있어서 어려움을 다소나마 해결하고, 더불어 산업체에서 요구하는 품질관리학 기초가 튼튼한 인력을 양성하는 데 도움이 되길 바란다. 또한 (사)전국식품공학교수협의회에서는 산업체를 대상으로 '품질관리학' 강좌를 개설하여 이 교재가 산업체와 학계의 가교 역할을 충실히 수행할 수 있기를 기대한다.

바쁘신 가운데 이 책의 집필에 참여해 주신 권미라(부산대), 김병기(단국대), 김병용(경희대), 박양균(목포대), 양지영(부경대), 은종방(전남대), 이승주(동국대), 이재권(경기대), 정헌상(충북대), 최원석(한국교통대)(가나다 순) 선생님께 감사한 마음을 전한다. '품질관리'의 중요성에 공감하며 책이 완성될 때까지 도와주신 수학사 이영호 사장님과 전찬일 부장님께 감사드리며, 이 책의 출판에 위해 수고하신 (사)전국식품공학교수협의회 박양균, 박종현 회장님께도 감사의 말씀을 드린다.

집필자 대표 류기형

차례

제6장 실무 품질관리

1

제1장

품질관리 개론

introduction

1 품질관리 개론

품질#을 관리하기 위해서는 먼저 관리 대상이 되는 품질의 뜻을 명확히 하는 것이 중요하다. 품질 그 자체의 정의는 시대에 따라 변화를 보인다. 특히 기업 간 경쟁이 심해지면서 품질이 경쟁력임을 고려할 때, 고객의 입장에서 본 품질의 개념이 정립되어야 할 것이다.

1. 품질이란

1) 품질의 정의

품질(quality)은 필요조건이나 규격(specification)을 충족시키는 제품의 특성으로 정의된다. 즉, 제품이나 서비스가 지니는 고유한 성질, 특성, 개성 등을 의미하는 것으로 제품의 유용성을 결정하는 성질 또는 제품의 사용 목적을 다하기 위해서 구비해야 할 성질이며, 제품의 우수한 정도, 기준과의 일치성 정도, 구조의 적합성 등으로 정의할 수 있다. 따라서 제품의 품질은 제품을 사용하는 소비자에 의해 평가되며, 결국 소비자의 사용 목적이나 조건에 맞는 품질이 좋은 품질이다. 과거에는 단순히 사용에 대한 적합성(fitness for use) 또는 제품의 특성(characteristics of products)으로 품질을 정의하였으나, 종합적 품질관리를 제창한 파이겐바움(Armand V. Feigenbaum)은 소비자의 사용 목적에 부응하는 제품 및 서비스에 관한 전체적 특성의 구성이라고 정의하며, 소비자 기대의 적응도로 개념을 확대하였다.

품질quality 품질이란 제품이나 서비스에 대해 고객의 다양한 요구 사항과 기대에 부흥하는 생산, 기술 등에 대한 전체적 특성

한국공업규격(Korean Industrial Standard, KS)에서는 품질을 제품 또는 서비스가 명시적 또는 묵시적 요구(needs)를 만족시키는 능력이 있는 특징 또는 총체적 특성으로 정의하고 있다.

다구찌(Daguch)는 최고의 품질은 사회에 끼치는 손실이 없는 반면, 나쁜 품질의 제품은 손실금액이 커지게 되므로 제품이 출하된 시점부터 성능 특성치의 변동과 부작용 등으로 인하여 사회에 끼치는 손실을, 각 제품에 대한 손실함수(loss function)로 정의하여 설명하였다.

현재 품질 개념은 더욱 확대되어 만족도, 적합성, 소비자 누응도, 성능, 특징, 내구성, 편의성, 기호 등을 포함하여 소비자 및 사회의 현재적, 잠재적 요구조건에 대한 충족으로 확장되었다.

2) 품질 표준

제품의 품질 표준(standards of quality)[#]에 도달하는 방법으로는 여러 가지가 있지만, 그 중 가장 일반적인 4개의 기준은 다음과 같다.

(1) 법적 표준

정부 또는 지방자치단체는 법률 또는 규정을 통하여 법적 표준(legal standards)[#]을 설정함으로써 식품, 의약품, 화장품 등에 대한 품질의 최소 기준을 나타낸다. 법적 기준은 사용이 허용된 첨가제의 최대 사용량 또는 특정 처리조건을 확립하여 제품을 오염시키지 않는 것이다.

(2) 기업 또는 자발적 수준의 표준

기업 수준의 표준(company label standards)[#] 또는 자발적 수준의 표준(voluntary label standards)은 산업의 다양한 분야에서 설립된 기업이 정하는 품질 표준이다. 소비자에게 이미지를 주고 제품 품질의 상표 또는 상징이 될 수 있다. 자발적 표준은 일반적으로 민간 기

품질 표준standards of quality 제품의 품질에 대한 표준에 도달하는 방법

법적 표준legal standards 정부 또는 지방자치단체에 의해 법률 또는 규정을 통하여 설정된 품질 기준으로 의무적으로 준수해야 하는 품질 표준

기업 수준 표준company label standards 산업의 다양한 분야에서 설립된 기업이 추구하고 기준을 규정하는 품질 표준

업이나 슈퍼마켓 등에서 사용되고, 주어진 수준은 특정한 요구 사항에 따라 변화하는 경향이 있다.

(3) 산업 표준

산업 표준(industry standards)#은 조직된 그룹이 특정 제품에 대하여 특정 품질의 한계를 세우는 것이다. 산업 표준은 판매 조직 또는 법적 기준이 관여하지 않는 특정 상품 그룹에 대한 규제를 위해 실시한다. 예를 들면 복숭아, 땅콩버터, 일부 냉동식품에 대한 표준이다. 즉, 산업 전 분야의 제품, 시험, 제작 방법 등에 대하여 규정하는 표준이다.

(4) 소비자 또는 등급 표준

소비자 표준(consumer standards)# 또는 등급 표준(grade standards)은 제품에 대한 소비자의 요구 사항을 나타내며, 일반적으로 이전 소비자의 경험에 기초한다. 농산물 등급은 국립농산물품질관리원에서 표준 규격을 설정하여 관리하고 있다.

3) 품질에 대한 관점

일반적으로 품질이라는 용어는 제품이나 서비스를 어느 관점에서 보느냐에 따라 달라질 수 있다.

(1) 소비자 관점

소비자가 제품의 품질을 결정하므로, 품질은 각기 다른 소비자의 요구를 가장 잘 만족시켜 주는 제품이 가장 높은 품질의 제품이다. 즉, 품질은 소비자들이 지불하고자 하는 가격으로 제품이나 서비스가 의도하는 목적에 맞게 서비스가 잘 되는가를 나타내는 가치이다.

(2) 생산자 입장

품질은 '요구조건의 일치'로 정의할 수 있다. 즉, 사전에 정해진 규격 또는 설계된 내용과 제품의 품질 표준이 일치되는 정도로 품질 수준을 결정한다.

산업 표준industry standards 기업체로 조직된 그룹이 특정 제품에 대하여 품질의 한계를 세운 표준
소비자 표준consumer standards 소비자 권익에 도움이 되면서 기업 경쟁력에도 도움이 되는, 나아가 인간의 삶을 행복하고 편리하게 해 주는 표준
요구 품질requirement of quality 소비자가 요구하는 품질을 파악하는 품질

(3) 제품 지향적 측면

품질을 명확하고 측정 가능한 변수로 인식한다. 즉, 제품의 품질을 향상시키는 특성에 기초한 것으로 내구재의 경우 사용기간이 길면 좋은 품질이고, 아이스크림은 유지방의 함량이 많으면 좋은 것으로 본다.

(4) 가치 지향적 측면

품질을 가격 혹은 비용과 결부시켜 인식한다. 즉, 수요 가능한 비용 수준의 일치성을 의미하는 것으로, 가치=품질 특성/가격(비용)으로 해석하여, 최소의 비용으로 최대의 제품 품질로 구성될 때에 가치는 증가한다.

품질에 대한 여러 관점 중에서 가장 대표적 관점은 소비자 측면과 생산자 측면에서 인식하는 품질의 정의이다. 즉, 소비자 입장에서의 품질 정의인 사용 적합성과, 생산자 입장에서의 품질 정의인 요구조건의 일치성을 기본 개념으로 한다.

4) 품질의 분류

일반적으로 제품 및 서비스의 품질은 절대적 개념이 아니라 생산자의 조건과 소비자의 요구에 부응할 수 있는 상대적 개념이므로, 제품 및 서비스의 품질은 품질 특성과 가격의 양면에서 소비자와 생산자를 만족시킬 수 있는 최적의 품질이어야 한다.

(1) 주관적 품질

사용 또는 적용 목적을 만족시켰는지를 의미한다

(2) 객관적 품질

평가의 대상이 되는 고유의 성질, 성능의 전부를 의미한다.

(3) 요구 품질

품질은 우선 사용하는 사람의 입장에서 생각해야 한다면 소비자가 요구하는 품질이 어떤 것인지를 파악해야만 하고, 이때 소비자가 요구하는 품질이 요구 품질(requirement of quality)[#]이다. 즉, 소비자에 의해 결정되는 품질로서 실제 사용하면서 평가되므로 설계 품질의 기초가 되는 소비자 품질이자 목표 품질이다.

(4) 설계 품질

설계 품질(quality of design)#은 소비자가 요구하는 품질을 실현하기 위해 제품을 기획하므로 소비자의 요구를 충분히 조사한 후 원료의 수급방법, 제조공정의 설비, 제조 기술 수준, 생산관리 능력 및 경제성을 고려하여 제조 가능한 수준으로 설정한 품질이다(그림 1-1). 또한 설계 품질의 결과를 바탕으로 성분 배합비, 성상, 성능, 용도 등 제품 규격(specification)을 규정하는 품질이다.

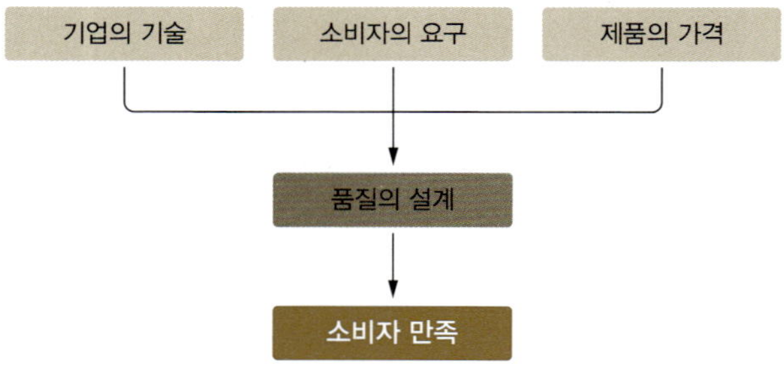

그림 1-1 **품질의 설계**

설계 품질은 그림 1-2와 같이 품질을 높이면 품질의 원가가 올라가고 품질의 가치도 올라가지만 최적의 수준을 지나면 품질의 가치와 원가 차이가 점점 줄어든다. 반대로 설계 품질이 최적의 수준 이하로 내려오면 품질 원가는 적게 들지만 품질 저하로 인한 시장 가치가 더 크게 하락한다.

(5) 제조 품질

설계 품질이 완성되면 이것을 제조공정을 통해서 실물로 실현하기 위한 준비작업이 이루어진다. 즉 공정 설계와 원자재의 구매, 인력 확보 등이 진행되고, 이들의 투입으로 제조 단계에서 설계 품질을 제품화하게 된다. 여기서 실현된 품질을 제조 품질(quality of

설계 품질quality of design 요구 품질을 실현하기 위해 제품을 기획하고, 그 결과를 정리하고 도면화한 품질
제조 품질quality of manufacture 완성된 설계 품질을 제조공정을 통해서 실물로 실현하기 위한 준비작업을 거쳐 설계 품질을 제품화한 품질

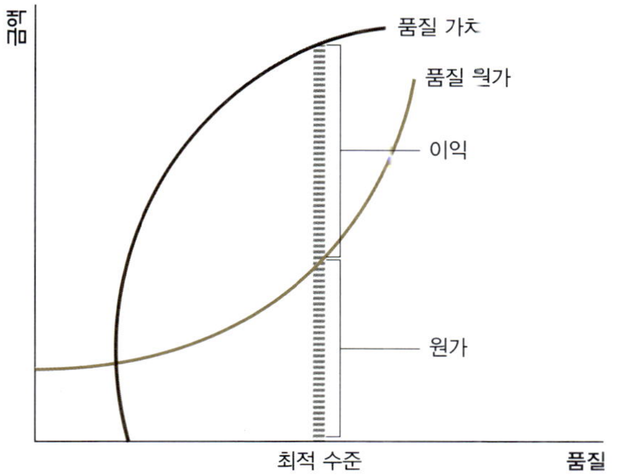

그림 1-2 **설계 품질의 품질 가치와 품질 원가**

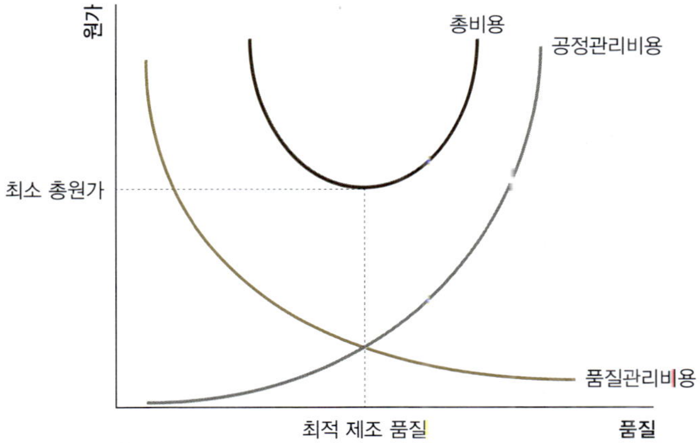

그림 1-3 **가격과 제조 품질**

manufacture)* 또는 적합 품질(quality of conformance)이라고 한다.

제조 품질의 총비용은 그림 1-3과 같이 공정관리비용과 품질관리비용의 합계이며, 공정관리비용을 높여 제조 품질을 향상시키면 품질관리비용은 감소되나 총제조비용은 높아진다. 반대로 공정관리비용을 낮추면 제조 품질이 저하되어 품질관리비용이 상승하므로 총제조비용도 상승한다. 따라서 효율적인 품질관리를 수행하면 상대적으로 품질관리비용을 낮출 수 있으므로 제조 원가가 낮아져도 제조 품질은 올라가 제조 품질과 품질관리비용의 관계를 개선할 수 있다.

일반적으로 제품 품질은 공정 산포, 즉 평균에서 넓은 범위로 분포되어 있는지 또는 좁게 분포되어 있는지를 나타내는 산포의 원인이 되는 4M(man, method, machine, material)에 영향을 받으며 기술적, 경제적으로 허용되는 범위 내에서 제품 품질을 설계 품질로 합치시키려는 노력에 의해 품질의 향상이 이루어진다.

(6) 시장 품질

시장 품질(quality of market)#은 시장에 나간 제품을 하나의 상품으로 소비자들이 구입하여 사용하면서 평가하는 품질이다. 즉 시장에서 좋은 평판을 받는 것도 있고 반대로 나쁜 평판을 받는 것도 있는데 이러한 품질을 시장 품질이라고 한다. 회사는 시장 품질을 통해서 상품에 대한 유용한 정보를 얻을 수 있어서 신제품을 개발할 때에 유효하고 중요한 정보로 이용할 수 있다. 경제적인 시장 품질은 품질에 대한 소비자의 만족도를 소비자 측에서 부담하는 소비자 비용과 생산자 측에서 부담하는 서비스 비용과의 관계에서 찾을 수 있다(그림 1-4).

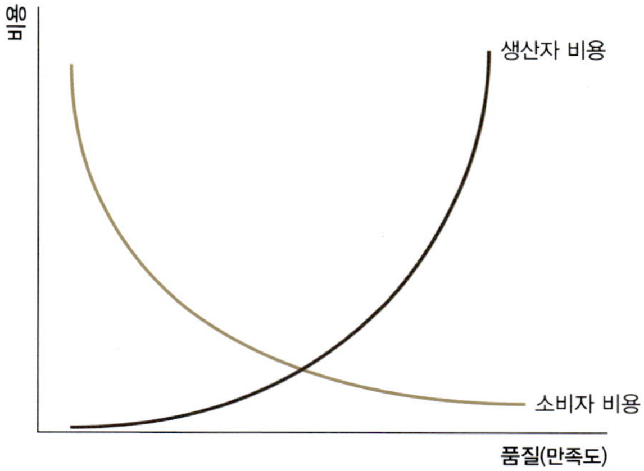

그림 1-4 **비용과 시장 품질**

2. 품질관리란

1) 품질관리의 정의

품질관리(quality control, QC)#는 제품이나 서비스가 기업이 정한 표준에 어느 정도 근접

시장 품질quality of market 소비자를 통해 상품에 대한 유용한 정보를 얻을 수 있는 품질이 시장 품질
품질관리quality control 기업에서 품질을 보장하고 이것을 가장 경제적인 제품으로서 생산하는 방법

했는지를 측정하는 것이다. 이러한 의미에서 품질관리란 설계 품질, 제조 품질, 시장 품질의 3가지 종류의 품질을 계획하고 통제하는 것이다. 그러므로 품질관리는 제품 설계에서 원자재의 구입, 제조공정은 물론이고, 판매 후의 서비스까지 품질보증(quality assurance) 활동이 이루어져야 한다.

품질관리에 대한 한국공업규격(KS)에 의하면 수요자의 요구에 맞는 품질의 제품을 만들어 내기 위한 모든 수단과 체계라고 정의하고 있다. 초기의 품질관리는 생산된 제품의 크기, 무게, 부피와 화학적 성분 조성 등을 측정하고, 품질 표준의 규격과 비교하여 적합성을 판정하는 방법을 선택하였다. 이 경우 측정의 과학성이 낮으며 전체 제품을 검사해야 하므로 비용적 측면에서 부담이 컸다. 이러한 결점에 대한 보완으로 1920년대에 미국 벨 연구소((Bell Lab.)에서는 품질관리에 통계적 수단을 이용하기도 하였다. 이후 통계적 방법이 품질관리에 광범위하게 적용되어 통계적 품질관리(statistical quality control, SQC)에 의존하게 되었다.

통계적 품질관리를 과학적으로 공정관리에 적용하여 표준화해서 품질 수준의 유지 향상을 도모하는 통계적 품질관리만으로는 부족한 부분이 있었다. 이에 소비자 요구에 적합한 제품의 품질 또는 서비스를 효과적으로 제공하기 위하여, 1970년대 경영자, 관리자, 감독자, 작업자 등 모든 사람이 품질을 관리하는 총체적 품질관리(total quality control, TQC) 개념으로 변화하였다. 총체적 품질관리는 시장 및 소비자 조사, 연구 개발, 제품의 설계, 제품의 생산, 제품 품질의 검사, 판매, 애프터서비스(after-service), 재무, 인사, 교육 등 행정적 활동을 포함한다.

이후 경영자의 참여를 촉구하는 품질경영(quality management, QM)이 등장하였으며, 1990년대부터는 종합적 품질경영(total quality management, TQM)으로 발전하였다.

2) 품질관리의 기대 효과

(1) 원가 절감

불량품이 줄어들고 품질이 안정됨으로써 가동률은 향상되며 사용 재료도 적게 든다.

(2) 납기 지연의 방지

품질이 안정되어 생산 계획을 세우기 쉬워지고, 불량에 의한 지연이 없어진다.

(3) 표준화에 의한 합리화

품질 수준을 규격화함으로써 표준화가 진전되기 때문에 재료의 재고는 줄어든다.

(4) 검사비용의 삭감

품질이 안정되면 검사 능률이 올라가고, 검사나 재검사 비용을 절감할 수 있게 된다.

(5) 불량 처리비의 삭감

불량을 줄임으로써 생산·검사·클레임 처리 등에 필요했던 인원과 비용을 절감할 수 있게 된다.

(6) 작업의 합리화

품질관리를 추진해 가는 과정에서 제조·검사의 작업 개선이 진전된다.

(7) 직장의 사기 향상

품질관리 분임조의 활동을 통하여 작업자의 의식이 높아지고 직장의 도덕성(moral)이 향상된다.

(8) 작업자의 기능 향상

불량 퇴치 등 현실적인 주제를 중심으로 교육과 훈련을 해 나가기 때문에 작업자의 기능이 향상된다.

(9) 기회 손실의 방지

설비 등의 예방 정비를 철저히 함으로써 설비 고장에 의한 손실을 막고 보전비용을 줄일 수 있다.

(10) 시장 경쟁을 유리하게 전개할 수 있다.

이상과 같이 품질관리는 품질(quality), 원가(cost), 납기(delivery), 즉 Q·C·D의 향상을 가능하게 한다.

결론적으로 품질관리는 기업의 이익을 창출하기 위하여 양질의 품질로 판매가를 올리고, 대량생산, 원가 절감을 할 수 있다. 특히 외부 환경이나 경제 여건 등에 관계없이 기업이 꾸준히 노력해야 할 항목은 효율적인 품질관리를 통한 원가 절감이다.

3) 제품 품질에 영향을 주는 요인

제품 품질에 영향을 주는 생산의 주요소는 4M, 6M, 7M으로 구성된다. 4M은 원료, 기계, 사람, 기술로 그 내용은 다음과 같다.

① 원료(materials) : 재료, 자재

② 기계(machine) : 설비, 장치

③ 사람(man) : 작업자, 감독자

④ 기술(method) : 작업방법

6M은 4M에 측정(measurement)과 기타(miscellaneous)가 포함되고, 7M은 4M에 자본(money), 판매(market) 및 경영(management)을 포함한다. 그림 1-5는 이러한 요소들이 생산 흐름에 어떻게 결합되어 있는지를 나타낸다.

4) 품질관리의 변천 과정

우리나라의 품질관리 역사를 보면 1955년 품질관리를 도입하였고, 1961년 「공업표준화법」을 제정하였다. 1962년 공업표준심의회(상공부)를 발족하였고, 1965년 한국품질관리학회

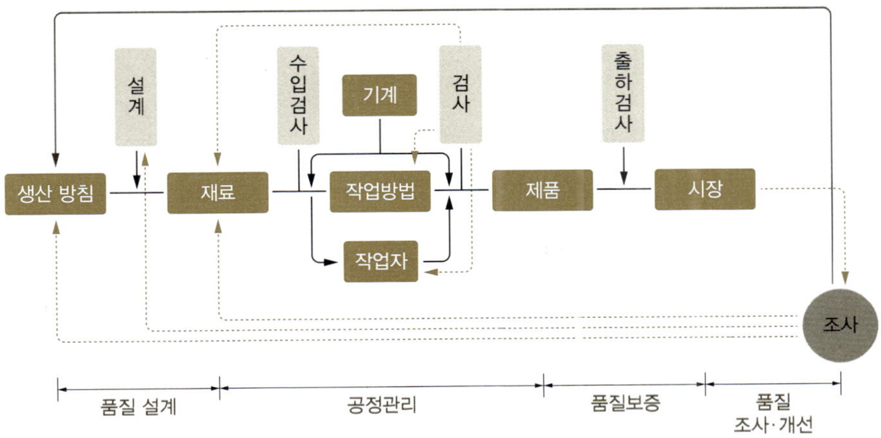

그림 1-5 **생산공정의 흐름**

가 창립되었다. 1967년 KS표시제도의 효율적 활용을 위해 품질관리제도를 실시하고, 1973년에 공업진흥청(현 국가기술표준원)이 발족하였다. 1975년을 '품질관리의 해'로 지정하고 품질의 고급화, 생산성 향상, 원가 절감, 자원 절약 등에 의한 국가 경쟁력 강화를 목표로 하였다. 1980년대는 제품의 양산보다는 좋은 품질의 제품 생산을 중요하게 여겨 신뢰성과 품질보증이 중요시되었으며, 생산자에게 책임을 묻는 생산물 책임제(product liability, PL)가 등장하게 되었다.

품질관리의 변천 과정은 다음과 같이 발전해 왔으며, 그림 1-6은 품질경영의 발전 과정을 보여 준다.

(1) 작업자 품질관리operator quality control

최초의 품질관리는 생산을 담당하고 있는 작업자가 자신의 작업 결과물에 대한 품질까지 담당하였다.

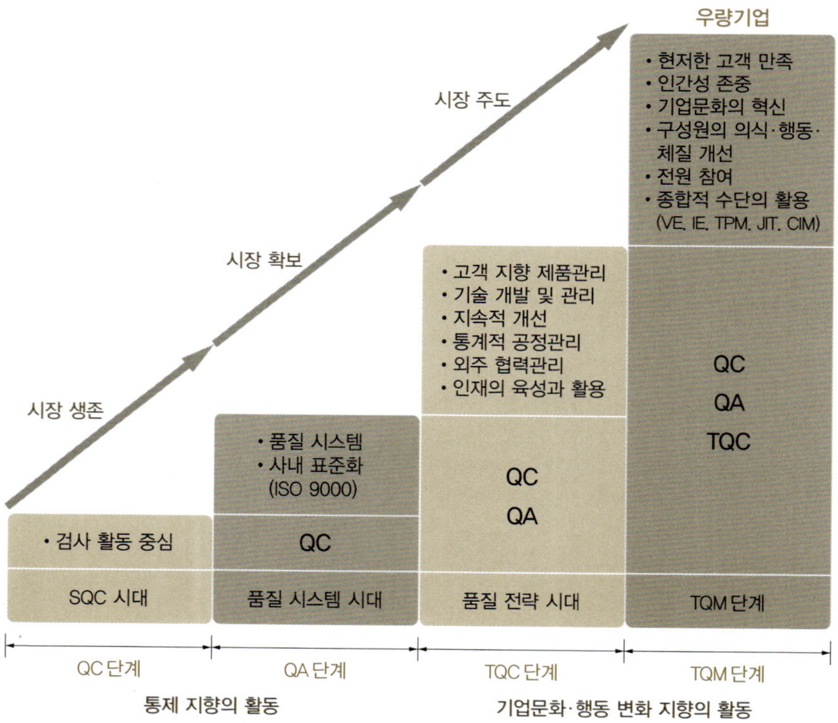

그림 1-6 **품질경영의 발전 과정**

(2) 감독관 품질관리foremen quality control

생산성 향상에 대한 요구로 작업자는 생산만 하고 품질검사는 감독관(조장, 반장)이 담당하는 시대로 넘어갔다.

(3) 검사자 품질관리inspection quality control

생산량이 증대됨에 따라 반장이 작업 감독을 하는 동시에 품질검사까지 하기가 벅차져서 품질검사만을 전담하는 검사자가 품질을 관리하는 시대가 도래하였다.

(4) 통계적 품질관리statistical quality control

제품 및 공정 기술의 발전과 더불어 생산량이 더욱 증대되는 상황에서 모든 생산품에 대한 품질검사를 시행하는 것이 거의 불가능해짐에 따라 샘플링에 의한 통계적 품질관리 개념이 도입되었다.

통계적 품질관리는 일반적으로 표본조사로 이루어지는데, 이는 크게 구매품에 대한 인수 샘플링 검사(acceptance sampling)와 공정을 거친 반제품 또는 완제품의 검사를 위한 공정관리(process control)로 나뉜다.

(5) 총괄적 품질관리total quality control

생산부서 내 품질 담당자가 품질관리를 전담하는 기존의 형태를 벗어나, 기업 전체의 입장에서 고객이 만족할 수 있는 제품과 서비스를 위하여 모든 부서의 활동을 품질 향상과 연관하여 제고하고자 하는 접근방법이다.

(6) 총체적 품질경영total quality management

현재 사회가 새로운 소비자 중심 경제로 변모해 감에 따라 품질의 개념은 가빈(Garvin)에 의해 설명되고 있는 사용자 기준 및 가치 기준 접근법과, 코틀러(Kotler)가 제시한 마케팅 접근법으로 인식해야 할 필요가 있다.

총체적 품질경영이란 고객의 욕구를 충족시켜 줄 수 있는 품질의 제품을 경제적으로 생산하고 서비스할 수 있도록, 조직의 모든 부서가 협력 체계를 이루어 통계적 기법은 물론 제반 기법 및 활동을 통하여 품질의 개발·유지 및 개선의 과업을 수행하는 체계를 의미한다.

3. 식품의 품질 요소

식품의 품질을 구성하는 요소는 양적 요소, 영양 위생적 요소 및 관능적 요소의 3가지로 나눌 수 있다. 식품의 3가지 품질 요소는 어느 한 요소만을 분리하기가 어려운 경우가 많으며 서로 깊은 상관관계를 가지고 있다(그림 1-7).

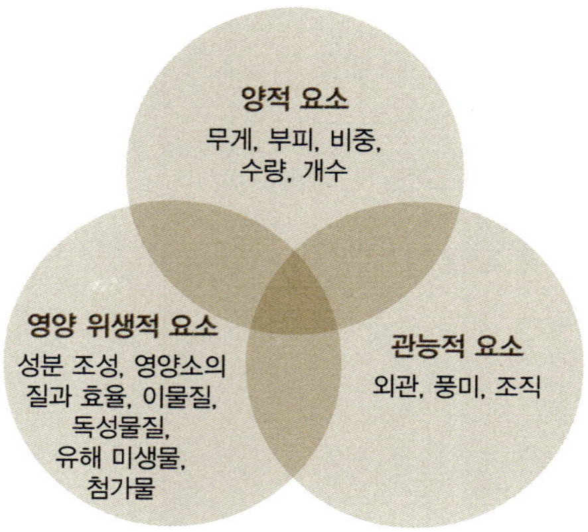

그림 1-7 **품질 요소 및 상관관계**

1) 양적 요소

무게, 부피, 비중, 수량, 개수, 침전물, 고형분 등이 포함된다.

(1) 무게

일반적으로 화학저울을 이용하여 측정한다. 데이터로부터 총중량, 평균 중량, 단위당 중량, 허용 오차에 따른 중량 등을 구할 수 있다. 식품의 품질평가의 중요한 요소이다.

(2) 부피

식품이 차지하는 공간에 의해 측정된다. 품질평가 시에는 측정 개체 간의 공간은 포함되지 않는다.

(3) 비중

비중은 무게와 부피의 비율로 절대비중과 상대비중이 있다.

2) 영양 위생적 요소

경험 및 교육을 통해 알 수 있는 품질 요소들로 성분 조성, 영양가, 영양소의 질과 양, 이물질, 독성물질, 유해 미생물, 첨가물의 사용 여부 등과 같이 외관으로 측정할 수 없는 요소이다.

(1) 화학적 조성

식품의 품질은 지질과 수분의 함량에 영향을 받으며, 입이나 입술로 평가하거나 손가락으로 만지거나 눌러 보아 촉촉함(moist), 건조함(dry), 기름짐(greasy), 즙이 많음(juicy) 등을 직접 느끼고 이를 표현 또는 평가하게 된다.

(2) 영양소의 질과 효율

영양이란 우리 몸이 음식물을 섭취하고 이용하는 전 과정을 말하며, 영양소는 크게 물, 탄수화물, 단백질, 지질, 비타민, 무기질의 6대 영양소로 나눈다. 영양소의 질과 효율은 얼마나 다양한 영양소가 얼마만큼 함유되어 있고, 소화와 흡수 또한 얼마나 잘 이루어지는지로 결정한다.

(3) 영양 저해 요소의 유무

식품의 원료는 자연에서 얻는 것으로 그 자체가 영양 저해 요소를 가지고 있을 수 있다. 이러한 영양 저해 요소는 조리나 가공 공정을 거치면서 제거되고, 일부는 잘못된 조리 및 가열 공정에 의해 생성되거나 그 양이 증가할 수도 있다(그림 1-8). 표 1-1은 식물성 식품 소재에 들어 있는 주요 영양 저해 요소의 종류이다.

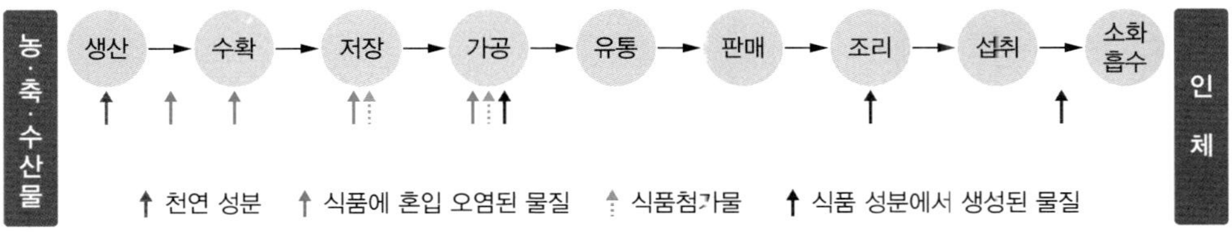

그림 1-8 **식품 제조에서 소화·흡수에 이르는 과정 중 독성물질의 생성 및 존재 가능성**

표 1-1 자연식품 소재의 독소물질

물질명	식품명	독소작용
단백질분해효소 저해인자(protease inhibitor)	대두, 녹두, 완두, 감자	소화 불량, 성장 장애
혈구응집소(hemagglutinin)	대두, 피마자, 완두	성장 저해, 적혈구 점착
사포닌(saponin)	대두	용혈작용
고시폴(gossypol)	면실유	간 손상, 용혈, 부종
테트로도톡신(tetrodotoxin)	복어	신경독

(4) 이물질 및 독소물질의 혼입

식품의 제조공정에서 이물질이나 독소물질의 혼입 가능성이 있으므로 제조공정의 위생 및 안전성 확보가 중요하다. 원료가 반입될 때에 이미 농약, 항생물질 등에 오염된 경우가 있으므로 잔류 농약 및 항생물질 등에 대한 검사가 필요하다. 또한 식품 제조공정에서 머리카락, 비닐, 쇳조각, 종이, 곤충, 세제 등의 이물질이 혼입될 수 있으므로 이러한 이물질 혼입에 대한 관리도 철저히 해야 한다.

(5) 첨가물의 사용

식품의 품질 향상을 위하여 많은 식품첨가물이 사용되고 있다. 이러한 식품첨가물은 식품에 사용이 허가된 것에 한하여 사용되어야 하고, 사용 허용량도 잘 지켜져야 한다.

(6) 유해 미생물의 유무

식품에 오염 가능성이 있는 전염성 세균과 독소 생성균에 대한 관리 대책이 필요하며, 제조공정상에서 그 관리 대책의 적용이 필요하다.

3) 관능적 요소

(1) 외관

시각적 요소로는 색채, 크기, 형태 등을 포함한다.

① 식품의 형태와 모양

식품의 형태와 크기는 품질 기준을 설정하는 요소이며, 품질관리에서 이를 분류하여 등급을 매긴다. 용기에 의해 생김새나 모양이 결정될 때가 있으며, 용기에 담았을 때 황금 분할은 용기와 식품의 비율이 5:3일 경우다.

② **색과 광택 및 조밀감**

식품의 색은 기호와 관련해 가장 우선적으로 적용되는 요인이며, 품질을 결정하는 성숙도, 신선도, 부패도를 결정하는 기본 지표이다. 소비자에게 1차적 자극을 제공하여 제품 선정에 큰 영향 인자로 작용한다.

(2) 풍미

후각 및 미각적 요소(냄새와 맛을 포함)로 나뉜다. 화학적 물질이 수용체를 자극하는 것에 반응하는 곳이 화학적 감각기관으로, 미각과 후각 기관이 있다. 미각기관은 혀에 유두가 존재하고 유두에는 미각세포인 미뢰가 있어 맛을 내는 물질이 미뢰에 접촉하면 자극이 뇌로 전달되어 맛을 느낀다. 후각기관은 후각신경섬유와 후각샘을 포함하여 냄새를 맡는 데 적합하게 분화된 코의 점막부분이 해당된다. 후각의 감각세포 표면은 점액으로 뒤덮여 있기 때문에 화학물질은 이 점액에 녹은 뒤 감각세포를 자극하는 것으로 생각된다. 포유류는 주요 후각기관인 코를 통해 흡입된 냄새물질에 반응한다. 냄새물질은 코 내부의 후각상피와 접촉하는데, 후각상피에는 수많은 후각감각세포가 들어 있다. 이들은 원래 있던 냄새에서 새로운 냄새를 구별해 내고, 그 냄새의 농도를 결정할 수 있다.

(3) 조직감

① 조직감(texture)은 식품의 구성 요소가 가지는 물리적·화학적 특징인 유체 변형성을, 경험과 생리적 감각이라는 여러 가지 요소가 복잡하게 작용하고 여기에 심리적 작용이 더해져 감지하는 것을 말한다.

표 1-2 조직감의 분류

분류	특성	종류
기계적 특성(역학 특성)	1차적 특성	경도, 응집성, 탄성, 부착성
	2차적 특성	파쇄성, 씹힘성, 검성
기하학적 특성	입자의 모양 및 크기	분말상, 과립상, 모래 모양, 거친 모양, 덩어리 모양
	성분의 크기 및 배열	박편상, 섬유질상, 펄프상, 기포상, 팽화상, 결정상
촉감적 특성	수분 함량이나 기름기의 영향을 받는 특성	건조함, 촉촉함, 걸쭉함, 묽음, 기름기

② 조직감은 전적으로 촉감에 관계되는 식품의 3가지 기본적 관능 특성의 하나로, 질량이나 힘의 기본 단위로 표시할 수 있는 기계적 방법으로 측정이 가능하다.

③ 조직감은 기계적 촉각, 경우에 따라서는 시각과 청각의 감각기관에 의하여 감지할 수 있는 식품의 모든 물성학적·구조적 특성이다.

④ 조직감과 물성 : 조직감은 음식물을 입 안에서 씹을 때 작용하는 힘과 조직과의 상호 관계에서 느끼는 복합적·기계적 감각으로 식품이 구성하고 있는 각종 성분과 요소의 구조가 외적인 힘에 의하여 변형되거나 유동을 나타내는 등의 표현에서 사용된다.

반면에 물성(rheology)은 외부에서 힘이 가해질 때에 물질의 반응 특성을 말한다. 물질의 변형과 유동에 관한 연구 분야로, 고체의 변형과 액체의 유동을 포함하고 분산계의 분산을 포함시켜 식품의 역학적 성질을 물리적·객관적으로 접근한 것이며 유변학, 유동학, 점탄성학 등이 포함된다.

(4) 품질 변화의 주된 요인과 현상

품질 변화, 특히 품질 저하는 미생물, 효소, 화학반응, 물리적 변화, 기계적 요인에 의해 일어나는데 각각의 품질 저하 요인에 의한 현상은 표 1-3과 같다.

① 식품 변질의 개념

부패는 식품이 미생물의 작용에 의해 형태, 색, 경도, 맛 등 본래의 성질을 잃고 악취를 발생하는 현상을 말한다. 변패는 질소를 함유하지 않은 탄수화물이나 지질 식품이 미생물 등의 작용에 의하여 변화가 일어나 신맛을 생성하거나 특이한 냄새를 생성하고 변질되는

표 1-3 품질 저하의 주된 요인과 현상

품질 저하 요인	품질 저하 현상	
미생물	•미생물 증식 •이취 및 이미 발생	•독소 생성 •물성 변화
효소	•효소적 갈변	•이취 및 이미 발생
화학반응	•악취 •영양소 손실	•산화 및 환원 •비효소적 갈변
물리적 변화	•용질 및 물분자의 이동 •상 변화 •향미 손실	•결정화 및 재결정화 •빛에 의한 색의 변화 •수축 및 붕괴
기계적 요인	•압력에 의한 포장 손상 •파손	•진동에 의한 상처

현상이다. 산패는 유지가 산소에 의해 산화되어 불쾌한 냄새가 나고 색깔이 변화하는 경우를 말한다.

② 미생물에 의한 품질 저하

미생물에 의한 품질 저하는 대표적으로 세균, 곰팡이, 효모 등 미생물에 의하여 발생한다. 부패의 충족조건은 부패 미생물의 오염, 부패 미생물의 성장에 영향을 미치는 식품의 조성, 보관 및 저장 환경, 미생물에 의한 식품 부패 대사산물 생성, 미생물이 성장할 수 있는 시간 등을 들 수 있다.

③ 물리적 변화에 의한 품질 저하

식품의 물리적 품질 저하에 미치는 인자 중 온도, 수분, 수소이온 농도, 산소가 중요하다. 온도는 미생물의 발육, 증식과 같은 조건에 가장 큰 영향력을 가진다. 수분은 미생물 증식을 위하여 반드시 필요하다. 그러므로 식품 중의 수분을 낮추어 주면 미생물의 번식과 세균의 증식을 막을 수 있다.

식품이 가지고 있는 효소계는 화학적 변화와 가수분해를 통해 변질을 일으키는데, 이때 식품 중의 효소를 작용시키려면 일정한 범위의 수소이온 농도가 필요하다. 산소는 식품마다 함유도가 다르고 포장 종류에 따라 저농도에서 고농도까지 농도를 달리할 수 있으며, 그 안에 들어 있는 효소에 따라 증식하는 정도도 달라진다

④ 이화학적 변화에 의한 품질 저하

아미노산에서 이탈한 아미노기가 암모니아와 함께 아미노산에 대응하는 지방족, 케토산, 옥시산 등을 생성하는 탈아미노반응과, 아미노산이 탈탄산반응에 의해 유해 아민을 생성하여 알레르기성 식중독의 원인이 되는 경우가 대표적인 이화학적 품질 저하이다.

4. 품질의 측정방법

식품의 품질 측정은 원재료 및 생산된 제품 품질의 좋고 나쁜 정도를 결정하는 것이다. 일반적으로 소비자의 반응과 기업의 목표를 기준으로 하며 제조공정의 전 과정에서 실시된다. 품질을 측정하는 방법은 주관적 방법과 객관적 방법이 있다.

1) 주관적 방법

주로 관능 평가를 의미하며 정성 또는 정량적으로 평가한다. 주로 수치로 나타내기 어려운 외관, 색, 냄새, 맛 등에 대하여 실시한다. 최근에는 측정 결과를 객관화하기 위하여 각종 기기를 사용하는데, 조직감 측정기, 색차계, 전자 코, 전자 혀 등을 함께 사용하는 경우가 많다.

2) 객관적 방법

(1) 물리적 방법

신속하고 장시간의 훈련을 거치지 않고도 측정할 수 있는 방법으로 겉모양(무게, 부피, 비중 등), 색, 조직감, 풍미 등을 측정기기, 즉 저울, 비중계, 색차계, 분광광도계, 조직감 측정기, 점도계, 전자 코, 전자 혀, 당도계, 염도계 등을 사용하여 측정한다.

(2) 화학적 방법

양적인 평가로 영양소의 종류와 함량을 측정하는 방법이다. 식품의 성분 분석은 수분, 조지방, 조단백, 회분, 비타민 및 무기질을 정량 분석한다. 고형분, pH, 산도, 항산화물질 등 다양한 화학물질을 분석하여 함량을 결정하는 방법으로, 물리적 방법과 비교하여 보다 정확하고 정밀한 측정을 위하여 측정방법이 복잡하고 시간이 많이 걸리는 편이다.

(3) 미생물학적·위생학적 방법

미생물학적 또는 위생학적 품질을 측정하는 방법으로, 소비자 입장에서는 가장 기본적으로 갖추어야 할 요소가 미생물학적, 위생학적으로 안전한 식품이다. 미생물학적 및 위생학적으로 안전한 식품은 식품 제조·가공 및 저장 중의 유해 미생물, 자연에서 유래한 독성

표 1-4 식품의 품질 측정을 위한 실험 항목

실험 분야	측정 항목
관능적 실험	풍미(향, 냄새, 산패취 등), 조직감(물성, 점성, 표면 균열, 표면 건조 등), 맛 등
물리학적 실험	점도, 색도, 탁도, 용해도, 경도, 비중 등
이화학적 실험	수분, 수분활성도, pH, 산가, TBA가, 휘발성 염기질소(VBN), 산도, 당도, 영양 성분(비타민) 등
미생물학적 실험	세균 수, 대장균군, 곰팡이 수, 진균 수. 유산균 수, 병원성 균수(바실러스 세레우스, 장염비브리오균, 살모넬라, 황색포도상구균, 클로스트리디움 퍼프리젠스, 리스테리아, 모노사이토 제네스) 등

분, 잔류 농약, 중금속, 조리 가공 중의 생성물, 오용된 식품첨가물, 환경오염물질 등으로부터 안전한 식품을 말한다. 식품의 안전성은 보건복지부에서 제정한 「식품위생법」에 의해 규제된다.

미생물학적 품질 측정방법은 『식품공전(2014년 기준)』 제9장 일반 시험법의 3. 미생물 시험법을 참조하고, 화학물질 및 자연에서 유래한 독성물질 등은 『식품공전』 제9장 일반 시험법의 2. 식품 중 식품첨가물시험법, 4. 식품 중 잔류 농약 분석법, 5. 식품 중 잔류 동물용 의약품시험법, 6. 식품 중 자연 독소 시험법, 7. 식품 중 유해물질시험법 등을 참조한다.

5. 품질관리의 일반적 업무

품질관리의 업무를 간단히 정리하면 다음과 같다.

1) 원·부자재 사양 작성

필요한 원·부자재의 표준 규격을 선정하고 각 업체별 납품 규격을 설정하여 통보한다.

2) 원·부자재 검수

입고되는 원·부자재의 표준 규격서에 준한 분석 항목 및 방법을 확립하여 규격에 적합한지를 검수(sampling test)한다. 또한 검사 결과에 따른 부적합품의 반품 및 폐기 처분 조항을 규정하고, 이에 따라 처리한다. 납품 품목의 제조 신고서와 시험 성적서 등은 보관한다.

3) 제품의 표준 설정

생산되는 제품의 표준 규격을 정한다. 제품의 표준 규격에는 제품의 규격, 제조공정, 포장 및 보관 방법, 현장 작업자의 1차 QC방법 등을 설정한다.

4) 제품 생산 라인의 점검

제품 생산 시 제조공정이 표준 규격에 맞추어 생산되고 있는지 확인할 수 있는 제조공정상의 확인점을 설정하고, 부적합품 또는 부적합 공정 발견 시의 처리 방안을 설정한다.

5) 시설, 유틸리티 라인 점검

시설 등의 점검방법 매뉴얼을 작성하여 표준화된 점검법에 따라 점검이 이루어지도록 하며, 점검 시 발견된 이상에 대한 대처법도 매뉴얼로 만든다.

6) 공정 중 불량률 점검 및 불량 원인 분석

공정별 불량을 점검하여 불량 발생의 원인 분석 및 불량 원인별 조치법을 설정한다.

7) 공정별 작업 기준 설정

제조공정별 작업 기준을 설정하여 작업자가 작업 기준에 맞추어 작업할 수 있도록 한다.

8) 저장·보관·출하 기준 설정

저장 또는 보관 방법, 출하 시의 포장 규격, 운반방법 등의 기준을 설정하여 이에 따라 작업이 이루어지도록 하고, 기준에 미치지 못하는 제품의 처리방법을 설정한다.

9) 보존기간, 유통 경로, 사용법 설정

보존 기간 및 방법, 유통방법, 사용법 등의 기준을 설정하여 작업자 및 소비자에게 잘 공지될 수 있도록 한다.

10) 현장 위생 점검 및 작업자 위생교육

위생 점검방법 및 점검 항목의 기준을 설정하고, 작업자에게 정기적인 위생교육을 실시한다.

11) 애프터서비스(A/S) 및 클레임 처리 요령 작성

문제가 발생할 수 있는 항목을 미리 설정하여 그 처리방법을 정하고, 문제가 발생했을 경우의 대응방법을 설정해 둔다.

12) 관계 법규 준수 및 불이행 시 조치

「식품위생법」 등의 관계 법규의 변화에 대하여 항상 모니터링하고 변화된 관계 법규는 그 즉시 작업자 및 관계자에게 공지하며, 작업자가 준수해야 할 사항을 이행하지 않을 경우 그 조치방법을 정한다.

13) 모든 업무의 기록화 및 보관

원료 건사일지의 기록 및 보관, 제품 검사일지의 기록 및 보관, 생산 및 품질 관리일지의 기록 및 보관, 작업자의 정기 위생검사 실시 및 보건증 관리 작업자의 위생교육, 제품 품목 허가 및 변경 신고 업무, 품질 표준화 관리, 영업 활동 지원 업무 그리고 제품의 원가 분석 및 기록 보관 등의 여러 업무를 기록하여 보관한다.

6. 식품의 품질 사고 및 정부 정책 방향

1) 식품의 품질 사고

최근 일어난 식품의 품질 관련 사고의 내용과 그 조치를 표 1-5에 나타내었다.

2) 정부 정책

식품의약품안전처에서 밝힌 2016년 식품 안전에 대한 정부의 정책은 국민 식탁에서 불량식품 근절, 기업 현장에서 서비스 기관으로 전환, 일상 속 국민 행복 안전망 확대, 100세 시대, 건강한 미래 준비 등이다.

(1) 국민 식탁에서 불량식품 근절

생산·제조 단계에서 위해 우려 농·축·수산물을 집중 관리하고, 제조 업체의 식품안전관리인증기준(HACCP) 적용을 식품 업체 전반으로 확대함은 물론이고 관리의 내실화를 꾀하여 식품 제조 환경의 위생 수준을 획기적으로 제고한다. HACCP 의무 적용 대상이 아닌 식품 제조 업체는 2017년까지 자율적으로 '기본적인 가이드라인 수준의 위해 예방관리 계획'을 수립 및 추진하도록 하고, 제조·가공업의 HACCP 의무 적용과 병행하여 식자재 납품업소, 축산물 판매·보관·운반 업소, 고속도로 휴게소까지 HACCP 인증을 확대한다.

표 1-5 식품의 품질 사고 및 조치

일시	내용	조치
2000년 8월	중국산 납 꽃게	수입 유통업자 구속
2000년 12월	비아그라 유사물질 함유 식품 수입	
2003년 5월	공업용 색소가 포함된 고춧가루 및 고추	
2003년 12월	미국 도축장에서 광우병(BSE) 양성 반응 소 발견	국내 보관량 반출 금지 조치
2004년 6월	불량 만두소 제조 판매	제조업자 구속
2004년 8월	표백제 성분이 포함된 중국산 찐 쌀	매 수입 시 정밀검사 실시
2005년 7월	말라카이트그린(malachite green)이 포함된 중국산 장어 가공품 발견	중국 및 국내 양식 어류에 대한 검사 실시, 말라카이트그린을 취급 제한물질로 지정, 중국산 활어 수입 시 위생증명서 첨부
2005년 10월	중국산 기생충 김치	판매되는 김치에 대한 검사 실시, 기생충 혼입 김치는 판매 중단 자가 품질검사에 기생충 항목 추가, 김치 제조 업체의 HACCP 의무화
2006년 6월	노로바이러스 집단 식중독	식중독 발생 집단급식소의 급식 중단 급식관리와 식중독에 대한 관계 기관의 체계적인 관리 방안 마련
2006년 9월	수입 올리브유에서 발암물질인 벤조피렌(benzopyrene) 발견	
2006년 9월	조제 분유에서 사카자키균 검출	
2008년 3월	중국에서 반제품 형태로 제조된 노래방용 새우깡에서 생쥐머리 이물 발견	중국 현지 업체에 개수 명령과 실태조사, 제품 수거 및 폐기 이물에 대한 식품 안전 강화 대책 발효
2008년 9월	중국산 분유 함유 제품에서 멜라민(melamine) 검출	전량 회수 폐기, 수입 금지, 중국 제품에 대한 멜라민 검사 실시
2015년 6월	백수오 제품에서 이엽우피소 혼입 확인	백수오 제품에 대한 검사 실시, 이엽우피소 혼입 제품은 판매 중단 및 회수
2015년 9월	해외 인터넷사이트 판매 식품에서 각성제 유사 성분 검출	해당 제품의 통관 금지 및 사이트 차단
2015년 9월	중국에서 수입한 건고사리에서 카드뮴이 기준치 초과 검출	판매 중단 및 회수
2015년 9월	홍삼 농축액을 전혀 넣지 않은 홍삼 음료 등을 제조·판매	제조업자 구속
2016년 2월	땅콩 제품에서 아플라톡신(aflatoxins) 초과 검출	판매 중단 및 회수

(2) 기업 현장에서 서비스 기관으로 전환

국산 식·의약품의 해외 시장 진출 지원을 위해 국가 간 식품 기준 및 규격의 조화, 성적서 상호 인정 등 식품 비관세 장벽 해소를 위해 노력한다. 특히 중국에 대해서는 삼계탕, 조미김 등에 대한 기준 조화를 추진하고 성적서 상호 인정 시범사업(막걸리, 김치) 등을 추진한다.

(3) 일상 속 국민 행복 안전망 확대

생활 속 건강 위협 요인의 해소를 위해 물수건, 이쑤시개, 1회용 젓가락 등 위생용품을 안전하게 관리하기 위한 「위생용품관리법」 제정을 추진하고, 국민이 원하는 정보를 제공하기 위해 쉽고(easy), 정확하며(accurate), 과학적인(scientific) 정보의 연중(yearly) 제공 등 국민의 올바른 선택을 보장하고 안전 생활 실천 환경을 강화한다.

식품 표시관리 체계를 소비자 중심으로 개편하여 어묵, 즉석 섭취식품에 대한 영양 표시를 의무화하고, 소비자의 알 권리를 강화하기 위하여 「식품정보표시법(가칭)」 제정을 추진한다. 전국 단위의 식중독 발생 현황, 식품 위생 점검(음식점) 현황 등의 정보를 시각화하여 국민에게 실시간 제공한다.

(4) 100세 시대, 건강한 미래 준비

'식중독 조기 경보 시스템'을 어린이집·유치원의 급식 식자재 공급 업체로까지 확대, 연계하여 식중독 확산을 조기 차단하고, 조제분유 등 영·유아 섭취 조제식에 사용하는 식자재의 영양 성분에 대하여 안전성·유용성 사전 평가제도를 도입한다. 어린이용 시럽제의 타르 색소 저감화를 소화제(2016년)에 적용하고, 2017년에는 모든 어린이용 시럽제 의약품으로 확대한다. 임신에서 출산·수유까지 특화된 식품 영양 정보, 필수 복용·금기 의약품 정보, 고위험군 임산부의 의약품 안전 사용 정보 등을 개발, 제공한다. 전국 다문화가족지원센터(200여 곳)와 연계하여 식품 영양, 의약품 안전 사용 교육·홍보 자료의 다국어 서비스를 제공한다.

적정 영양 섭취 유도를 위해 당류와 나트륨 저감화 사업을 지속적으로 추진하고, 국민들이 영양 부족 또는 영양 과잉이 되지 않도록 균형 잡힌 정보를 제공한다. '제1차 당류 저감 종합 계획'을 수립하여 당류 저감 목표와 저감 대상 식품을 선정하고, 표시방법 등을 홍보하며, 유관 부처·산업체·소비자 단체 등으로 구성된 협의체를 구성, 운영한다. 우리나라 국민의 1일 나트륨 섭취량을 2020년까지 3,500 mg으로 낮추는 계획을 추진하고 있다. 칼슘, 비타민 D 등 결핍 영양 성분에 대해 급원식품, 보충제 섭취 요령 등이 포함된 적정 섭취 가이드를 개발하여 제공하고, 커피·초콜릿 등의 카페인 함량 데이터베이스를 구축하는 등 영양 밸런스 사업을 추진한다.

참고문헌

김혜영·김미리·고봉경, 2006, 식품품질평가, 효일

CENTUM TECH, 전자후각/미각 시스템 설명서

식품의약품안전처, 2016년 업무보고 보도자료 2016.01.26.

이철호·채수규·이진근·고경희·손혜숙, 2004, 식품평가 및 품질관리론, 유림문화사

최홍식·여경목, 2000, 식품품질관리학, 신광출판사

J. Andres Vascuncellos, 2004, Quality Assurance for the Food Industry, CRC PRESS

坂田慎一, 2009, 品質管理の仕事がわかる本, 同文舘出版

http://www.sk-quality.com/ 品質管理の知識

단원 정리

이 장은 품질관리에 대한 서론으로 '품질이란 무엇인가'를 알기 위해 품질 표준, 품질의 관점과 분류를 소개하였다. 품질이 어떻게 관리되고 있는지를 알아보기 위해 품질관리의 정의와 기대 효과, 변천 과정도 살펴보았다. 식품 관련 학문을 전공하는 학생과 식품 제조업 관련자를 위하여 식품에 대한 품질관리가 중심이므로 식품의 품질 요소, 품질 측정방법의 분류를 설명하였다. 또한 식품 품질관리의 일반적 업무와 최근까지 식품 품질에 대한 사고와 식품 관련 정부의 정책을 알아보았다.

1. 품질은 필요조건이나 규격을 충족시키는 제품의 특성으로 정의되며, 품질 표준으로 법적 표준, 기업 수준 표준, 산업 표준, 소비자 표준이 있다. 품질을 어떤 관점에서 보는가에 따라 소비자 입장, 생산자 입장, 제품 지향적 측면이 있다.

2. 품질은 생산자의 조건과 소비자의 요구에 부응하는 상대적 개념이므로 제품 및 서비스는 소비자와 생산자를 만족시키는 최적의 품질이어야 하며, 주관적·객관적 요구, 설계, 제조, 시장 품질로 분류한다.

3. 품질관리는 제품이나 서비스가 기업이 정한 표준에 어느 정도 근접하는가를 측정하는 것으로 시대에 따라 발전되어 왔다. 이익 증대를 창출할 수 있는 원가 절감 등 품질관리의 기대 효과가 있다.

4. 식품의 품질을 관리하기 위하여 중요한 식품 품질 요소인 양적, 영양 위생적, 관능적 요소 및 그 품질 요소를 측정하기 위한 주관적 평가로 관능검사, 객관적 방법으로는 물리·화학·미생물·위생적 방법을 알아본다.

5. 일반적 품질관리 업무와 최근 발생한 땅콩 제품에서 아플라톡신 초과 검출 등의 품질관리 사고 내용, 그리고 정부의 불량식품 근절 대책 등 정부의 식품 품질관리 및 식품 안전에 대한 정책을 알아본다.

연습문제

1. 품질이란 무엇이며, 품질 표준의 가장 일반적인 기준 4가지를 설명하시오.

2. 다른 제품들과 비교하여 식품은 어떠한 품질을 중점적으로 소비자에게 만족시켜야 하는지를 기술하고, 요구 품질, 설계 품질, 제조 품질 및 시장 품질에 대하여 각각 설명하시오.

3. 식품의 3가지 품질 요소를 말하고, 생리활성물질과 같은 기능성 성분을 품질 요소와 관련하여 설명하시오.

4. 식품의 품질 변화, 품질의 저하에 영향을 미치는 요인을 설명하고, 원재료 및 제품의 주관적 및 객관적 식품의 품질 측정방법을 열거하시오.

5. 최근 발생한 식품 품질 사고의 원인에 대하여 생각해 보고, 식품 품질 사고를 예방할 수 있는 방안을 품질관리의 일반적 업무와 연관시켜 설명하시오.

2

제2장

품질경영

quality management

2 품질경영

1. 총체적 품질경영

1) 총체적 품질경영이란?

생산 체계가 대량화되고 제품들 간의 경쟁이 치열해짐에 따라 단순히 제품의 품질관리(quality control, QC)의 기능만으로는 소비자를 충분히 만족시키기가 어렵게 되면서, 제품뿐만 아니라 제품과 관련된 서비스의 질을 지속적으로 향상시킬 필요성이 높아졌다. 따라서 소비자 또는 고객의 만족도를 충족시키기 위해서는 하나의 조직 또는 기업 내에서 일어나는 모든 활동과 과정, 즉 제품의 품질만이 아닌 인력관리까지 포함하는 경영이 필요하게 되었다. 이럴 경우 비용을 최소화하면서 생산성#이 극대화되는 효과도 얻을 수 있다. 요약하면 총체적 품질경영(total quality management)이란 품질보증(quality assurance, QA)을 위하여 제품만이 아닌 인력과 서비스를 모두 포함하는 종합적 관리 또는 경영을 뜻한다.

2) 총체적 품질경영의 배경 및 적용

가내 공업시대에는 작업자가 제품을 생산하고 간단한 검사를 마친 다음, 바로 제품을 판매하는 것이 일반적인 방식이어서 특별한 품질관리가 요구되지 않았다. 1850년대에 일어난 영국의 산업혁명으로 대량생산 체계가 발전됨으로써 좀 더 효과적인 품질관리가 필요해

생산성productivity 일정 시간에 투자된 원료와 제조공정을 통해 산출되는 제품의 비율

졌다. 경제 대국의 산업체들은 대부분 품질관리를 통해 시장에 판매되는 제품에서 불량이 없도록 하는 데에 중점을 두어 왔다. 그 예로 미국의 웨스턴 일렉트릭(Western Electric Company) 사에 20세기 초 고용된 직원 4만 명 중 5,200명이 제품 검열부에서 근무하였다는 사실을 들 수 있다. 테일러(Frederick Taylor)가 과학적 경영 체계를 개발하였는데, 이는 품질보다는 생산성 향상에 중점을 둔 통계적 품질관리의 적용이었다. 1920년대 후반에 벨 연구소(Bell Telephone Labs)에서 일하던 스튜어트(Walter A. Stewhart), 주란(Joseph Juran), 그리고 데밍(W. Edwards Deming)이 현대적 품질경영 기법을 사용하기 시작하였고, 이것이 품질관리와 품질보증에 대한 개념이 만들어지는 기초가 되었다. 제2차 세계대전 후에는 벨 연구소에서 일하던 과학자들이 패망한 일본에 경제 부흥의 일환으로 현대적 품질경영법을 소개하였다. 일본에서는 통계적 품질관리에서 총체적 품질경영으로 변화되는 동안 더 좋은 질의 제품들이 생산되어 소비자의 만족도가 높아졌는데, 이는 총체적 품질경영 체계와 정책경영이 함께 융합된 결과였다. 1968년 정책경영이라는 용어가 생겨났고, 일본의 브리지스톤(Bridgestone)과 도요타(Toyota) 들이 이 접근법을 사용하였다. 1980년대 이후 국제적 경쟁이 치열해지면서 미국의 많은 기업이 다른 나라들과의 경쟁으로 어려움을 겪게 되자, 미국의 회사들도 이 정책경영기법을 도입하기 시작하였다. 이후 30여 년 동안 품질관리의 내용도 조금씩 변화되어, 소비자들의 필요를 분석하고, 그러한 필요에 맞는 디자인으로 제품과 서비스를 만들어 내려는 노력이 이어져 왔다.

특히 미국의 경우 과거에는 국제 경쟁에 크게 관심을 가질 필요가 없었으나, 21세기의 글로벌화에 따라 이제는 총체적 품질경영을 필수적인 것으로 인식하고 있다. 총체적 품질경영이란 말은 1980년대에 유행했던 용어로 다양하게 정의되기도 했지만, 일차적인 주요 목표는 소비자의 의견이 수렴되어 소비자를 만족시키는 데 있다는 점에 모두 동의하는 것 같다. 총체적 품질경영 성과의 대표적 예는 일본의 자동차나 전자 산업들에서 볼 수 있다. 30~40년 전만 해도 미국에서 일본 자동차에 대한 신뢰도는 자국의 자동차에 비해 상당히 낮았으나, 약 30년 전부터는 일본 자동차에 대한 신뢰도가 미국 자동차에 대한 신뢰도를 앞서고 있다. 특히 도요타 사가 총체적 품질경영을 잘 적용함으로써 눈부신 성장으로 성공적인 기업이 된 것은 잘 알려진 일이다. 또한 10년 전부터 한국의 현대자동차에 대한 미국 내에서의 신뢰도 상승도 비슷한 예이다. 전자제품에 있어서도 일본의 소니 전자제품보다 한국의 삼성

불량defect 안전성을 포함하여 용도에 있어서 필요조건이나 합리적 기대에 미치지 못하는 제품 또는 서비스의 질

전자 제품이 품질이나 신뢰도 면에서 앞서는 것도 같은 맥락이라고 할 수 있다.

총체적 품질경영을 위해서는 고위 경영자들의 책임 있는 경영과 모든 직급에서의 상호 협조가 필수적이다. 소비자를 위해서는 제품의 생산 측면이나 주요 서비스의 질만이 아니라 회사의 운영과 회사 전반의 기능 면에서도 질에 중점을 두어야 한다. 회사원 각자 모두 소비자를 만족시켜야 한다는 책임감을 지녀야 하며, 잘못된 것을 발견하고 수정하는 것보다는 잘못된 것이 생겨나지 않도록 예방하는 것에 목표를 두어야 한다. 또한 팀워크#의 중요성도 강조되어야 하며, 효과적이고 성공적인 팀워크를 위하여 지속적인 노력도 요구된다. 따라서 총체적 품질경영의 구조는 모든 요소들이 적절히 잘 적용되어 잘 지어진 집에 비유될 수 있다.

총체적 품질경영과 ISO 9000은 서로 밀접한 관련을 갖고 있다. ISO 9000은 국제표준화기구(International Organizations for Standardization)에 의해 개발되고 발표된 일련의 표준들을 말하며, 이들 표준은 제조와 서비스 산업들에서의 효과적인 품질보증 체계들을 정의, 확립, 유지하게 한다. 총체적 품질경영이 지속적인 향상의 철학이라면, ISO 9000은 품질관리 시스템의 표준이다. ISO의 적용은 총체적 품질경영이 적용되는 기초가 되고, 총체적 품질경영의 적용은 품질보증을 위하여 잘못된 것에 대한 대응(reactive)이라기보다는 예방책을 마련(proactive)하는 것이라 할 수 있다.

총체적 품질경영은 미국이나 일본의 대기업들이 많이 적용하였는데, 그 예로 포드 자동차, 필립스 반도체, SGL 카본, 모토로라, 도요타 자동차 등을 들 수 있다.

3) 총체적 품질경영 프로그램의 이용

미국에서 총체적 품질경영의 적용이 늘어나는 것은 다음에 기술된 4가지 주요 변화에 따른 결과이다.

첫째, 치열해지는 국내적, 국제적 경쟁에 대한 대응으로 굴지의 국제적인 회사들과 경쟁하기 위하여 미국 내 회사들은 사업 측면이나 공정 측면에서 지속적인 향상을 도모해 왔다.

둘째, 여러 서비스 산업에서도 서비스의 질을 향상시키기 위하여 총체적 품질경영의 수용이 필요하게 되었다.

팀워크teamwork 공동의 목표를 달성하기 위하여 팀의 각 구성원이 맡은 역할에 따라 책임을 다하고 협력적으로 행동하는 것셋째, 신뢰와 명성이 있는 회사들이 고품질의 제품을 생산하여 시장에 내놓음으로써 소비자들은 지속적으로 고품질의 제품을 선호하고 찾게 되었다.

넷째, 고품질의 제품을 인정받음으로써 받게 되는 상들과, 이런 상을 받는 제품을 만드는 회사에 대한 매스컴의 관심이 높아지고 있다.

ISO 9000 표준 체계는 회사들로 하여금 제품의 질을 향상시키기 위해 더 많은 노력을 하게 하는 요인이 되고 있다. 이 표준은 문서화된 표준에 따라 생산되는 제품을 보장하는 회사의 보증서와 등록증에 큰 비중을 둔다. 총체적 품질경영 개념의 기본은 품질이 제조에서만이 아니라 모든 사업적 기능에서 필수라는 점이다. 총체적 품질경영의 전형적인 예는 제조업은 물론 서비스업에도 적용되어 통신 산업, 공공시설 및 의료 서비스 등과 같이 다양한 산업에서도 이용되고 있다.

4) 총체적 품질경영을 위해 사용되는 도구들

대량생산 체계와 제품 및 서비스의 다양화에 따라 총체적 품질경영을 보다 효율적으로 수행하기 위해서는 통계적 개념의 활용이 필수이다. 총체적 품질경영을 위해 사용되는 도구로는 데이터들을 분석하고 해석하는 데 사용되는 통계적 분석 도구들과, 아이디어들을 다루는 데 사용되는 계획 및 경영의 도구들로 분류할 수 있다.

대표적인 통계적 분석 도구들로는 ① 데이터 시트(data sheet) 또는 체크 시트(check sheet), ② 관리도(control chart), ③ 히스토그램(histogram), ④ 파레토 차트(Pareto chart), ⑤ 특성 요인도(cause-and-effect diagram), ⑥ 흐름도(flow chart), ⑦ 상관도표(scatter diagram) 등이 있고, 그 외 막대 차트(bar chart), 파이 차트(pie chart), 스파이더 차트(spider chart) 같은 것도 이용된다.

대표적인 계획과 경영을 위한 도구들로는 ① 친화도(affinity diagram), ② 연관관계도(interrelationship diagraph), ③ 우선순위 교차표(prioritization matrices), ④ 처리 결정 계획표(process decision program chart, PDPC), ⑤ 분지표(tree diagram), ⑥ 매트릭스도(matrix diagram), ⑦ 활동 네트워크표(activity network diagram) 등이 있으며, 그 외 간트 차트(Gantt chart)와 개체 관계도(entity-relationship diagram, ERD)가 사용된다.

(1) 통계적 분석 도구들

① 데이터 시트 또는 체크 시트#

행과 열을 이용하여 제품의 원료, 제조, 성능 및 특성 등의 데이터를 기록해 놓은 문서로, 데이터들을 동일 그룹으로 분류하거나 그룹들의 평균값이나 표준편차 등을 계산하는 데 편리하다.

② 관리도

관리도#는 통계적 품질관리를 위해 가장 많이 사용되는 도구 중 하나이다. 1920년 벨연구소에서 일했던 스튜어트 박사에 의해 개발이 되었으며, 제조공정에서의 변화를 지속적으로 관찰하는 데 쉽게 이용된다. 그림 2-1에서 보는 바와 같이, 관리도는 제품을 생산하는 공정 중에 제조 라인에서 일정 시간의 간격마다 샘플을 채취하여 품질과 관련된 반응들을 측정한 후, 그 측정값들을 그래프로 표시한 것이다.

중간선은 설정된 목표값을 표시하고, 두 개의 다른 선들은 관리 상한선(upper control

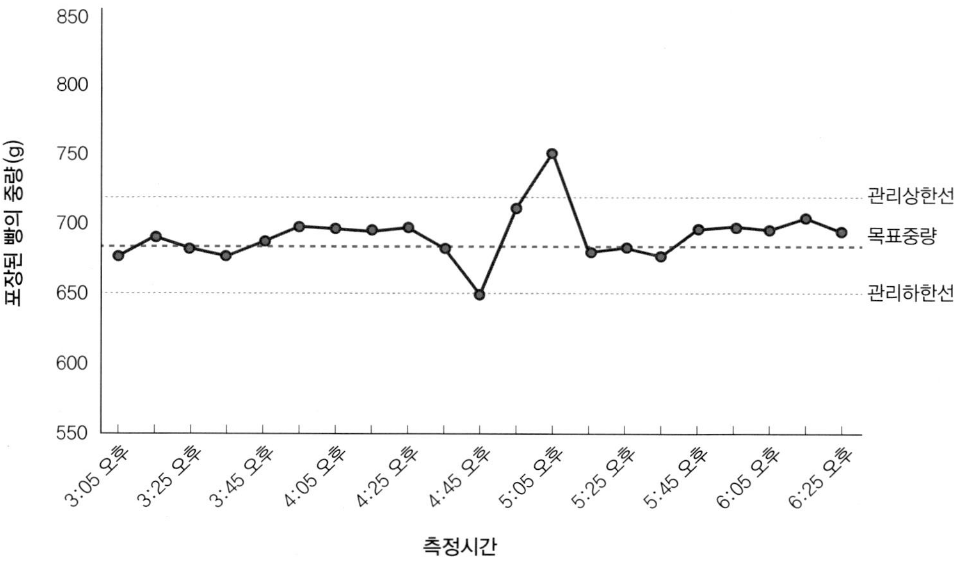

그림 2-1 **관리도**

체크 시트check sheet 데이터를 기록하기 위해 사용하는 맞춤형 서식. 일반적으로 어떤 활동이 얼마나 자주 일어나는지를 기록하는 데 사용

관리도control chart 주어진 공정에서 샘플들이나 소집단들에 대해 관리 상한선, 관리 하한선, 평균선을 표시하는 차트. 모든 데이터 점들이 상한선과 하한선 내에 있는 경우는 그 공정이 제어 가능한 상태이고, 관리선들 밖에 있는 경우는 그 공정이 제어 불가능한 상태라고 할 수 있음

limit, UCL)#과 관리 하한선(lower control limit, LCL)#을 표시한다. 샘플에서 측정한 값들이 대부분 관리 한계선들 사이에 분포#되어 있으면 공정이 잘 조절된 것을 의미하므로, 특별한 조치를 취할 필요가 없다. 그러나 샘플들의 측정값이 관리 한계선들 밖에 분포되어 있다면 공정이 제대로 조절되지 않았다는 것을 의미하므로, 원인이 무엇인지 찾아서 시정할 수 있도록 도와준다. 아울러 관리도는 질과 관련된 데이터를 나타내는 데 보편적으로 사용되며, 결과를 해석하는 것도 쉬워 잘못 해석하여 이용되는 경우는 거의 없다. 관리도는 불량품을 방지하기 위해 사용되는 효과적인 도구로, 생산성을 증진시킬 수 있고 공정 중 불필요하게 고치는 것을 방지한다. 식품 산업에서 이용되는 관리도의 가장 대표적인 예는 무게 조절(net weight control) 및 제품의 수분 함량 조절이다.

관리도 중에서는 그림 2-2의 평균 차트(X-bar chart)#와 그림 2-3의 범위 차트(Range chart, R chart)#가 가장 많이 이용되는데, 작성이 용이하고 간단하게 이해할 수 있어 문제점을 파악하는 데 유용하다. 특히 제품의 품질과 제조공정을 잘 조절하여 우수한 제품을 만들 수 있으므로 버리거나 재공정해야 하는 부분을 현저히 줄일 수 있다. 식품 산업에서는 이 관리도가 제조공정에서 각 과정을 조절하고, 합격 또는 불합격 제품을 결정하고, 기기나 공정이 잘못되었을 경우에 조기 진단을 하는 데 활용된다.

X-bar는 정해진 시간마다 측정해야 할 반응값을 위하여 같은 시간에 여러 번의 샘플을 채취하여 측정한 후 평균값을 계산하여 표시하는데, 여러 샘플에서 측정된 값들의 오차 범위가 얼마나 넓은지를 알기 어려운 단점이 있다. 이를 보완하기 위하여 R차트가 개발되었다. R차트는 각 소집단에서 최대값에서 최소값을 빼서 그 범위를 표시하는데, 공정 중 얼마나 많은 변화(process variability)가 있는지를 잘 보여 준다. X-bar와 R차트 이외에도 p차트나 np차트들은 결함 분석을 조절하는 데 사용되는데, 특히 원재료나 최종제품의 질을 조절하거나 소비자들이 보내는 질과 관련된 지적사항들을 분석하는 데 유용하게 이용된다.

관리 상한선upper control limit 관리도에서 중간선 위의 점들을 위한 관리 한계

관리 하한선lower control limit 관리도에서 중간선 아래의 점들을 위한 관리 한계

분포statistical(distribution) 어떤 변수들에 대한 빈도 곡선의 퍼짐이나 모양을 말하며 히스토그램이 시험 결과의 분포를 도식적으로 표시하는 하나의 방법으로 가로 좌표축에 변수 크기, 세로 좌표축에 관찰 빈도수를 나타냄

평균 차트X-bar chart 소그룹의 평균을 X-bar로 표시하는 관리도로 공정에 있어서 안정도를 결정하는 데 유용하고, 완전한 분석을 위해서 범위 차트나 표준편차 차트와 함께 사용함

범위 차트range chart(R chart) 공정 내에서의 안정도를 평가하기 위해 소그룹의 범위, 즉 R을 표시하는 관리도

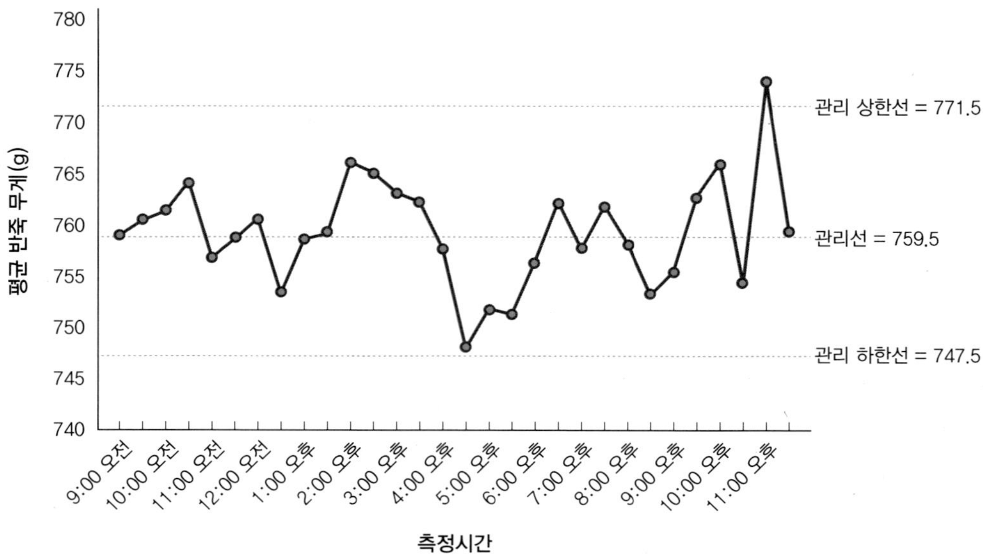

그림 2-2 **평균 차트**

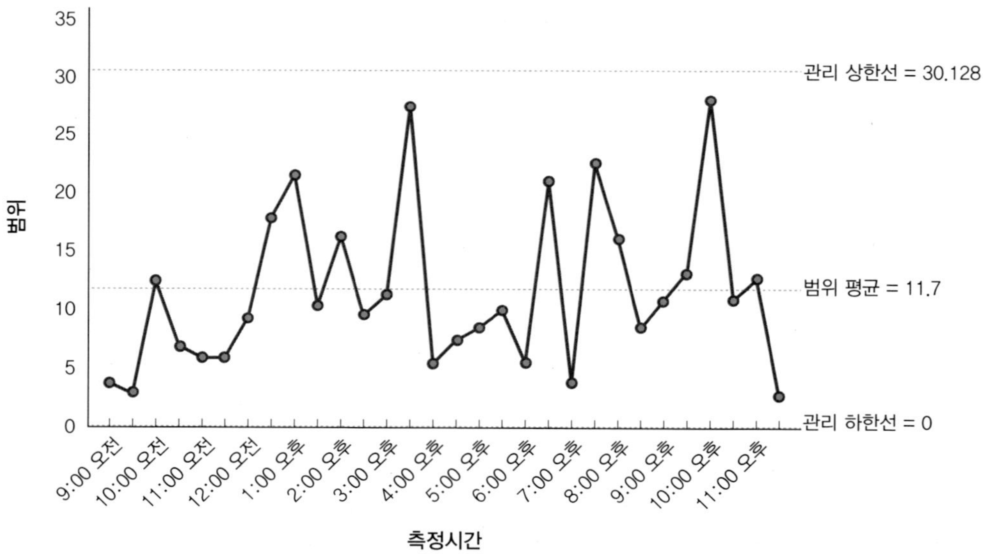

그림 2-3 **범위 차트**

③ 히스토그램

그림 2-4와 같은 히스토그램#은 데이터 세트를 그래프로 나타낼 때 세로축(y축)은 빈도를 나타내고, 가로축(x축)은 반응변수로 표시하여 각 그룹의 분포를 나타낸다. 히스토그램

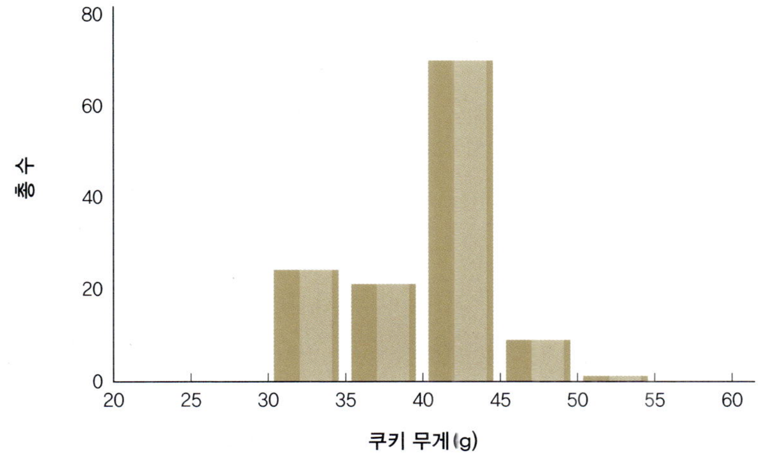

그림 2-4 **히스토그램**

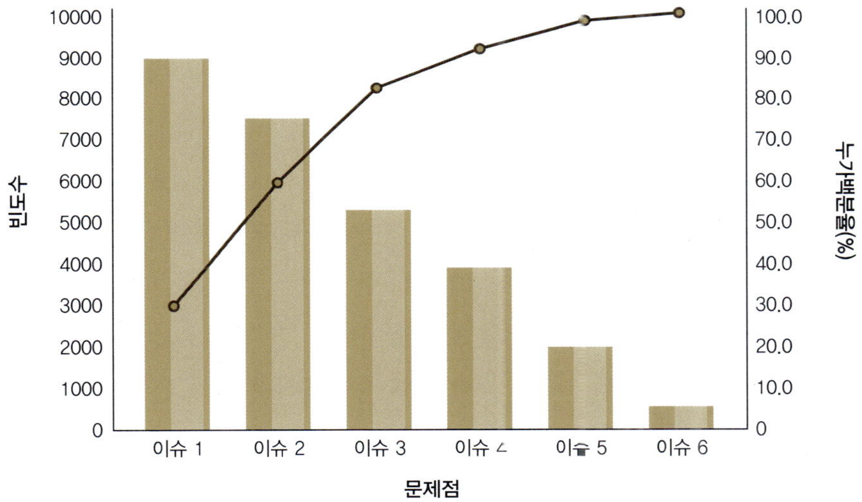

그림 2-5 **파레토 차트**

은 가장 빈도수가 많은 반응이 어떤 것인지, 데이터의 분포가 어떤 형태인지, 데이터 분포가 대칭적인지 아니면 왼쪽이나 오른쪽으로 치우쳐 있는지, 데이터 중에 비정상적으로 아주 많이 벗어난 값은 없는지 등과 같은 물음에 해답을 구하는 데 유용하다. 예를 들면 식

히스토그램histogram 하나의 데이터 세트에서 변동을 요약한 도표. 단순한 표에서 표시된 숫자들로는 발견하기 힘든 양상을 볼 수 있는 것이 장점

파레토 차트 Pareto chart 가장 빈도가 큰 것에서 작은 것 순으로 데이터를 나타내는 막대 차트로 주어진 상황이나 공정에서 가장 중요한 인자를 결정하는 데 이용

품의 재료나 제품의 질이 늘 일정한지를 평가하는 데 유용하게 사용된다.

④ 파레토 차트

이탈리아의 사회학자 파레토(Alfredo Pareto)가 개발하였으며, 그룹 간 데이터의 차이가 상대적으로 얼마나 중요한지 알려 주는 차트(그림 2-5)로 막대 차트와는 달리 빈도 크기(frequency magnitude)가 큰 것부터 작은 것의 순서로 나타낸다. 또한 각 그룹들의 빈도수를 누적하여 퍼센트를 계산하여 꺾은선 그래프로 함께 나타낸다. 대표적으로 이용되는 예로 어떤 프로젝트나 기업 활동에 있어서 가장 큰 이슈가 무엇인지를 찾을 수 있게 하고, 그 이슈를 해결하기 위하여 어떠한 노력이 가장 효과적인지를 찾는 데 유용하다. 또한 불량품에 대한 공정 라인에 따른 발생 빈도수 및 불량품 발생 요인에 대한 데이터를 분석하여 그 답을 찾는 데도 유용하게 쓰인다.

⑤ 특성 요인도

일본 학자인 이시카와(Ishikawa Kaoru)가 창안한 도법으로, 사건에 관련된 요인들을 중요도나 상세도의 정도에 따라 배열하는 방법이다. 문제가 되는 부분들을 찾고 그 문제들의 상대적 중요성을 비교하며 대개 브레인스토밍(brainstorming)# 과정을 통해 작성된다. 그림 2-6의 특성 요인도#는 형태가 생선뼈와 비슷하다고 하여 생선뼈 다이어그램(fishbone diagram)이라고도 하며, 창안자의 이름을 따서 이시카와 다이어그램(Ishikawa diagram)이라고도 한다. 특성 요인도는 프로젝트나 실험 설계에서도 이용될 수 있는데, 하나의 예로 커피 향을 증진시키기 위한 실험 설계의 경우 커피 향에 영향을 줄 수 있는 커피 원두의 선택(종류, 원산지, 발효 정도 등)부터 커피의 볶는 과정과 조건들(온도, 시간, 커피 볶는 기계 등), 커피 끓이는 방법(물과 커피의 비율, 온도 등) 등 모든 인자를 분석하여, 가장 연관이 큰 인자들을 선택하여 살펴봄으로써 효과적이고 성공적인 실험을 수행하는 데 매우 유용하다.

⑥ 흐름도

흐름도#는 그림 2-7과 같이 여러 블록들을 연결하여 나타낸다. 각 블록은 하나의 주요

브레인스토밍brainstorming 창조적인 생각과 새로운 아이디어를 도출해 내기 위해 이용되는 아이디어 고안 기술. 내용과 관계없이 어떤 주제에 대해 가능한 한 많은 아이디어를 만들어 내고 아이디어는 브레인스토밍 시간이 끝날 때까지 논의하거나 검토하지 않음

특성 요인도cause-and-effect diagram 이시카와도 또는 생선뼈와 비슷하게 생겨서 생선뼈도라고도 하며, 문제를 일으키는 주요인과 부요인을 표시하는 도표

흐름도flow chart 공정에서 단계를 나타낸 도표

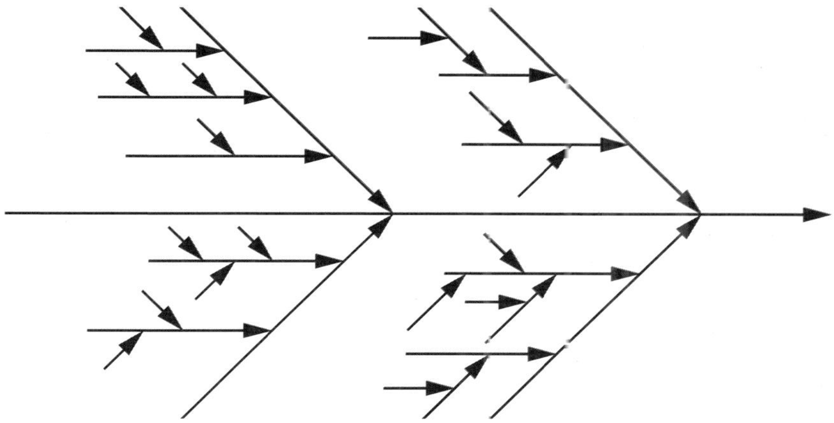

그림 2-6 **특성 요인도**

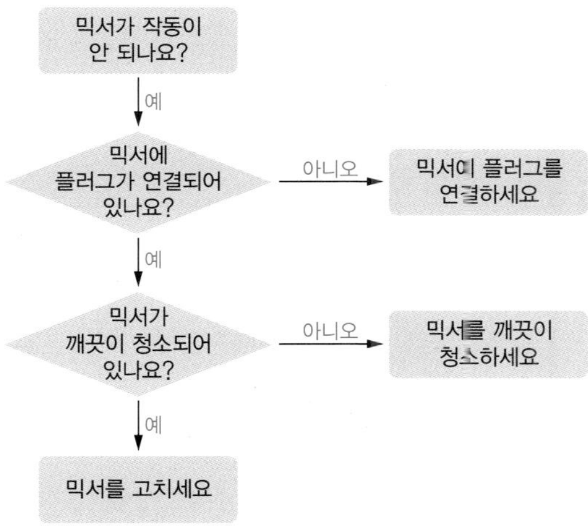

그림 2-7 **흐름도**

과정을 표시하고 전체 과정을 하나의 그래프로 표시할 수 있어 그 자체로 하나의 좋은 문서가 될 뿐만 아니라, 프로젝트에서 각 단계를 계획하거나 면밀히 검토하는 데 유용하다. 특히 제조나 서비스와 관련하여 각 단계들을 쉽게 살펴볼 수 있도록 기록하고, 주요 활동이나 요점, 그리고 역할 수행을 맡은 사람들을 표시하는 데도 도움이 된다. 각 과정을 블록 안에 표시하고, 다른 중요한 정보들은 블록 밖에 표시한 후, 각 블록을 화살표로 연결하여 과정의 변화를 쉽게 알 수 있다.

⑦ 상관도표

그림 2-8의 상관도표# 또는 산포도(scatter plot)는 선 그래프와 비슷한데, 데이터들 사이를 선으로 연결하지 않고 나타내므로 데이터 점들을 서로 비교하는 데 적당하다. 상관도표를 위해서는 적어도 두 가지 변수가 측정되어야 하고, 이들 두 변수의 가능한 상관관계가 있는지를 연구하는 데 사용된다. 즉 한 변수가 변화될 때 다른 변수가 어떻게 영향을 받는지를 살펴볼 수 있고, 또 상관도의 기울기에 따라 양의 상관관계 또는 음의 상관관계를 나타낸다.

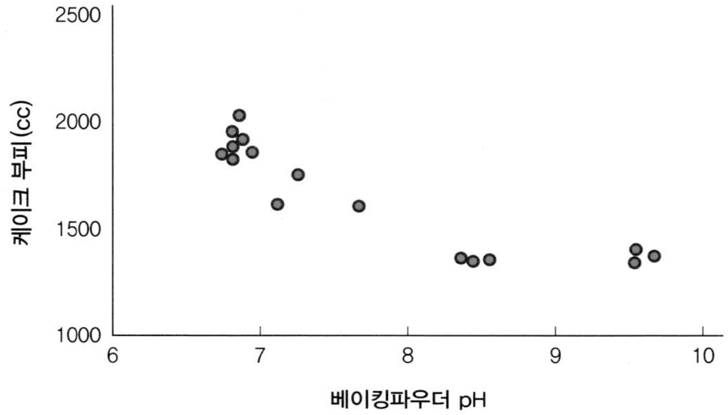

그림 2-8 **상관도표**

⑧ 그 밖의 차트들

그림 2-9의 막대 차트#는 데이터 그룹들 간의 차이를 표시할 때 사용되는 그래프이다. 예를 들어 여러 공정 기계 간의 차이나 생산 라인들 사이의 차이를 살펴보는 데 유용하다.

그림 2-10의 파이 차트#는 하나의 원을 조각이나 부분들로 나누어 나타내는데, 여덟 개 이상의 부분을 표시하지 않도록 권장하며, 보통 각 부분은 퍼센트로 많이 표시한다. 파이 차트도 각 생산 라인의 효율을 비교하는 데 유용하므로, 제대로 작동되지 않는 라인을 파악하고 문제점을 수정하는 데 적절하다.

상관도표scatter diagram, scatter plot 두 변수를 도표에서 x축과 y축에 표시하여 서로의 상관관계를 보기 위하여 사용하는 도구. 표시된 데이터 점들의 방향과 밀도를 바탕으로 변수들 사이의 관계가 밀접한지 아니면 부족한지를 알 수 있음

막대 차트bar chart 각 그룹을 막대로 나타내 여러 다른 그룹들의 데이터를 서로 비교할 수 있는 차트

파이 차트pie chart 각 그룹의 데이터를 전체 파이의 조각으로 표시하여 전체 데이터 세트에 대해 그룹 간 데이터를 비교하는 차트로 각 그룹의 퍼센트를 조사하는 데 유용

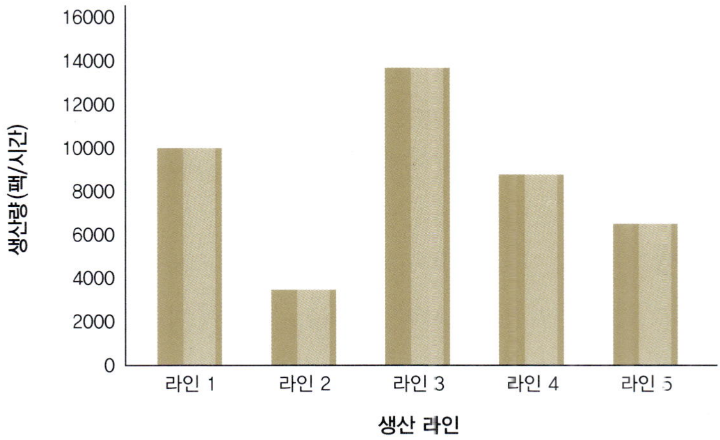

그림 2-9 **막대 차트**

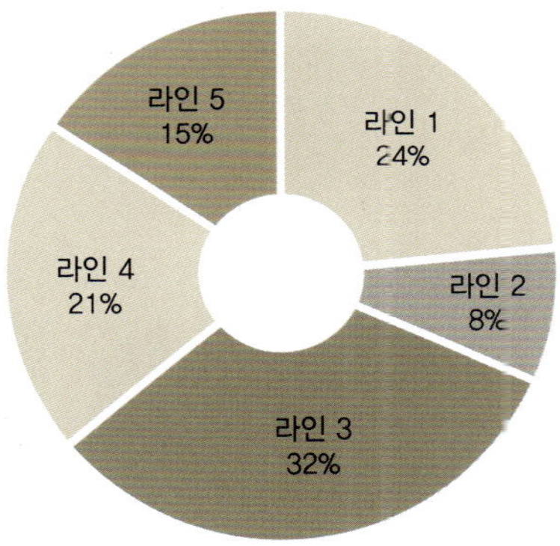

그림 2-10 **파이 차트**

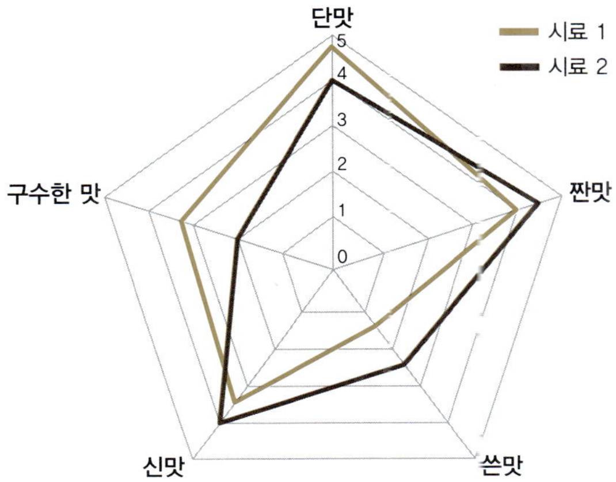

그림 2-11 **스파이더 차트**

그림 2-11의 스파이더(spider) 차트는 여러 가지 변수 또는 활동들을 한눈에 쉽게 볼 수 있도록 표시하는데, 특히 관능검사 결과를 분석하여 표시하는 데 유용하다.

(2) 계획과 경영을 위해 사용되는 도구들

① 친화도

그림 2-12는 친화도*인데, 일본의 인류학자인 가와기타(Kawakita Jiro)가 고안하였다고 하여 KJ방법이라고도 한다. 일반적으로 브레인스토밍 과정에서 나온 다양한 각도에서의 아이디어, 의견, 문제점 등을 유사성이 있는 것들끼리 모으는 데 사용된다. 해결해야 할 문제를 우선 정의한 다음, 문제 해결에 도움이 되는 여러 가지 생각이나 아이디어를 나열한 후, 그 아이디어들을 비슷한 것끼리 그룹화하고, 그룹 간의 관계를 찾아서 문제 해결을 위한 결론을 도출하게 된다. 관리 도구로서 친화도는 사실이나 생각이 불확실하여 정리가 필요할 때, 이미 있던 아이디어들을 좀 더 명확하게 할 필요가 있을 때, 팀 내에서 의견 일치를 보아야 할 때 유용하게 사용될 수 있다.

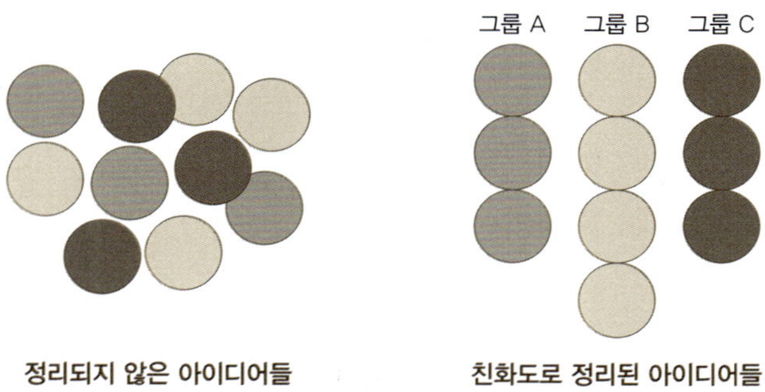

그림 2-12 **친화도**

② 연관 관계도

연관 관계도는 복잡하게 얽힌 관계로 발생한 문제들의 해결책을 찾는 데 이용되는 도구로써, 화살표로 연관성을 연결한다. 연관 관계도는 서로 얽혀 있는 원인과 효과들 사이의 관계를 찾아서 푸는 데 도움이 된다. 직선적인 생각보다는 다각적인 생각을 활용하는 과정이다.

친화도affinity diagram 브레인스토밍 과정을 통해 도출된 아이디어들을 직감으로 서로 관계가 있는 것들로 분류하는 데 사용되는 도구

③ 우선순위 교차표

우선순위 교차표는 기준에 따라 해결책들을 평가하는 것으로, 각 기준을 가중치나 우선순위에 따라 체계적으로 나열하는 접근방법이다. 이것은 팀들이 주요 항목에 중점을 두거나 합의를 이르게 하는 데 도움을 준다. 소비자 또는 고객의 견해, 브레인스토밍 또는 친화도에서 우선순위의 항목들을 도출한 후, 그 항목들을 수행할 사람들을 정하는 데도 이 표가 사용될 수 있다.

④ 처리 결정 계획표

처리 결정 계획표(PDPC)는 익숙하지 않은 문제를 해결하거나 목표를 효과적으로 달성하기 위해 사용되는 방법이다. 이것은 특히 만일의 사태가 발생할 경우에 대비하여 문제를 해결할 수 있는 대체방법들을 그래프로 나타내고, 그들을 효과적으로 다룰 수 있는 하나의 전략을 도출해 낼 수 있게 한다. 따라서 이 방법은 가능한 해결책 중에서 최상의 대책을 마련하는 데 유용하다.

⑤ 분지표

그림 2-13의 분지표*는 프로젝트를 위해 수립된 주목적과 관련된 세부 목적들을 달성하기 위하여 실시해야 하는 과정과 과제들을 계획하는 테크닉이다. 이것은 간단명료하게 문제의 중요도를 나타내어 실제로 프로젝트의 목표를 이루기 위해 실시해야 하는 업무*들을

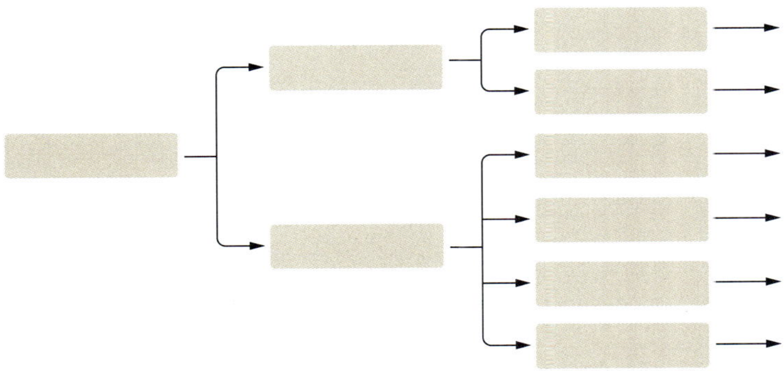

그림 2-13 **분지표**

분지표tree diagram 하나의 목표 수행을 위해 필요한 주업무와 부업무들의 서열을 표시하는 관리 도구로, 완성된 형태가 나무와 비슷함
업무task 주어진 시간 내에 수행해서 종종 끝내야 하는 명확하게 주어진 활동

파악하는 데 도움이 된다. 이 표는 또 친화도와 같이 데이터들을 검토하고 체계적으로 재정렬하는 데 유용하며, 목적과 그 목적을 이루기 위한 각각의 활동들을 논리적으로 분류하는 데에도 활용할 수 있다.

⑥ 매트릭스도

그림 2-14의 매트릭스도는 프로젝트의 목적을 달성하기 위해서나 문제를 해결하기 위해 사용될 수 있는 방법들과 각각의 방법을 비교하기 위해 고려해야 할 인자들을 여러 행과 열에 표시하는 방법이다. 이것은 문제의 특징 및 중요성을 비교할 수 있고, 데이터 그룹 간의 관계를 시각적으로 검토하는 데 도움이 된다. 이 방법은 또 두 가지 이상인 항목의 세트를 비교할 수 있고, 상호 관계의 패턴들을 관찰할 수 있으며, 어떤 항목 간의 관련 여부를 확인하는 데도 도움이 된다. 주로 아이디어를 도출하여 관계를 분석하고 문제 해결에 효과적인 방법을 찾는 데 이 표가 이용된다.

⑦ 활동 네트워크표

그림 2-15에 나타낸 활동 네트워크표는 프로젝트를 계획하고, 스케줄화하고, 모니터링하기 위해 필요한 활동을 화살표로 나타내는 네트워크 기술이다. 이 방법은 전체적인 공정작업의 진척 상황을 파악하는 데 유용하게 쓰인다.

⑧ 간트 차트

그림 2-16에 나타낸 간트 차트#는 1917년 미국의 엔지니어이자 사회학자인 간트(Henry L. Gantt)에 의해 고안된 생산 조절 도구로서, 시간에 따라 계획된 일들과 완성된 일들을 일목요연하게 보여 준다. 가로축은 프로젝트를 위한 전체 시간/기간을 나타내고, 세로축은 프로젝트를 수행하기 위한 업무들을 나타낸다. 리스트에 있는 각 업무는 하나의 막대로 나타내고, 막대의 길이는 업무에 소요되는 예상 또는 실제 기간을 표시한다. 식품 산업에서는 신제품을 개발할 때 이용할 수 있는 도구이다. 간트 차트는 프로젝트에서 특별 업무들을 계획하고 조직화하고 추적하는 데 도움이 되도록 프로젝트의 스케줄을 그래프화하여 프로젝트 관리에 사용된다. 간트 차트는 프로젝트의 상태를 명확히 표시하는 것이 장점이지

간트 차트 Gantt chart 시간에 따라 계획된 일이 어느 정도 진척되었는지 또는 완성되었는지를 표시한 막대 차트. 목록에 있는 각 업무를 하나의 막대로 표시하고, 막대의 길이는 그 업무의 예상기간 및 실제기간을 나타냄

항목	방법 1	방법 2	방법 3	방법 4
항목 1				
항목 2				
항목 3				
항목 4				

그림 2-14 **매트릭스도**

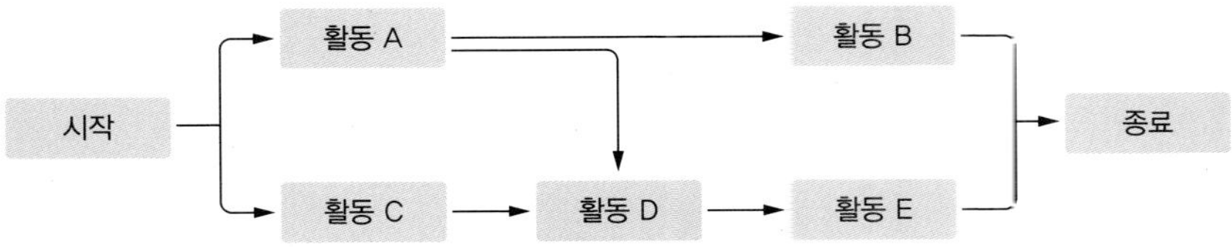

그림 2-15 **활동 네트워크표**

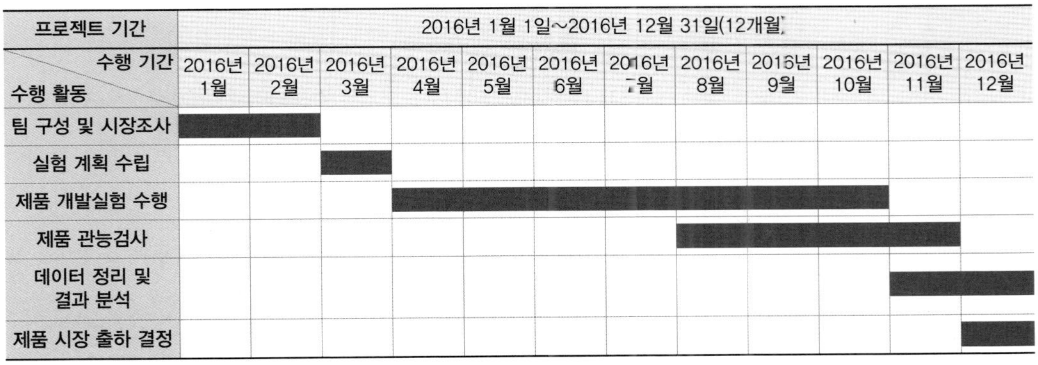

그림 2-16 **간트 차트**

만, 업무 간 의존성이 있는지의 여부를 나타내지 않아, 계획에 비해 뒤처진 업무들이 뒤의 다른 업무들에 어떻게 영향을 미치는지에 대해서는 알 수 없는 단점이 있다.

⑨ 개체 관계도

그림 2-17의 개체 관계도(ERD)는 관계가 있는 개체(entity)들을 그래프로 나타내어 그 관계를 쉽게 알 수 있도록 한 데이터 모델링 기술이다. 그림 2-17에서 직사각형으로 표시한 개체는 식품과 관련하여 제조공장, 제품, 소비자 등을 나타낼 수 있고, 타원형으로 표시한 것은 각 개체의 특성을 설명하는 데 사용된다.

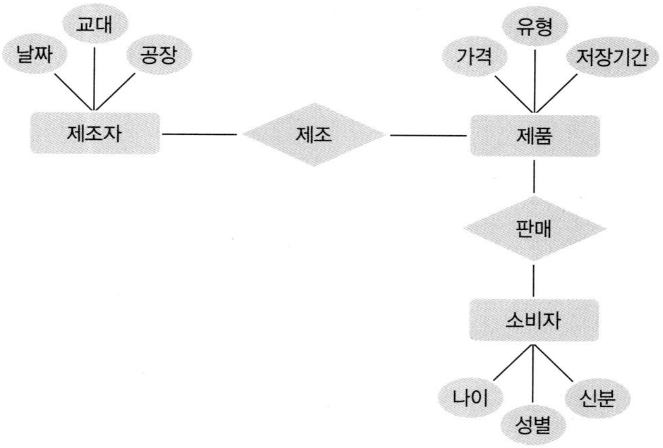

그림 2-17 **개체 관계도**

5) 품질보증(QA) 부서와 임무

총체적 품질경영을 위해 품질보증 부서는 꼭 필요한 조직이다. 조직의 체계가 잘 갖추어진 회사 조직에서 가장 중요한 기능은 좋은 품질의 제품을 생산해 내는 것이고, 이를 위해 품질보증 부서를 갖추게 되며 이 부서를 총괄하는 사람은 사장에게 직접 보고하는 체계를 갖는다. 품질보증부는 식품 공정에 있어서 품질관리, 품질평가, 품질감사 및 규제와 관련된 활동을 수행하고 관리한다. 품질보증 프로그램은 내부의 자문기관으로 이루어져 있고, 품질 프로그램을 평가하고 그것을 향상시키기 위하여 권고하고 제안하며 지시하는 일들을 한다. 품질보증은 식품 산업에 1950년대 말에서 1960년대 초 HACCP[#]의 개념이 도입되면서 시작된 상대적으로 새로운 분야의 활동이다. HACCP은 제품 생산에서 불량품의 발생을 줄이고, 제품이 이물질로 오염[#]되는 것을 막는 예방 수단으로 도입되었다. 품질보증(QA) 프로그램이 시작된 지 반세기가 지났지만 아직도 이 프로그램의 개념이 잘 이해되지 않아 품질관리(QC)와 자주 혼동되고 있다. QC는 QA 프로그램의 한 부분인데, 이 두 용어가 자주 혼돈되어 사용되어, 실제로 많은 중소 식품제조회사에서 QC 프로그램을 QA 프로그램이라고 잘못 알고 있기도 하다.

국제표준화기구[ISO 8402 : 품질경영과 품질보증에 관한 어휘(quality management and quality assurance vocabulary)]은 이 구분을 다음과 같이 명확히 하고 있다. QA는 제품이나 서비스

해썹HACCP 식품 안전과 관련한 위해 요소를 확인, 평가, 관리하기 위한 체계적인 접근법
오염contamination 식품에 불결하고 더럽고 부적합한 물질이 섞여 있어 사용하기에 부적합한 상태. 이 물질은 식품을 섭취하는 사람에게 부정적인 반응을 일으킴

에서 소비자들의 만족을 극대화하는데 필요한 계획적이고 체계적인 모든 활동을 포함한다. 이것은 정책을 확립하고, 확립된 목표를 이루기 위해 프로그램을 적용시키며, 효과적인 측정방법들을 적용하는 전략적 관리 기능이라고 할 수 있다. 반면에 QC는 품질을 향상하는 데 필요한 조작적 기술이나 활동을 뜻한다. 즉, QA에 의해 확립된 프로그램을 수행하기 위한 전술적인 기능이라고 할 수 있다.

6) QA 프로그램의 기능들

오늘날 소비자들은 식품 품질과 식품 제조에 대한 정보를 매스미디어나 인터넷을 통해 쉽게 얻을 수 있다. 식품의 안전성과 품질에 대한 우려가 점차 높아지면서 소비자는 농약, 식품에 존재하는 독성물질, 건강에 좋지 않은 음식 등과 같이 식품에 이미 존재하는 것으로 알려졌거나 잠정적 위험 요소가 될 수 있는 것들에 대해 더 많이 알게 되었다. 그러다 보니 소비자들은 더 크고 잘 알려진 회사에서 생산되는 식품의 구매를 선호하게 된다. 물론 중소기업에서도 얼마든지 좋은 제품들을 생산하고 있지만, 소비자는 더 큰 회사들이 더 좋은 제품을 만들 것이라고 생각하기 때문이다. 따라서 회사에서 QA부의 역할은 매우 중요하다. QA부는 품질의 관리, 평가, 감사의 3가지 기본 기능들을 수행함과 더불어 교육과 훈련, 공정 향상, 표준화 확립, 특별 프로젝트 참여, 컨설팅 등의 기능을 수행한다.

(1) 품질관리

품질관리는 표준에 부합되는 제품이 만들어지도록 공정 과정을 확립하는 하나의 QC 프로그램으로, 생산 라인과 밀접하게 연관되어 있다. 이 업무는 요구되는 품질의 수준에 맞추기 위해 정해진 변수들에 따른 제조 라인을 유지하도록 작업자들을 돕는 역할을 한다.

(2) 품질평가

품질평가(quality evaluation)는 공장 내부로 들어오는 재료들의 성능, 제조 과정 중인 제품들, 그리고 최종제품들을 주로 QC 랩에서 평가하는 것이다. 최종제품에 대한 평가는 시장에서 소비자들에게 팔리는 상태로 진행되며, 제품의 품질감사를 통해 수행된다.

(3) 품질감사

품질감사(quality audits)는 일정한 시간 내에 생산되는 제품과 제조공정을 확인하고 검사하는 프로그램이다. 식품 산업에서 이루어지는 품질 관련 감사로는 제조공정 감사, 위생/GMP(Good Manufacturing Practice) 감사, HACCP 감사, 제품 품질감사, 그리고 특별감사 등이 있다. 품질감사를 통하여 제품의 품질을 제조 과정, 보관창고, 유통 시스템, 그리고 시장에서 판매되는 과정에서 확인할 수 있고, 또한 경쟁회사들의 제품과도 비교할 수 있다. 품질감사는 조직 내의 직원에 의해 이루어지는 내부 감사와, 외부의 조직에 의해 이루어지는 제3자에 의한 감사가 있다.

7) 품질보증 감사

QA 부서의 가장 중요한 역할 중 하나인 품질보증 감사(quality assurance audits, QA audits)는 미리 결정된 날짜를 감사 받을 부서에 사전에 통보해야 하며, 불시의 방문으로 이루어지는 감사는 삼가야 한다. 이 감사의 목적은 일을 잘하지 못하는 사람을 찾아내는 것이 아니고, 잘못된 부분을 찾아서 시정하도록 함으로써 해당 부서에서의 일이 잘 진행되도록 하기 위함이다. 따라서 감사의 목적은 정상적인 작업조건에서 제품의 제조공정이 문서화되어 있는 대로 원활하게 수행되고 있는지를 확인하고, 제조공정에서 발생되는 오차가 있으면 이를 보고하여 시정하도록 함으로써 제조공정을 향상시키는 데 있다. 감사 과정은 현장에서의 모니터링을 통하여 얻어진 데이터들을 통계적으로 분석한 후, 감사 보고서를 작성하여 확인된 문제점을 시정하도록 한다.

(1) 제품 제조공정 감사

소비자들이 만족할 만한 품질의 제품을 만들기 위해서는 제품의 제조공정이 올바른 환경, 즉 위생적이고 문서화되어 있는 최적의 공정으로 빈틈없이 수행되어야 한다. 이 과정을 확인하기 위해 제조공정에 대한 감사가 필요하다. 좋은 품질의 제품을 생산하기 위해서는 공급자로부터 좋은 질의 원료들을 공급받아야 하고, 제품이 생산된 다음의 유통 단계에서도 모든 과정이 효과적으로 관리되어야 한다.

제품 제조공정 감사는 계획적이고 체계적이며 종합적인 생산공정에 대한 검열이다. 공정과정이라 함은 공정 그 자체뿐만 아니라 공정을 위한 지침(instruction), 품질관리활동, 위생·우수제조 관리 실행, 그리고 안전이 요구되는 공정의 과정들을 포함한다. 즉 제품 제조공정 감사는 실질적으로 실행되는 공정이 요구되는 공정 과정을 잘 따르는지, 미리 발견되지 않았지만 즉시 시정되어야 할 오차들이 있는지, 작업자 또는 작업업무에 상관없이 제조

공정이 늘 같은지 등을 점검하기 위해 실시된다. 즉, 제조공정의 향상을 위해 시정보다는 예방을 위해 이루어지는 것이다.

(2) 공장 위생/GMP 감사

식품 제조시설에서 위생 프로그램은 지속적으로 수행되어야 한다. 위생 감사는 공장시설, 직원들의 위생, 공정관리, 오염물 또는 불순물(aculteran:)* 포함 여부, 그리고 해충 등을 관리하는 데 중점을 둔다. 공장시설은 원료 등을 보관하는 저장장소도 포함한다. 공장 위생 감사를 위해 공장 대지, 건물의 벽, 바닥, 천장 등도 모두 면밀히 조사하여야 한다.

작업자들의 위생과 관련해서는 작업자들이 제조 현장에서 위생장갑을 끼었는지, 공장 내에서 지정된 유니폼을 입었는지, 이들의 건강 상태가 괜찮은지 등을 살펴보아야 한다. 제조 공장의 작업조건과 관련해서는 식품 안전성, 공장의 위생 정책이나 과정이 잘 지켜지는지를 살펴보고, 식품 제조에 이용되는 물의 질과 식품 제조 시 접촉하는 용기나 기기들이 깨끗하게 유지되는지를 살펴서 오염되는 것을 방지하여야 한다. 특히 오염물이나 불순물이 섞여 들어가지 않도록 식품의 원료, 원재료, 생산한 제품, 포장 재료 등이 윤활유, 연료, 농약, 청정제, 위생제 등과 섞이지 않게 보호해야 한다. 내용물이 담긴 용기에는 그 내용물이 무엇인지를 정확하게 표시해야 한다.

식품회사의 경우 해충관리를 자체적으로 하기보다는 주로 외부의 용역회사들을 이용하여 수행하고 있는데, 위생 책임자나 QA 부서의 직원은 해충관리가 식품 안전에 매우 중요하다는 점을 인식하고 있어야 함은 물론이고, 해충관리에 관련된 훈련도 받아야 한다.

(3) 제품의 품질감사

이 과정은 일반적인 검열방법으로 검열을 받고 승인되어 시장에 내놓게 되었거나 이미 시장에서 판매되고 있는 제품을 검열하는 것이다. 제품의 품질감사의 목표는 시장에서 소비자에게 판매되는 제품들이 확립된 QC 규격에 부합하는지를 평가하는 것이다. 또한 회사의 QC 규격들에 대한 감사의 결과를 비교하거나, 자사 제품의 질을 경쟁회사 제품의 질과 비교하거나, 현재 생산되고 있는 제품을 전년도에 생산된 같은 제품의 품질과 비교하거나, 동일한 회사 내의 서로 다른 공장에서 생산된 제품의 품질을 비교하기도 한다.

불순물adulterant 오염되거나, 뒤죽박죽 섞이거나, 실수에 의해서 또는 제대로 관리되지 않은 조건에서 섞여 들어간 이물질

(4) HACCP 감사

HACCP은 식품의 재료를 공급받는 단계부터 소비가 될 때까지 식품의 안전성을 보장하기 위해 국제적으로 인정하는 방법으로, 식품 안전성을 위한 국제 시장의 표준이다. HACCP 감사의 목적은 HACCP 계획(plan)이 HACCP에서 요구하는 7가지 원리에 부합하는지를 확인하는 것이다.

HACCP 감사에는 중요한 위험 요소들이 잘 확인되었는지, 위험 요소들이 잘 관리되고 있는지, 그리고 중요 관리점을 위해 마련된 한계 기준이 유효하고 효과적으로 증명되었는지가 포함된다. 또한 HACCP 프로그램을 잘 유지하기 위한 방법으로 중요한 관리점을 모니터링한 기록들이 잘 평가되고 있는지, 그리고 한계 기준이 초과되었을 때 이것을 시정하기 위한 활동이 이루어졌는지를 살펴보고, 전체 HACCP 계획과 관련하여 검증이 잘 되었는지도 감사하게 된다.

(5) 특별 감사

QA 부서는 위에서 설명한 감사 이외에 식품 품질 향상을 위해 필요한 경우 특별 감사를 실시할 수 있다. 특별 감사에는 주로 문서들이 제대로 관리되고 있는지에 대한 감사, 식품 제조공정에 필요한 물품을 제공하는 공급자들에 대한 감사, QC/기기의 보정(calibration)[#]과 유지(maintenance)에 대한 감사, 제품의 배치(batch) 준비나 배합에 대한 감사 등을 들 수 있다. 특히 공급자에 대한 감사에서는 공급자들이 공급하는 식품 재료뿐만 아니라, 생산하는 식품 재료의 제조시설도 감사하게 된다. 올바른 제품이 만들어지기 위해서는 기기들이 오차 없이 작동되어야 하기 때문에 데이터의 신빙성을 높이기 위해 기기 관련 감사를 정기적으로 실시함은 물론이고 사용하는 기기를 늘 보정해야 한다.

8) 품질보증 문서 시스템

효과적인 제품의 생산과 좋은 품질의 제품을 공급하기 위해서는 제조회사는 제품에 관련된 모든 것들을 문서로 기록해야 한다. 이렇게 기록된 문서들이 제대로 관리되고 있는지도 주기적으로 확인해야 한다. 품질보증과 관련된 문서의 종류는 다음과 같다.

보정calibration 측정기기들이 정확하게 작동할 수 있게 조절하는 것. 국가적·국제적 표준에 합당하는 정확도와 정밀도를 갖추기 위해 측정 기구나 기계들을 주기적으로 살펴보고 조절하는 과정

(1) 품질 매뉴얼

한 회사의 품질과 관련된 정책이나 과정들을 기술한 문서이다. 품질 매뉴얼(quality manual)은 제조 과정이나 상세한 지침들을 포함하는 등 전체적인 품질 프로그램의 윤곽을 보여 준다. 조직마다 약간의 차이는 있지만, 이 매뉴얼은 공통적으로 조직에서의 품질에 대한 정책, 과정, 지침, 그리고 표준들을 기록하고, 검열이 필요한 기기, 체크 포인트, 측정방법 및 품질평가와 관련된 기록들을 담고 있다. 품질 매뉴얼은 사용하기 전에 검토되어야 하고, 권한이 있는 관리자에 의해 승인되어야 하며, 필요한 문서들이 적당한 곳에 배치되어 직원들이 이용할 수 있어야 한다. 그리고 쓸모가 없어진 문서들은 폐기 처분되어야 한다. 일반적으로 문서(document)는 품질을 유지하기 위해 쓰인 것들이고, 기록(record)은 해당 프로그램이 운영되고 있다는 것을 보여 주는 하나의 증거가 된다.

(2) 제조 및 품질 관련 표준 운영 절차서

표준 운영 절차서(standard operating procedure, SOP)는 한 조직에서 이루어지는 주요 활동의 과정을 상세하게 기술한 문서이다. 그 활동이 무엇인지, 왜 그러한 활동이 필요한지, 누가 그러한 활동을 해야 하는지, 어디에서 활동이 이루어져야 하는지, 어느 때에 그 활동이 이루어져야 하는지를 기술한다. 분석실험실에서 쓰이는 실험방법들도 이것의 한 예가 될 수 있고, 식품회사에서 직원의 위생과 관련하여 손을 청결하게 씻는 방법 및 과정을 상세히 기록한 것도 SOP의 간단한 예의 하나이다.

(3) 특정 제품 제조공정 문서

특정 제품에 대한 제조공정(product-specific manufacturing, PSM), 즉 버치(batch)나 배합, 공정 과정, 포장, 코드화, 저장 요건 등을 상세히 기록한 문서이다.

(4) 일반 제조공정 문서

일반 제조공정(general manufacturing operation, GMO) 문서는 특정 제품의 제조공정과 관련된 하나의 특정 활동을 기술한 문서이다. 예를 들면 제품의 포장과 관련된 문서들에서 포장 재료, 포장 형태, 포장의 레이블, 포장의 코드, 어떻게 포장 용기들을 다루어야 하는지, 어떻게 보관해야 하는지 등과 같은 내용을 포함한다. 또한 무게관리를 위한 문서에서는 제조공정 중에 제품의 무게를 어떻게 조절해야 하는지를 상세하게 기술하고 있다. 이러한 활동들을 수행하기 위해 필요한 부수적 활동이 상세히 기록된 문서들을 포함한다.

(5) 품질관리 분석법 문서

품질관리 분석법(quality control analytical, QCA) 문서들은 주로 식품의 완제품이나 원료를 분석하기 위해 세계적으로 잘 알려진 여러 화학분석협회(American Oil Chemist's Society, The American Cereal Chemist's Society, the Organization of Official Analytical Chemists)에서 만든 공인 분석방법들을 활용한다. 물론 이런 분석방법들은 회사의 필요에 따라 보완될 수 있겠으나, 이로 인해 결과의 정확도, 반복도, 그리고 재현성에는 영향을 주지 말아야 한다.

(6) 위생 표준 공정절차 문서

위생 표준 공정절차(Sanitation Standard Operating Procedure, SSOP) 문서는 SOP와 같지만 오로지 위생과 관련된 활동의 과정만을 문서로 상세히 기록한 것이다. 특히 식품 안전성과 관련된 오염을 방지하기 위해 요구되는 활동이 많고, 위생을 위한 청소와 관련된 활동도 포함한다. 이 문서는 SOP처럼 위생을 위한 과정들이 명시되는데, 활동의 명칭, 활동이 이루어지는 장소, 활동에 필요한 기기나 재료, 활동의 빈도수, 활동하는 데 소요되는 시간, 이 활동과 과정이 잘 유지되도록 하기 위해 직원 중 어느 부서의 어떤 직책을 가진 사람이 책임을 져야 하는지와 각 활동을 위한 상세한 단계들을 명시하고 있다.

(7) 우수 제조관리 기준 문서

우수 제조관리 기준(Good Manufacturing Practice, GMP) 문서는 식품 제조 공장의 위생 기준을 확립하고, 안전하며 품질이 좋은 제품을 생산하기 위한 중요한 지침들을 제공한다. 우수한 품질의 제품을 생산하기 위해 제조회사는 우선 경영자와 관리자들이 식품의 안전성과 식품 제조 환경의 청결을 위한 책임을 져야 한다. 식품의 제조와 관련된 모든 부분들(원료, 공정, 작업자, 공장 등)에서 안전성 및 위생과 관련된 내용은 물론 종합적인 SSOP 문서들이 포함되며, 식품 제조 환경의 모니터링에 이용된다. 하나의 예로 청결, 세척 과정, 올바른 화학약품 및 농도, 청결 빈도수, 기타 작업자들에 대한 상세한 지침이 문서화되어 있어야 하고, 모든 직원은 왜 그 상세한 지침들이 필요한지와 무엇을 따라야 하는지에 대한 훈련을 받아야 한다. 특히, 위생에 책임이 있는 직원은 각각의 세척기기 작동방법은 물론 직원들이 위생과 관련된 보호 장비를 잘 착용하는지도 살펴보아야 할 의무가 있다.

참고문헌

김명호·여경묵, 1998, 식품산업의 품질경영과 ISO9000 계열 규격, 식품산업과 영양. 3(2):3-8

류경, 1998, 급식산업과 품질경영, 식품산업과 영양. 3(2):14-19

배기태, 2008, 품질경영이 경쟁력이다 -고객 만족을 위한 품질보증, 세라미스트, 11(4):164-182

배기태, 2008, 품질경영이 경쟁력이다 -현장의 품질관리 기법, 세라미스트, 11(5):161-166

안웅, 1994, 품질경영시스템과 ISO 9000인증, 산업공학, 7(2):53-59.

최홍식·여경목, 2004, 식품품질관리학, 신광출판사

Clute, M. 2009. Food Industry Quality Control Systems, CRC Press/Taylor & Francis Group

Gould, W.A. and Gould R.W. 2001. Total Quality Assurance for the Food Industries, 3rd ed, CTI Publications. Timonium, MD, USA

Hubbard, M.R. 1996. Statistical Quality Control for the Food Industry, 2nd ed, Chapman & Hall, New York, NY, USA

Vasconcellos, J.A. 2005. Quality Assurance for the Food Industry: A Practical Approach, CRC Press LLC., Boca Raton, FL. USA

단원 정리

이 장에서는 총체적 품질경영의 의미, 배경 및 적용, 성공적인 품질경영을 위해 사용되는 통계적 분석 도구와 계획 및 경영에 도움이 되는 도구들, 그리고 총체적 품질경영을 위해 필수 조직인 품질보증부의 체계, 임무 및 기능, 품질보증 감사 및 문서 체계를 다루었다.

1 총체적 품질경영은 품질보증을 위하여 제품은 물론 인력과 서비스를 모두 포함한 종합적인 관리 또는 경영을 뜻한다.

2 21세기의 글로벌화로 국제적 경쟁이 치열해지면서 총체적인 품질경영은 식품 산업을 포함한 모든 산업에서 필수 요소로 인식되고 있다.

3 총체적 품질경영을 위해 사용되는 도구들로는 데이터를 분석하고 해석하는 데 사용되는 통계적 분석 도구와, 아이디어들을 다루는 데 사용되는 계획 및 경영의 도구들로 구분된다.

4 통계적 분석 도구는 데이터 시트, 관리도, 히스토그램, 파레토 차트, 특성 요인도, 흐름도, 상관도표 등이고, 막대 차트, 파이 차트, 스파이더 차트도 이용된다.

5 계획 및 경영의 도구는 친화도, 연관 관계도, 우선순위 교차표, 처리 결정 계획표, 분지표, 매트릭스도, 활동 네크워크표 등이고, 그 밖에 간트 차트와 개체 관계도도 이용된다.

6 품질보증부서는 총체적 품질경영을 위한 필수 부서로 품질관리, 품질평가, 품질감사의 3가지 기본 기능을 수행한다.

7 품질보증 감사는 제품과 제조공정을 확인하고 검사하기 위하여 시행되는데, 불시 방문이 아닌 사전에 미리 계획된 검사로 잘못된 부분을 찾아서 시정하도록 하는 데 목적이 있다.

8 효과적인 제품 생산과 좋은 품질의 제품 공급을 위하여 제품과 관련된 모든 것들이 문서로 기록되고 관리되어야 한다.

연습문제

1. 총체적 품질경영이란 무엇이며 식품 산업을 비롯한 기업들에서 이 품질경영이 필요하게 된 이유를 설명하시오.

2. 총체적 품질경영을 위해 통계적인 개념의 활용이 필수적인데 데이터들을 분석하고 해석하는 데 사용되는 7가지 통계적 분석 도구들을 기술하시오.

3. 히스토그램과 파레토 차트의 차이점을 기술하고 이들 각 도구들이 언제 이용되는지를 설명하시오.

4. 품질이 최상인 커피를 생산하기 위한 프로젝트를 수행하고자 할 때 커피 향에 영향을 주는 인자들을 특성 요인도를 이용하여 분석하도록 하시오.

5. 새로운 프로젝트를 성공적으로 수행하기 위해 도출되는 아이디어를 모으고 프로젝트의 활동 및 추진 과정을 살펴보기 위해 사용되는 계획 및 경영 도구들의 종류를 기술하시오.

6. 품질보증부와 품질관리부 간 주요 임무의 차이를 기술하시오.

7. 품질보증 감사는 품질보증부의 주요 기능인데, 식품 산업에서 이루어지는 5가지 감사에 대하여 서술하시오.

8. 효과적인 제품의 생산과 좋은 품질의 제품을 공급하기 위해 필요한 품질보증과 관련된 문서들의 종류를 기술하시오.

3

제3장

공정 품질관리

process quality control

3 공정 품질관리

1. 생산관리

생산관리(production management, process management)[#]의 목표는 회사의 생산 계획에 따라 제품을 생산하는 시스템에서 생산 환경을 최적의 상태로 유지하도록 생산공정의 여러 요소를 적절히 통제하여 생산 수율과 생산성을 최대로 유지하는 것이며, 크게 생산 계획(production planning)과 생산공정관리(production process management)[#]로 구성된 개념이다. 생산 시스템은 생산 목적과 생산 수단을 연결하는 전체 공정을 의미하며 이를 이해하기 위해서는 전체적인 안목에서 시스템적으로 접근해야 한다. 공장에서 자원을 투입하여 새로운 가치를 창조하는 변환 과정을 공정(process)[#]이라고 하는데 작업 행위와 같은 소위 하위 프로세스(subprocess)도 이에 포함된다. 다시 말하자면 공장에서의 생산관리는 원자재·노동력·정보·기계장치·지원 설비 등의 생산 자원을 효율 및 경제적으로 조합하여 원하는 제품이나 서비스를 산출하는 수단이며 기업 경영의 측면에서는 하위 시스템(subsystem)이라고 할 수 있다.

공장에 속한 모든 생산 시스템은 투입물을 산출물로 변환시키는 활동을 수행하는 체계

생산관리production management 시장이나 고객이 요구하는 품질의 제품을 요구된 시기에 필요량을 공급하는 동시에 공정 효율을 높이도록 생산하는 것을 목적으로 계획, 실시, 통제하는 것

생산공정관리production process control 생산 공장에서 일정한 품질·수량·가격의 제품을 일정한 시간 안에 가장 효율적으로 생산하기 위해 공장의 모든 활동을 총괄적으로 관리하는 활동

공정process 각종 설계, 기기 제작, 시공 또는 시운전 등과 같은 작업이 진행된 정도 또는 단계 및 진행 과정

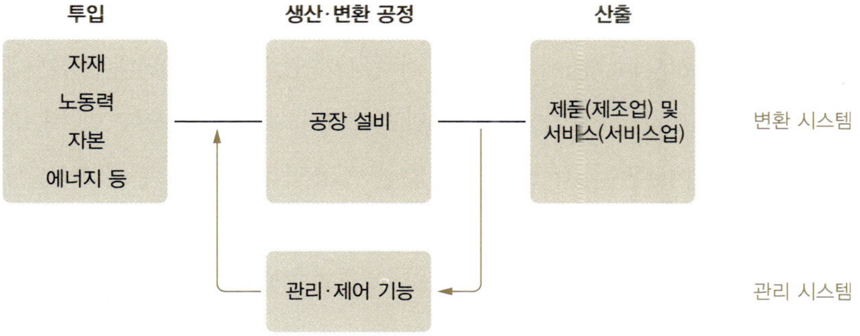

그림 3-1 **변환 및 생산관리 기능을 포함한 공장의 생산 시스템**

인데 투입(input), 변환(transformation process), 산출(output)이라는 과정을 거쳐 진행되며 투입-산출 시스템(input-output system)으로 표현되기도 한다(그림 3-1). 이러한 생산 시스템이 작동하기 위해서는 투입과 산출을 잇는 중간 단계인 변환 기능이 필요한데 이 기능을 최적 상태로 유지하기 위한 수단이 공정 제어 기능(controller)이다. 이에 따라 공장의 생산 시스템은 기능상 크게 변환 시스템(conversion system)과 관리 시스템(control system)으로 나눌 수 있다.

그림 3-1에 표시된 바와 같이 생산관리의 기능은 생산공정을 거친 제품 중 품질 규격을 벗어난 이상 제품이 발생하는 경우 발생 원인을 추적하여 오류를 발견하고 이를 수정할 수 있는 상응 조치를 생산 또는 투입 공정에 피드백하는 것이다. 예를 들어 곡물 스낵류를 생산하는 제과 공장의 경우 생산공정은 밀가루/쌀가루, 말린 과일, 너트류, 전분당/설탕 등이 배합된 후 생산공정으로 들어가는 투입 단계와 가열·혼합·성형·절단 등이 포함된 공정을 거쳐 제품으로 산출되는 전환 공정으로 구성된다. 이 과정에서 최종제품의 품질*에 중대한 영향을 미치는 원료 배합비 및 가열조건을 중점적으로 감시(monitoring)*하고 이들을 최적 상태로 유지하는 관리 시스템을 추가한 다단계 생산 시스템을 운영함으로써 품질 기준을 만족시키는 우수한 곡물 스낵제품의 지속적인 생산이 가능하게 된다.

공산품의 품질 향상을 위해 산업계에서는 많은 노력을 기울여 왔으며 이러한 과정에서 등장한 것이 초기 단계의 품질관리(quality control, QC)*이며 이 기법이 1970대에는 총체

품질quality 사용자 또는 구매자가 요구하는 기술 요건이나 기능 특성 혹은 관련 규정(법령 등)에 일치하는 정도
감시monitoring 해당 요건의 준수 여부를 확인하기 위하여 대상 업무를 관측, 관찰 또는 점검하는 행위
품질관리quality control, QC 소비자의 요구에 맞는 품질의 제품을 경제적으로 만들어 내기 위한 모든 수단의 체계

적 품질관리(total quality control, TQC) 개념으로 바뀌었고, 1980년대에는 경영자의 참여를 촉구하는 품질경영(quality management, QM)[#]이 등장하였으며, 1990년대부터는 종합적 품질경영(total quality management, TQM)[#]으로 발전하였다. 이러한 품질관리 시스템(quality management system, QMS)은 식품 산업의 다양한 제조업과 서비스 분야에서도 운영되고 있다.

QMS에서 지향하는 품질 목표 달성을 위해 국제표준화기구(International Organization for Standardization, ISO)는 ISO 9001 규정을 제정한 바 있다. 한편 TQM에서는 제품의 품질뿐만 아니라 생산성이 높은 시스템을 개발하여 제품과 서비스도 고객을 만족시키는 목표를 지향하고 있다. 흔히 품질경영은 품질 계획(quality plan, QP)[#], 품질관리(QC), 품질보증(quality assurance, QA)[#], 품질 개선(quality improvement, QI)[#]을 망라하는 넓은 의미의 품질이라고 말한다. 식품 공업에서 TQM이 성공하기 위해서 생산 각 단계에 대한 관리가 요구되는데 이를 위해 QA 프로그램이 사용된다. 특히 QA 프로그램에서는 생산공정의 설계 단계에서부터 최종제품에 이르기까지 품질 및 규격이 목표치에 상응하도록 공정의 방법 및 순서를 합리적으로 조정하는 것을 중요시한다. 즉, 생산자가 원료 품질에서부터 생산 시설, 공정 방법 및 순서, 작업자의 자질, 부속 설비, 주위 환경 등을 적절하게 관리함으로써 생산될 제품이 일정한 품질 목표를 달성할 수 있다는 확신을 준다는 의미이다. 이 과정에서 공정설계(process design)[#], 재료 구입, 생산, 저장, 출하, 시험, 검사 등의 관리와 측정시험기기의 교정, 검사, 시정 조치(corrective action)[#], 기록 보관 등의 활동이 이루어진다. 이와 같은 생산관리 프로그램은 효율성 측면에서 하나의 관리 요소에 대해 하나의 공정 중 검사(in-process inspection)[#]를 실시하고 이러한 기능들이 통합되어 결과적으로 전체적인 생산관리가 잘 이루어지도록 짜여 있다.

품질경영quality management, QM 품질 정책, 목표 및 책임을 결정하고 품질 체계 내에서 품질 계획(QP), 품질관리(QC), 품질보증(QA) 및 품질 개선(QI)과 같은 수단을 수행하는 전반적인 경영 기능의 모든 활동

종합적 품질경영total quality management, TQM 품질에 중점을 두고 전원 참여에 의해 고객 만족과 조직 구성원 및 사회에 대한 이익 창출을 장기적 성공 목표로 하는 조직 전체의 경영적 접근

품질 계획quality plan, QP 특정 프로젝트, 특정 제품, 특정 프로세스 또는 특정 계약과 관련된 자원이 누구에 의해 언제 적용되는지를 규정한 내용

품질보증quality assurance, QA 제품 또는 서비스가 제시된 품질 요건 사항을 만족시키고 있다는 신뢰감을 주기 위하여 필요한 모든 계획적이고 체계적인 활동

품질 개선quality improvement 조직과 고객에게 부가적인 이익을 제공하기 위한 제반 활동과 공정의 효율을 증대시키기 위해 조직 전반에 걸쳐 취해지는 행동

공정설계process design 전체적인 공정의 흐름에 적합하도록 기본 계획 및 사전조사를 통하여 처리 공정을 결정하고 이에 따른 시설 배치를 구체화하는 작업

시정 조치corrective action 품질 저해 요건을 교정하거나, 필요한 경우 그 재발 방지를 위하여 취하는 조치

공정 중 검사in-process inspection 어떠한 작업이 진행 중인 과정에서 성능 또는 제시된 요건에 부합되는지를 확인하는 품질검사 단계

제품의 안전성 확보는 식품의 품질 요소 중 으뜸가는 중요한 항목이다. 생산자는 이러한 개념하에서 식품 안전성을 위시하여 그 밖의 제품 품질에 나쁜 영향을 미칠 수 있는 공정 과정의 이상 현상을 추적하고 오류를 수정하는 행위를 필수적으로 도입해야 하는데 이것이 생산관리의 핵심이라 할 수 있다. 이러한 목표를 달성하기 위한 방법으로 우수제조규범(good manufacturing practice, GMP)과, 품질경영 프로그램(QM program, QMP) 등이 개발되었고, 식품 공업의 경우 더욱 효과적인 위해요소중점관리기준(hazard analysis critical control points, HACCP) 시스템으로까지 발전하여 많은 기업체에서 성공적으로 응용되고 있으며 이를 통해 미생물·화학·물리적 요인에 의한 위해 가능성을 획기적으로 줄이는 계기가 되었다.

1) 생산관리의 목표

공장에서 생산관리는 적용된 모든 기술적 과정을 최적화하는 것을 목표로 하며, 생산 최적화는 모든 기술적 공정을 거쳐 생산된 제품이 모든 측면의 품질 기준에서 최고의 평가를 받는 것과 직결된다. 따라서 생산된 식품의 품질을 저하시킬 수 있는 실제의 위험성이 존재할 때 생산관리는 관련된 종사자들이 모든 공정 중에서 이 부분을 집중적으로 관리할 수 있도록 제안되어야 한다.

생산관리 시스템은 식품 원료에서 최종제품까지 체크하며, 사람이 섭취하는 식품이 취급 대상물인 만큼 제품의 식품 안전성 확보는 무엇보다도 우선되어야 할 가치이다. 식품 품질 안전은 국민의 건강과 사회 안정, 더 나아가 국가 경제와 밀접한 관계가 있는 요소이기 때문이다.

효율적인 생산관리를 위해서는 이루고자 하는 세부적 목표를 확실히 정한 다음 전체 공정을 구성하는 개별 공정 단계에서 품질 조건을 만족시키는 중간제품을 생산하는 동시에 생산공정을 안정화시켜 균일한 최종제품을 지속적으로 생산하는 환경을 확보하는 것이 필요하다. 이러한 목표를 달성하기 위해서는 현재 공장에서 채택하고 있는 시설 및 장비, 인적 구성, 공정, 작업 환경 등에 대한 정확한 파악이 선행되어야 하며 오류가 발견될 경우 이에 대한 조치가 뒤따라야 생산관리의 개선이 가능하게 된다.

우수제조규범good manufacturing practice, GMP 소비자에게 신뢰받는 안전하고 우수한 품질의 제품을 제조하도록 하기 위한 기준으로서 작업장의 구조, 설비를 비롯하여 원료의 구입으로부터 생산·포장·출하에 이르기까지의 전 공정에 걸친 생산과 품질의 관리에 관한 체계적인 기준

2) 생산관리의 핵심 요소

식품 공장에서 생산하는 제품의 종류와 현재 실행중인 공정방식에 가장 잘 어울리는 생산관리 프로그램이 수립되어야 한다. 생산관리 프로그램에서 업종에 관계없이 기본적으로 포함되어야 할 사항으로 종사자 교육, 문서[#] 작성, 생산공정, 반제품 및 완제품의 품질관리가 있는데 이와 관련된 기본적 개념과 요소 간의 상호 관련성은 그림 3-2와 같이 요약된다.

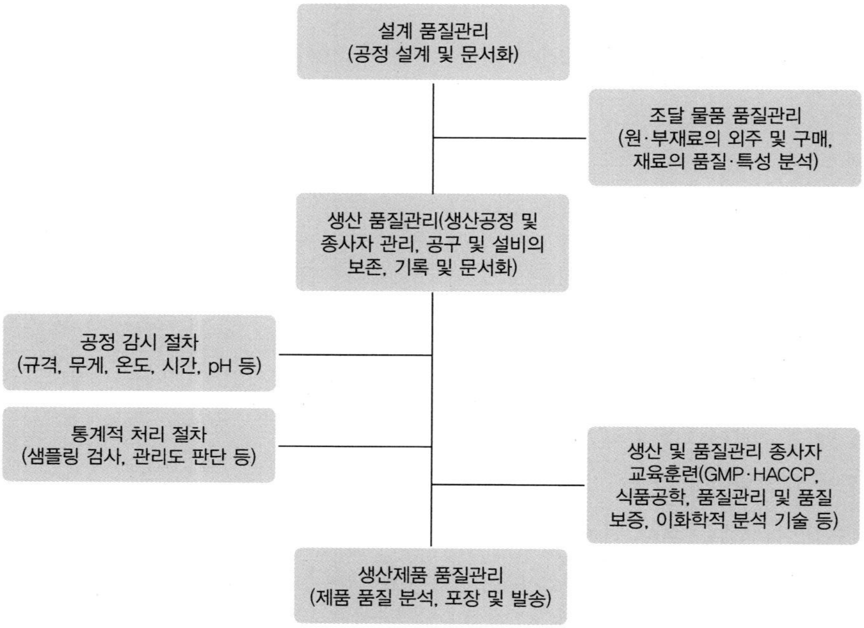

그림 3-2 **생산관리 프로그램에 관련된 핵심 요소**

(1) 교육 훈련

품질 교육은 QM의 기본 요소인 사람(man), 관리방법(system), 도구(tool) 중 사람을 대상으로 하며 고유 기술과 관리 기술을 겸비한 창의적 인재 육성을 위해 꼭 필요한 선행조건이다. 교육 훈련의 평가 결과는 반드시 기록으로 남겨 일상의 작업 현장 및 발생 가능한 것으로 예상되는 상황에서 대응할 수 있는 최적의 능력을 갖춘 인재를 선정하기 위한 데이터베이스로 활용되어야 한다.

문서document 업무, 요건, 절차 또는 결과 등을 기술, 정의, 명시, 보고 또는 인증하는 서면 또는 그림 정보

(2) 생산관리 절차의 문서화#

생산관리의 진행 사항 및 결과를 문서로 기록#하는 일은 생산관리 활동의 가장 핵심적 부분이며 구체적으로 다음과 같은 사항이 포함되어야 한다.

- 생산 전 과정에서 준수해야 할 공정의 항목 및 순서
- 생산공정의 감시, 시료의 채취 및 취급 절차
- 중간제품의 이화학적 특성 및 측정 항목
- 측정대상 항목의 측정 절차(측정 빈도, 시간, 장소 및 작업자) 및 방법
- 시료의 채취 절차 및 확인, 얻어진 데이터 분석 결과

문서에 기록되는 내용은 사실적이고 구체적이어야 하며 공정 및 생산된 제품과 관련된 내용을 항목별로 나누어 정해진 양식에 기입되어야 한다. 문서 내용은 간결하면서도 단순한 용어로 표현되어 읽는 사람이 쉽게 내용을 파악할 수 있어야 하며 작업자가 문서의 내용을 완전하게 이해하기 어려우면 문서가 제 기능을 발휘할 수 없게 된다. 문서 내용 중에는 중점관리가 요구되는 부분 및 중점관리 요소가 포함되어야 한다. 숙련된 문서작업이 이루어지기 위해서는 공정 및 생산품에 대한 전반적인 이해가 선행되어야 한다. 이를 위해 생산에 쓰이는 원료의 투입 단계부터 최종 생산품이 나오기까지 투입되는 공정의 종류 및 순서, 시설 및 가공 설비, 공정조건 등이 도식화된 공정 흐름도(flow diagram)를 이용하면 전체 공정을 파악하는 데 도움이 된다.

공정의 감시 과정에서 시료를 채취한 후 평가하기 위해 측정 및 시험 장비(measuring and test equipment, M&TE)#가 필요한 경우 시료의 채취방법뿐만 아니라 기기 표준화를 위한 보정 절차(예를 들어 '온도계 자동 검·교정 방법')도 명시되어야 한다. 또한 문서의 내용은 현재 시행 중인 공정 시스템에 관한 사항을 포함할 뿐만 아니라 앞으로 공정이 바뀌거나 새로운 공정/장비가 도입될 경우를 위해 새로운 환경에 맞는 내용으로 개정할 가능성까지 대비하여 실제 상황이 닥치면 즉시 새로 개정된 내용이 제시되어야 한다. 이러한 대응이 지체될 경우 잘못된 정보로 인해 생산공정이나 제품 품질에 심각한 문제가 발생할 수 있다.

문서화documentation 제반 규정에 대한 명시, 보고, 증명 활동, 요구의 조건, 절차 및 결과치를 글로 표시하거나 그림으로 나타내는 것
기록record 수행된 활동 또는 달성된 결과의 객관적 증거를 제공하는 문서
측정 및 시험 장비measuring and test equipment, M&TE 규정된 요건에 일치함을 확인하기 위하여 교정, 측정, 계기 측정시험 또는 검사하는 데 사용하는 기구

3) 식품 생산 단위공정

모든 식품 생산에 적용되는 전체 공정은 투입된 식품 원료에 대해 각 처리 단계에서 요구되는 특성을 부여하기 위한 다양한 세부 공정이 연결된 형태로 구성되며 이러한 말단의 작업을 편의상 단위공정이라 부른다. 즉, 단위공정은 제품을 생산하기 위한 특정한 기능을 수행하는 장치/시스템의 구성단위에 의해 수행되는 특정한 기능이라고 정의할 수 있으며, 단위공정을 생산현장에서 식품 원료에 적용시켰을 때 구체적(specific)이고 확인 가능(identifiable)하며 예상한(predictable) 효과를 발휘할 수 있어야 한다.

식품 처리 공정 중 광범하게 적용되는 단위공정은 가압사출(extrusion), 냉각(chilling/cooling), 냉동(freezing), 냉장(refrigeration), 농축(concentration), 데치기(blanching), 등급화(grading), 굽기(roasting/baking), 멸균(sterilization), 박피(peeling), 발효(fermentation), 방사선조사(irradiation), 분류(classification/sorting), 분쇄(chopping), 성형(forming), 세절(slicing/dicing), 세정(cleaning), 압착(pressing/expression), 여과(filtration), 원심분리(centrifugation), 저온살균(pasteurization), 증류(distillation), 증발(evaporation), 추출(extraction), 탈수/건조(dehydration/drying), 튀김(frying), 포장(packaging), 혼합(blending/mixing) 등으로 열거할 수 있으며 동결건조(freeze drying), 증발 농축(evaporative concentration), 방사선살균(radiation sterilization)과 같이 복수의 단위공정 기능이 동시에 적용되는 경우도 있다. 실제로 식품 생산공정은 이와 같은 단위공정의 종류를 선정하고 이들을 적절하게 연결하여 단위공정을 구성하고, 이들을 발전시켜 더 많은 총체적 공정(total process)으로 집합시킨 작업이라 할 수 있다.

식품의 생산 현장에서는 재료의 특성에 따라 기본적으로 처리 기능(예를 들어 분쇄)은 유사하지만 다양한 종류의 단위공정 장치(예를 들어 chopper, ball mill, hammer mill)를 응용할 수 있으며 복수의 단위공정을 연결(예를 들어 분쇄 후 동결 건조)하여 생산 시스템을 운영할 수도 있다. 이 경우 작업 순서나 배치#를 달리하면 같은 식품 원료를 사용하여 다양한 최종제품을 생산할 수 있다. 그림 3-3은 과일 통조림 및 과일 주스를 생산하는 데 이용되는 대표적인 단위공정의 종류와 공정 순서를 보여 준다. 또한 유사한 성격의 단위공정이라도 목적에 따라 다양한 식품 생산에 응용될 수 있는데, 예를 들어 열 교환(heat exchange) 또

배치batch 한 회분에서 하나의 제조 지시서에 따라 생산되어 동일한 특성 및 품질을 갖는 정해진 분량의 (중간)물질

그림 3-3 **동일한 과일 원료를 사용한 과일 통조림 및 과일 주스의 생산공정**

는 가열(heating)로 우유의 저온살균, 농축, 분말화 작업이 가능하다.

한 종류의 단위공정이라도 내부에서는 수많은 종류의 작업이 동시에 일어나는데 혼합(mixing)은 agitating, beating, internal diffusing, dispersing, emulsifying, homogenizing, kneading, whipping과 같은 다양한 동작이 집합된 단위공정이라고 할 수 있다.

단위공정에 대한 관리에 있어서 전체 공정을 한꺼번에 대상으로 하는 대신에 각 단위공정 단위로 세분하여 진행하는 것이 유리하다. 소규모 단위공정 규모로 관리하면 요소별로 일어나는 독특한 현상의 관찰이 더 용이할 뿐만 아니라 이상 현상의 발생 원인을 조속히 추적하여 문제점을 개선할 수 있어 공정 최적화에 유리하다.

식품 생산에 공통적으로 많이 활용되는 단위공정 내용은 다음과 같다.

관찰observation 평상 업무 중 대상 업무를 정기 또는 비정기적으로 확인하는 행위

① 원료 처리

식품은 원료 단계에서부터 적절하게 관리되지 않으면 결과적으로 관리비용이 급증할 뿐만 아니라 최종 품질에까지 영향을 미쳐 막대한 경제적 손실이 초래될 수 있다. 따라서 식품 원료 공급 채널에서 위생 환경 유지, 제품 손실의 최소화(예를 들어 농산물의 증산작용에 의한 중량 감소, 수송 중 가축의 체중 손실 등), 식품 재료의 품질 유지(예를 들어 비타민 파괴, 외관 손상 등), 박테리아 번식 방지, 물품의 적체시간을 줄이기 위한 운반 및 배송 시기의 최적화 등과 같은 여러 요인들에 대한 관리가 중요하다.

식품 원료가 공장에 도착하면 먼저 세정, 분류, 등급화, 박피와 같은 한 종 이상의 단위 공정 처리를 받는데, 결과적으로 식품 원료는 균일성이 증가하여 다음 공정에 적합한 상태로 변하고 품질이 업그레이드된다. 이러한 처리는 가능한 한 초기에 실시하는 것이 투여한 비용에 비해 훨씬 더 많은 경제적 효과(cost-effectiveness)를 기대할 수 있어 유리하며 모두 기계적 분리 과정(mechanical separation process)이라는 공통점 갖고 있다.

② 세정

식품 원료에서 오염물질(contaminant)을 제거하여 표면을 다음 공정에 적합하도록 준비하는 작업이다. 세정은 되도록 초기에 적용하는 것이 좋은데 이 경우 이물질에 의한 기기의 손상 방지, 오염물질이 제거될 때까지 드는 시간과 비용의 절감, 미생물 번식 방지를 통한 대량 오염 가능성의 차단 효과 등을 높이고 결과적으로 재료의 낭비 및 가공비용을 줄여 소비자를 보호하는 효과를 가져올 수 있다.

세정방법은 물을 이용한 침지(soaking), 분무(spraying), 부유 세척(flotation washing), 초음파 처리(ultrasonic treatment) 등과 같은 습식 세정(wet-cleaning)과 대상물과 오염물의 물리적 특성 차이를 이용하여 오염물을 분리하는 흡입(air classification, aspiration), 자력 분리기(magnetic separator), 체(screen), 디스크 분리기(disc separator) 같은 장치를 이용하는 건식 세정(dry-cleaning)으로 나눌 수 있다.

건식 세정은 크기가 작고, 단단하고, 수분이 적은 곡류 및 너트 종류의 대상물을 제거하는 데 적용하며 습식 세정에 비해 설비 규모가 작고 설치비용이 저렴하며 폐기물 처리가 간단하다는 장점이 있다. 그러나 처리 과정에서 먼지 흡입에 의한 건강문제, 미세가루에 의한 폭발 위험, 재오염(recontamination) 가능성이 크다는 단점이 있다. 습식 세정의 경우 건식 세정의 단점이 없으며 세제(detergent), 살균제(sterilant), 온도 조건을 적절히 결합하면 세정 효과가 훨씬 높아지고 또한 다양한 오염물을 제거할 수 있어 유용하지만 설치비용이 많이 들고 폐기물의 부피가 큰 단점이 있다. 그 밖에도 포장 내 고형 오염물질이나 비금속물질을 탐지하여 제거하기 위한 X선·NMR(nuclear magnetic resonance imaging)·정전 용량(capacitance)·초음파 탐지 등도 세정 공정의 한 과정으로 취급될 수 있다.

③ 분류

식품 재료를 측정 가능한 물리적 성질인 크기, 형태, 무게, 색깔 등의 기준으로 범주별로 나누는 공정을 말한다. 분류 역시 세정과 같이 가능한 한 공정의 초기에 실시하는 것이 다음에 이어질 공정에 사용될 재료의 균일성을 확보한다는 점에서 유리하다. 평판/드럼 스크린 분류기, 롤러 분류기, 이미지 프로세싱(image processing) 색차 선별기(color sorter), 무게 선별기 등이 사용된다.

④ 등급화

분류와 유사한 개념이나 분류가 한 가지 특성에 의존하는 데 비해 등급화는 총체적 품질을 기준으로 분류한다는 점에서 비교된다. 즉, 분류는 등급화의 일부로서 취급될 수 있으나 그 역은 성립하지 않는다는 의미를 갖는다. 등급화 역시 분류와 마찬가지로 물리적 특성에 의존하여 분류하는 것이 보통이나 일부 식품 재료는 실험실 분석 결과(예를 들어 밀가루의 단백질 함량 및 색도, 밀가루 반죽의 신전도 등)가 등급화를 위한 기준이 될 수 있다.

⑤ 분리

과일의 착즙과 같이 주로 혼합 용액에서 액체 성분을 회수하는 기계적 공정이 이에 속하며 비중이 다른 액체를 따로 회수하는 목적으로 사용하기도 한다. 원심 분리, 여과, 압착 등이 식품 산업에서 많이 사용되는 분리작업이다.

⑥ 박피

채소 또는 과일과 같은 식품 원료에서 원하지 않는 비가식부위인 껍질을 벗기는 박피는 일종의 분리작업인 동시에 세정 효과도 가져올 수 있고 최종제품의 외관을 향상시키는 효과를 얻을 수도 있다. 박피작업은 대상이 되는 식품 원료에 따라 육류는 'skinning', 생선의 경우 'descaling'이란 용어로 표현한다. 스팀을 이용한 순간 박피(flash steam peeling, 가압 수증기를 순간적으로 감압시키면 부피가 팽창하는 성질을 이용하여 과육과 껍질을 분리시킨 후 고압의 물로써 껍질을 제거), 나이프 박피(knife peeling), 마찰 박피[원통형 회전용기 내벽에 도포된 카보런덤(carborandum)과 과일의 껍질을 마찰시켜 제거], 부식 박피(caustic peeling, 과일 껍질을 가성소다 용액과 같은 부식성 물질로써 연하게 만든 다음 고압의 물로 제거), 불꽃 박피(flame peeling, 양파나 밤 껍질을 1,000°C의 불꽃 위에 통과시켜 껍질을 탄화시킨 후 고압의 물로써 탄 껍질을 제거) 등의 방법이 사용된다.

⑦ 분쇄

기계적으로 힘을 가함으로써 고체를 작게 만들어 공정에서 취급을 용이하게 하는데, 재료의 표면적이 증가하여 반응 속도 및 용해 속도가 개선되는 효과를 가져올 수 있다. 분쇄의 에너지 효율은 대단히 낮아 투입된 에너지의 1% 미만만 사용되고 나머지는 대부분 소리나 열로 손실된다. 공정에서는 보통 여러 분쇄기를 조합하거나 다른 단위공정과 연결한 복합 시스템으로 사용하는데 분쇄건조 또는 분쇄혼합 시스템이 그 예다. 분쇄와 비슷하지만 고체 또는 반고체상의 식품 원료를 적당한 크기로 빻는 공정은 파쇄(disintegration/crushing)라고 하며 커다란 식품 덩어리를 작은 조각으로 해체하는 작업이 이에 해당된다. 이 과정에서 절단(cutting), 마쇄(grinding), 펄핑(pulping), 균질화(homogenization) 작용이 이루어진다. 한편 두 종류 이상의 액체방울의 크기를 줄여 안정성을 증가시키는 작업을 균질화 또는 유화(emulsification, 균질화에 비해 더 가혹한 작용이 가해질 경우), 액체를 공기 중에 미립자 형태로 분산시키는 것을 미립화(atomization)라는 용어로 구분한다. 식품의 분쇄 및 파쇄용으로 슬라이서(slicer), 해머 밀, 디스크 밀(disc mill), 핀 밀(pin mill), 롤러 밀(roller mill), 볼 초퍼(ball chopper), 사일런트 커터(silent cutter) 등이 이용된다.

⑧ 펌핑

펌핑(pumping)은 이동시키고자 하는 식품의 특성에 따라 한 가공 공정에서 다른 공정으로 액체나 고체 형태로 식품재료를 보내는 기능을 말한다. 전반적인 식품 산업, 특히 음료 산업에서 매우 중요한 단위공정 중 하나이다. 식품 산업에서 사용하는 펌프는 위생적으로 안전해야 한다는 기본적 요구조건 외에 취급하는 재료의 물성, 취급 온도, pH 같은 이화학적 성질이 다양하므로 용도에 적합한 펌프 선정이 요구된다. 예를 들어, 기본적으로는 대개 찬물이 사용되나 CIP/SIP(Cleaning-in-Place/Sterilization-in-Place) 공정에서는 매우 뜨거운 물이 사용되는데 순수한 물의 점도가 20°C에서는 1 cP(centipoise)이나 120°C가 되면 0.23 cP로 떨어져 윤활작용이 거의 사라지며, 20°C 사과 소스의 점도는 물에 비해 1만 배

증가하므로 단순한 종류의 펌프로는 모든 용도에 대처할 수 없다는 문제가 있다.

⑨ 혼합

두 가지 이상의 성분을 대상으로 한 종류의 성분을 다른 종류의 성분에 분산시키는 작업을 혼합이라고 정의한다. 혼합 자체만으로 특별한 기능이 창조되지는 않으나 식품의 다양성이나 편의성을 증가시키는 가공 보조 수단으로서 역할이 크다. 혼합이 주목적은 아니지만 가압사출, 분쇄, 유화 같은 단위공정 과정에서 혼합 기능이 부가되는 경우도 있다. 펌핑의 경우와 마찬가지로 식품 원료의 종류에 따라 이화학적 성질이 매우 다양하므로 혼합 대상에 맞는 다양한 형태의 믹서(mixer) 또는 블렌더(blender)가 고체와 고체, 고체와 액체, 액체와 액체, 기체와 액체 등을 섞는 용도로 이용된다. 텀블링 믹서(tumbling mixer), 리본 믹서(ribbon mixer), 블레이드 믹서(blade mixer), 스크루 믹서(screw mixer), 다양한 종류의 교반기(agitator)가 사용된다.

⑩ 가열

식품의 저장성 향상을 위한 미생물의 저온살균 및 멸균, 향미 증진(커피 로우스팅, 땅콩 로우스팅), 효소 불활성화, 자연 중 존재하는 독소의 파괴를 위한 열처리를 갈한다. 가열 원리에 따라 전도(conduction), 대류(convection), 복사(radiation) 또는 이들을 복합적으로 이용하는 가열방식을 사용하며 직접 가열 또는 열교환기를 이용한 간접 가열방식 외에 옴 가열(ohmic heating), 유도 가열(induction heating), 마이크로파 가열 등도 한정된 범위에서 응용된다. 가열 원료로 전기, 가스, 기름, 나무, 석탄 등이 다양하게 사용되는데 종류에 따라 용도 및 경제성에서 차이가 크므로 적절한 선정이 필요하다.

⑪ 냉장 및 냉동

온도를 낮추어 식품에서 일어나는 미생물 및 생화학적 반응을 지연시켜 식품이 지닌 품질 보존 특성을 보존하기 위한 수단이지만 아이스크림과 같이 냉동 상태에서만 그 특성을 유지하는 제품도 있다. 열을 제거하는 수단, 처리 온도 및 조건, 저장 환경, 식품의 종류 등의 수많은 변수에 따라 처리 효과가 달라지며 결과적으로 저장기간에 많은 차이를 보인다.

⑫ 증발

액체를 끓는 온도까지 가열하여 수분을 제거함으로써 성분을 농축시키기 위해서 사용되는데, 어떤 경우에는 식품 중의 고부가가치 휘발성 성분을 회수하기 위한 목적으로 이용되기도 한다. 우유 같은 경우 열에 민감하므로 증발 솥의 압력을 낮추어 낮은 온도에서 증발을 일으켜 열에 의한 성분 손실을 줄인다. 사용하는 장치는 기본적으로 열교환기, 진공 또는 감압 장치, 증기 분리기(vapor separator), 응축기(condenser)의 네 부분으로 구성된다.

⑬ 건조

식품에 최소한의 손상을 입히면서 물을 제거하는 것을 목표로 한다. 물이 증발되면 식품 중 고형분의 농도가 2~3배 증가하면서 식품은 거의 건조 상태(97~98% 고형분 함량)에 도달한다. 건조식품은 장기간 보관이 가능할 뿐만 아니라 원료에는 없던 특수한 풍미가 창조되고 영양 성분의 밀도가 높아지며, 농축 부피와 중량이 감소되어 저장 장소가 절약되고 운반이 쉬워지는 등 여러 가지 장점이 있다. 자연 건조법이 가장 오래되었고 경제적이나 제거되는 수분의 양이 한정적이며, 건조시간이 오래 걸리고, 건조 도중 이물질이 혼입될 우려가 있어 기계적 건조방법인 공기 순환, 분무, 드럼, 진공, 동결 건조법 등이 응용된다. 특히 동결 건조법은 식품의 빛깔·맛·향기·영양 성분 등의 변화가 극히 적으며 건조된 식품의 수분 복원성이 뛰어나 최근에 많이 이용되는 건조법이다.

⑭ 포장

식품의 운송·보관·저장·진열 과정 중 상품 가치와 상품 상태를 보호하기 위하여 금속류(캔·알루미늄·호일 등), 고분자 물질류(셀로판 등), 플라스틱류(필름 등)와 같은 포장재를 사용하여 식품의 수송, 보존, 작업, 위생, 관리, 상품성 등을 높이는 기능을 말한다.

⑮ 복합 단위공정

하나의 단위공정만으로는 만족한 결과를 얻기 어려울 때 보통 여러 동작을 복합적으로 실시(overlapping unit operation)한다. 예를 들어, 맥주에서 박테리아를 제거하는 것은 이론적으로 세정이나 한편으로는 분리작업의 일종이기도 하며, 우유를 치즈 제조용 솥으로 옮기는 일은 펌핑 작업인 동시에 운반관리(material handling) 기능도 포함되어 있다. 다수의 단위공정이 결합된 복합 단위공정이 적용되더라도 각각의 단위공정에 포함된 기능이 많이 줄어드는 것은 아니다.

⑯ 제어

제어 공정 그 자체가 단위공정으로 간주된다. 관리에 사용되는 도구는 밸브, 온도계, 저울, 온도조절장치(thermostat) 및 온도, 압력, 유체의 흐름, 비중, 점도, 시간, 수위 등과 같은 필수 요인들을 측정하고 조절할 수 있는 그 밖의 다양한 기구들이 포함된다.

4) 식품 생산관리의 범위

전사적 품질관리[*]하에서 생산관리를 위한 품질관리 영역(quality management area, QMA)은 식품 공업에서 단위공정이 채택되는 모든 분야가 포함된다. 제품 생산공정의 흐름 및 각 공정별 중점관리 사항 및 검사 항목을 한눈에 파악하기 위해서는 QC 공정도(control plan, 공정관리도, 관리계획서[*])를 활용하는 것이 좋은데 이를 통해 작업표준서(작업지시서) 및 검사기준서 작성의 근거 자료로 활용이 가능하다.

QMA에 해당되는 공정 중 가해진 단위공정의 내용 및 처리 정도가 제품의 품질이나 특성에 직접적인 영향을 미치는 경우를 제품 연관형 공정(product-dependent operation)이라고 하는 반면 단위공정 결과가 제품에 직접적인 영향으로 나타나지 않는 경우 제품 비연관형 공정(product-independent operation)이라고 정의하는데 이 경우에도 단위공정이 적절하게 시행되지 않으면 간접적으로 제품 품질에 영향을 미친다는 점은 동일하다.

(1) 제품 연관형 공정

그림 3-4는 단위공정이 포함된 곡물 스낵바 제조를 위한 QC 공정도(flowchart)인데 '절단' 공정까지의 단위공정 부분을 제품 연관형 공정이라 할 수 있다. 표 3-1은 곡물 스낵바의 생산에 필요한 원재료의 성분 구성표인데 GMO 문서의 예를 보여 준다. 곡물 스낵바 제조공정도에는 생산 재료, 공정 처리방법과 원료 및 공정상의 중점관리 요소가 표시되어 있다. 특히 중점관리 요소에 있어서 생산회사는 스낵 제품의 중요한 품질 특성인 식감 및 영양가에 직접 영향을 미칠 수 있는 건조 견과류와 당(물엿)의 배합('무게 측정'), 제품의 조직감 및 미생물적 위해 발생 가능성에 영향을 미치는 열처리('가열'), 제품의 안전성 및 소비자로부터의 제품 클레임의 원인과 직결되는 '금속 탐지'의 세 가지 단위공정을 중점관리 요소로 지정하여 집중적으로 관리하는 것을 보여 준다.

일반적인 가공식품의 제조에 많이 사용되는 제품 연관형 공정의 예는 다음과 같다.

전사적 품질관리total quality control, TQC 제품과 서비스가 가장 경제적으로 고객을 만족시킬 수 있도록 품질 개발, 품질 유지 및 품질 향상과 관련된 조직 내 여러 그룹의 노력을 통합하는 효과적인 시스템

관리계획서control plan, CP 재료의 입고에서 출하까지 공정의 관리점 및 관리방법을 명확히 하여 제품의 품질과 공정을 관리하기 위한 문서

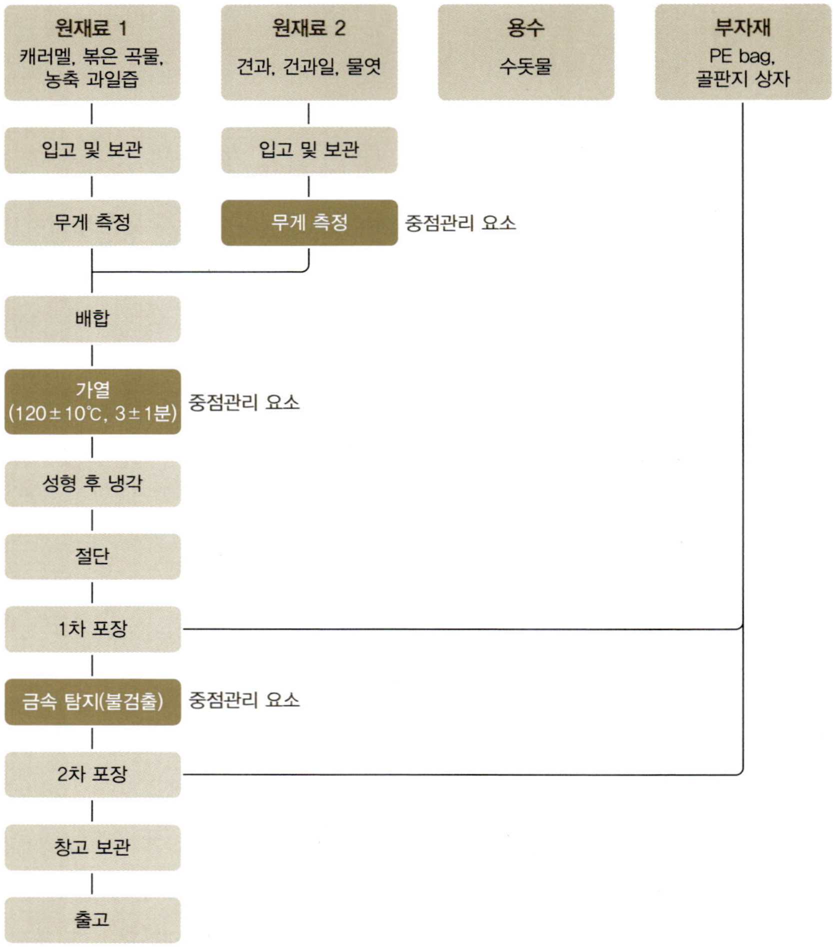

그림 3-4 **곡물 스낵바의 생산공정도**

표 3-1 곡물 스낵바의 성분 구성표

원재료/혼합 원재료	함량(%, w/w)	선택 품목
팽화 현미(puffed brown rice)	35.0	팽화 통밀, 라이스 크리스피
분쇄 너트 또는 씨앗	15.0	호두, 캐슈너트, 헤이즐넛, 아몬드, 피칸, 잣, 해바라기씨, 호박씨, 참깨
분쇄 건조 과일	15.0	건포도, 대추, 체리, 크렌베리, 무화과, 망고, 코코넛, 사과, 자두, 복숭아
물엿 또는 전분당	35.0	
재제염	미량	

① 원료 조제

원료 성분의 조제에 사용되는 장비는 탱크, 펌프, 저울, 믹서/혼합기, 기타 물자 취급 장비(material handling equipment, MHE) 등이 있다. 원료 조제용 액상 재료로는 음용수, 우유, 유제품 및 기타 단백질 재료, 보존제, 소금, 산, 항산화제가 있으며 유상(oil phase) 재료로는 유화제, 비타민, 색소, 향 등이 일반적으로 쓰인다. 이 밖에도 작업에 필요한 전기, 용수, 가열 및 냉장 시설 등의 지원 설비가 필요하다.

원료 조제 공정의 감사를 위해서는 성과관리도표 같은 생산 데이터가 쓰인다. 공정 운영 상황의 감사는 수동방식에 의존하든가 추가로 공정 제어 시스템을 투입하여 시행한다. 이 공정 부분에서는 감사에 대비하여 원료 규격 내용뿐만 아니라 원료 성분별 중량비와 개별 성분의 취급방법 등에 관한 내용을 해당 PSM 문서에 구체적으로 명시하여야 한다.

② 배칭

배칭(batching)은 일정한 양의 제품을 생산하기 위해 PSM 문서에 명시된 공정에 따라 원료의 조성 비율을 조절하는 작업을 말한다. 배칭 작업을 의한 각 성분의 함량 및 첨가 순서, 가열온도 및 그 온도에서 요구되는 원료 혼합시간 등의 내용이 포함되어야 한다.

배칭 작업은 냉수나 수증기를 순환시키거나 물 또는 수증기 발생용 가열 코일이 이중벽 내에 장착된 저온가열장치(vat pasteurizer)가 주로 사용된다.

③ 내용물 주입

가열 처리된 원료를 용기에 담는 작업이다. 내용물이 채워지면 용기는 밀봉되어 열처리 과정을 거친다.

④ 열처리

저온살균 또는 멸균을 위한 열처리는 인간의 건강을 심각하게 해칠 수 있는 미생물을 파괴할 수 있는 정도로 식품을 가열하는 작업이다. 온도 범위 65~100°C 이상에서 가열 처리하는데 식품 오염 원인균이나 인간에게 해를 끼칠 수 있는 유해성 균을 불활성화시키는 것을 목표로 한다. 일부 pH 4.6 이하의 강산성 식품은 이와 같은 열처리가 생략되기도 하는데 그 이유는 배칭 작업에서 사용된 가열 및 열처리 부하만으로도 제품살균이 충분할 뿐만 아니라 강산성 환경은 미생물의 살균 효과를 도와 보존성을 증진시키는 기능이 있기 때문이다.

⑤ 일반 품질 특성 조절

식품의 생물적, 화학적, 물리적 품질 특성을 조절하여 제품에서 고유한 특성이 나타나게 하는 작업을 말한다. 제품의 산도, pH, 조직감 등의 조절뿐만 아니라 이러한 특성들을 측정하는 회수 및 측정 방법에 관한 내용까지 이 부분에 해당된다.

(2) 제품 비연관형 공정

곡물 스낵바 제조를 위한 QC 공정도(그림 3-4 참고) 중 '절단' 공정 이후의 단위공정 부분을 제품 비연관형 공정이라 할 수 있다. 일반적인 가공식품의 제조에 많이 사용되는 제품 비연관형 공정의 예는 다음과 같다.

① 밀봉

밀봉(seaming)은 제품을 보존하기 위해 통조림 캔을 밀폐하여 외부와 차단하는 작업을 말한다. 통조림의 경우 이중권체기(double seamer)라고 불리는 기계를 이용하여 동체와 뚜껑을 결합시켜 내부 물질이 흘러나오지 않게 하는 동시에 외부의 공기, 수분, 박테리아로부터 내용물을 완전히 격리시켜 보존성을 부여한다. 밀봉이 끝난 제품은 내용물의 종류별 이화학적 특성 및 용량에 따라 정해진 수준의 열처리를 거쳐 보존성을 확보한다. 한편 내용물을 용기에 담은 후 재가열하는 위의 방법 대신에 무균적으로 가공한 식품을 무균실에서 무균 상태의 포장재에 충전하고 밀봉하는 무균 포장(aseptic packaging) 방법도 우유나 과일주스 제품에 많이 응용되고 있다.

② 포장

가공 처리가 끝난 내용물을 외부로부터의 오염을 막아 저장성을 향상시키는 것이 주목적인데 제품을 용기 내에 보관하고 보호하며, 제품에 대한 정보를 제공하고(제품 라벨), 제품을 다른 유사 제품(상표명)과 구분하는 3대 기능을 부여한다.

③ 제품 배치

제품 배치(product disposition)는 생산작업이 완료된 후 생산된 제품을 공장 운영 정책에 따라 보관하는 공정이다. 제품이 PSM 또는 GMO 문서에 규정된 원칙에 따라 지정된 보관 창고로 이동된 것을 확인한다. 장비의 세정 및 작업장 청소가 시작되기 이전에 작업장에서 제품을 다른 곳으로 이동시켜야 한다.

④ 공정 마감 및 세정관리

작업 공정이 끝나면 장비들은 회사가 규정한 절차에 따라 가동을 끝내고 세정작업에 들어간다. 작업 중 발생한 부산물을 회사 규정에 따라 회수하고 필요한 조치를 취한 후 폐기하거나 재활용한다.

⑤ 작업 내용의 기록

생산 현장에서 수집된 모든 정보는 해당 서류에 기입하여 기록으로 남긴다.

(3) 식품 생산의 중점 생산관리 요소

중점관리 요소(critical control point, CCP)는 표준 작업 절차(standard operation procedure, SOP)#에 따른 제품의 생산 과정에서 오류가 발생할 경우 생산제품에서 중요한 결함이 발생할 수 있어 공정 과정 중에 반드시 감시 및 관리되어야 할 가장 핵심적인 요소를 말한다.

가장 널리 알려진 품질경영 체계 규격은 ISO 9000인데 이 제도는 자율적 품질보증 체계를 충실히 유지하는 데는 도움이 되나, 식품 생산에 있어 안전성 확보까지는 기대할 수 없으므로 GMP, HACCP, 우수농산물관리제도(good agricultural practice, GAP)와 같이 예방 차원의 제조공정관리 활동을 보완하여 식품의 안전성을 높이는 것이 바람직하다.

HACCP에서는 소비자에게 심각한 건강상의 위해를 일으킬 수 있는 지점을 명시하도록 규정하며 이 요소를 중점관리 요소라고 한다. 사람이 섭취하는 식품은 기본적으로 오염되지 않고 깨끗해야 하며, 이것이 식품 생산에서 지향해야 할 궁극적 목표가 되어야 한다. 따라서 식품 공정의 중점관리 대상은 식품의 안전과 관련된 위해 요소가 최우선이 되어야 하며 이를 제거하거나 적절한 수준까지 감소시키는 것이 목표가 되어야 한다. 이 경우 일차적으로 미생물적 위해 예방을 위한 HACCP 개념에 따른 열처리 공정을 가장 중요한 요소로 지정하는 것이 일반적이다. 또한 식품의 물리적 오염(예를 들어 금속, 유리조각, 뼈조각 등)의 방지 역시 제품에 의한 위해 발생 방지를 위해 중요하다. 특히 원료의 오염물질이 공정 과정에서 미세한 조각으로 변하여 최종제품에까지 남을 가능성에 유의해야 한다. 식품 생산의 중점관리 요소가 지정되면 각 과정에 대해 관리 대상의 허용 한계가 설정되어야 하며, 관리가 제대로 이루어지기 위해서는 측정 시스템이 필수적으로 요구된다. 이를 위해

표준 작업 절차standard operation procedure, SOP 특정 업무를 표준화된 방법에 따라 일관되게 실시할 목적으로 해당 절차 및 수행방법 등을 상세하게 기술한 문서

금속탐지기나 X선 투시기가 사용되는데 예상되는 오염물의 크기, 대상 물질에 따른 반응 시그널 및 제거방법이 확립되어 있어야 한다. 한편 식품의 안전성과 관련은 없으나 공정상의 오류(예를 들어 제품의 중량, 원료 배합비)로 인해 제품 규격이나 조직감, 외관과 같은 품질 특성에 결정적 영향을 미치는 요소도 집중적인 관리가 필요한 부분이다.

5) 생산공정 감사

제품의 생산공정에 대한 감사(product manufacturing audit)는 식품 공장의 전반적인 생산 환경이 정해진 규정에 적합한지 확인하기 위해서 실시한다. 생산 환경이란 원료 배합의 정확성, 불순물 또는 오염물의 혼입 가능성, 원료 취급 상태뿐만 아니라 제품 생산에 직간접적으로 관여하는 기구나 장비의 정상 작동 여부, 원료 분석방법의 적합성 및 정확성, 품질관리 프로그램에 규정된 범위를 벗어난 조건에서 생산된 제품의 품질 등을 의미한다.

(1) 생산공정 감사의 목적 및 내용

생산공정 감사는 통상적으로 수행하는 매일의 작업 내용이 만족할 만한 수준에서 이루어지고 있는지를 파악하는 총체적인 형태의 내부 (품질)감사(internal audit)# 활동이다. 감사는 반드시 미리 계획된 절차에 따라 실시해야 하며, 감사를 받는 공장에 충분한 시간을 앞두고 사전에 감사 내용을 통보하여 감사에 대비하도록 해야 한다. 감사를 시행하는 목적이 불시에 공장을 방문하여 오류를 적발하는 것이 아니라 공장의 생산 활동을 지원하기 위한 도구로 활용하는 것이 감사 기능(audit function)#이라는 것을 염두에 두어야 한다.

생산공정 감사의 목적은 다음과 같이 요약할 수 있다.

- 생산관리 문서에 규정된 생산공정과 실제 이루어지는 작업의 동일성 확인
- 작업 중 간과되어 온 오류를 드러내어 즉각적인 수정 조치 유도
- 공정의 일관성(개인별 또는 날짜별) 여부 확인
- 공정 향상을 위한 주도적 시연 실시
- 지속적인 개선(continuous improvement)#을 위한 동기 부여

내부 품질감사internal quality audit 절차서, 지시서, 도면 및 적용된 문서의 적합성과 이들의 준수 여부, 와 업무 이행 상태의 유효성과 같은 객관적 증거 등을 조사 또는 평가하기 위한 계획되고 문서화된 행위

감사 기능audit function 품질 관련 업무가 품질보증계획서의 요건에 따라 적절하게 수행되었는지 확인하는 기능

지속적인 개선continuous improvement 사내외 고객의 만족 향상을 목적으로 하는 회사 전체의 계획된 행위이며 전사적 품질경영의 기본 이념 중의 하나

생산공정의 감사 계획(audit plan)[#]에 포함되는 내용은 다음과 같다.

- 감사의 목적과 범위
- 감사 대상 인원 및 단위조직
- 감사팀 구성원
- 감사 기준(감사 대상의 특정 부분만 포함될 수도 있음)
- 감사 실행 계획(감사 실시 날짜 및 장소, 감사 예정시간, 감사 결과 보고 날짜 등)
- 기타 감사 활동에 필요한 편의 사항인 교통편, 안전 및 위생 장비, 작업장 보안 해제 등의 내부 요청 항목

감사 범위는 보통 일부의 단위생산 라인 수준에 한정되지만 궁극적으로 관련된 전 과정에 걸친 감사가 이루어진 다음 종합적으로 평가된다. 감사방법으로 생산 현장을 직접 방문하여 관찰하는 동시에 공장에 비치된 공정 기록을 검토하는 방법을 병행하여 실시한다. 특히 공정 기록은 생산 과정에서 수행된 작업 내용을 비롯하여 작업이 이루어지는 위치와 작업자에 대한 구체적인 인적 사항까지 기록된 매우 유용한 정보 자료이다. 감사자(auditor)[#]는 공장에서 실시된 작업에 관련된 생산 및 분석 기록도 제한을 받지 않고 열람할 수 있어야 한다.

생산공정 감사는 오류 발생 책임이 있는 작업자를 적발하는 것이 아니라 감사자가 작업 현장을 직접 관찰하면서 문제점을 파악한다는 의미가 부각되어야 한다. 이 과정에서 정상적으로 작업을 수행하는 인원을 파악할 수 있는 기능을 추가로 갖게 된다. 이런 의미에서 감사를 사전에 통보한 후 실시하는 것이 합리적이다.

감사자는 미리 감사 대상 공장의 내부 환경을 숙지해야 하며 감사 기법에도 익숙해야 한다. 감사 종료 후 감사자는 관찰을 통해 발견된 문제점에 대해 심각성 정도에 따라 등급별 순번을 매기고 이에 따라 시정 조치를 취할 우선순위를 결정한다. 문제점 해결을 위한 시정 조치 내용을 결정하는 과정에서 제시되는 현장 작업자의 의견은 가장 실질적인 도움이 되며, 인적 소통을 통해 현장 문제에 접근하는 방식은 작업자 입장에서는 능동적으로 문제점을 인식하는 계기가 될 수 있다.

감사 계획audit plan 감사를 수행하기 위해서 감사 범위 및 요건, 감사자 구성, 적용 서류, 감사일정 및 점검표 등을 계획하고 준비하는 행위

감사자auditor 해당 요건에 따라 적절히 훈련되어 감사를 수행할 수 있는 소정의 자격이 부여된 선임 감사자, 감사자, 감사 수행 권한이 부여된 해당 분야 전문가, 훈련 중인 감사자 등 감사에 참여하는 모든 사람

(2) 감사 시행

감사 계획은 신중히 수립해야 하며 최상의 목표 달성을 위해 필요하면 내용을 조정할 수도 있다. 감사는 계획 단계에서 실사에 이르기까지 다음과 같은 순서를 거쳐 이루어진다.

① 감사 대상인 생산공정 선정

효율성이 높으며 성공적으로 수행한 이력이 있는 공정부터 시작하는 것이 좋으나, 현재의 문제점이 과거에도 발생한 기록이 있는 공정부터 시작할 수도 있다.

② 감사자 선정

과거의 실사 경험이 있는 사람이 감사 내용에 대해 익숙하므로 이들로서 팀을 구성하는 것이 가장 이상적이다.

③ 감사 횟수 결정

감사자들의 공정 관찰 횟수를 정한다. 공정의 부적합 빈도가 높은 경우 관찰 횟수를 늘리고, 신뢰도가 높아지면 관찰 규모를 축소할 수 있게 된다.

④ 감사 스케줄의 문서화

감사시간을 되도록 임의의 시간대에 배정하되 결과적으로 전체 근무 교대조가 감시받을 수 있도록 조절해야 한다. 감사 계획은 문서로 기록되어 감사자 모두에게 서면으로 전달되어야 한다.

⑤ 정해진 스케줄에 따른 감사 실시

최종 스케줄이 확정되면 반드시 그대로 실시되어야 하며, 사전에 관련자 모든 사람에게서 감사 규정을 준수하겠다는 서약을 받는 것이 좋다.

⑥ 감사 기록#

감사 과정에서 관찰된 전반적 내용과 특히 문제로 지적된 사항은 기록하여 영구히 보관하고, 이를 앞으로 취할 조치의 근거로 활용한다.

감사 기록audit record 감사 계획, 감사 점검표, 감사 보고서, 감사 지적사항에 대한 시정 조치, 회신 및 검토 등 감사와 관련된 활동의 증거를 제공하는 문서

⑦ **관련 당사자들에게 통보**

감사 현장에서 매니저 및 현장감독에게 일차로 감사 내용을 통보하고 심각한 오류는 즉시 시정하도록 조치한다. 감사 결과는 현장 근무자뿐만 아니라 심사 결과에 따라 영향을 받을 모든 사람에게 알리는 것이 좋다. 이를 통해 당사자들이 돌출된 문제점을 인식하고 추가의 개선 방안을 제안하는 효과를 기대할 수 있다. 다만, 이러한 결정은 회사의 경영층이 현장 작업자들과 다른 각도에서 내용을 검토한 후 판단할 사항에 속한다.

⑧ **시정 조치의 검증**

시정 조치가 취해진 결과를 감시한다. 공정 감사는 생산 과정이 관리 상태(controlled condition)*하에 있는지 확인할 수 있는 적극적인 조치라 할 수 있다. 공장이 공정 감사를 수용하는 일은 현재 상태에 만족하지 않고 끊임없이 품질 개선을 기꺼이 지속하겠다는 의지의 표시이기도 하다.

6) 생산관리 문서

(1) 제품별 생산절차서

제품별 생산 절차(product-specific manufacturing procedure, PSM procedure) 문서는 특정 제품을 대상으로 각 생산 단계에 해당하는 생산 절차를 적은 것이다. 이 문서는 제조 업무의 표준화를 통해 생산 합리화를 도모하고, 해당 규격에 적합한 제품을 가장 경제적으로 생산하고 위해 요인을 사전에 예방하기 위해 지정된 제품의 생산 준비, 제품 생산, 제품 출하까지의 제반 업무 및 관리 절차를 포함한 내용을 담는다. 현장 작업자는 생산 부서장의 '작업지시서'를 받아 회사가 규정한 '작업표준서'에 따라 작업을 진행한다. 내용 중에는 공정 일련번호, 공정 명칭(예를 들어 원료 입고, 현장 보관, 계량, 원료 선별 등), 주요 설비(원료 창고, 계량용기, 체, 혼합기 등), 사용 도구(지게차, 팔레트 끌차, 계량용기 등), 공정별 담당자, 공정 요약(예를 들어 "협력 업체로부터 원·부재료를 납품받는다.", "원료 창고에 보관한다.", "조리법에 맞게 계량한다.") 등이 기입된다. 그 밖에 원재료 또는 혼합 원재료의 공급 업체, 원산지, 알레르기 및 GMO 정보 등이 담긴 물품 명세서 등이 본 내용에 포함된다.

관리 상태controlled condition 품질활동을 위한 적절한 장비의 사용, 알맞은 주위 환경, 정해진 절차, 작업 능력을 보유한 작업자 및 충분한 확인행위 등이 갖추어진 상태

곡물 스낵바 생산과 관련된 생산 절차 항목의 예는 다음과 같다.

① 원료 규격 확인

원료의 규격이 제품 생산에 적합한지 확인한 후 다음 공정에 적합한 상태로 준비한다.

② 세정

생산부서는 규정에 따라 생산 작업장/생산 지역을 청소하고 소독한다. 세정기구들이 사용할 수 있는 상태인지 확인한다.

③ 원료 배합

생산부서는 사용 원료 목록에 따라 제조 원료를 확인하는데, 정확한 원료 함량(저울 보정 포함), 배합 원료 제조, 원료 투입 순서 등을 확립한다.

④ 작업 시작 및 공정 감시

생산부서는 제조 문서의 규정에 따라 제조 및 생산 작업을 시작한다. 원료를 혼합한 후 생산 문서에 기록된 대로 혼합조건, 가열방법 및 가열시간 등의 단위공정을 실시한다. 생산부서는 제품이 규격에 적합하게 생산되도록 제어 요소를 감시하고 필요한 경우 제조공정 중 채취한 검체(in-process sample)를 시험실에 보낸다.

⑤ 공정 감시

생산부서는 생산되는 제품이 기준 내에 있는지를 확인하며 규격 미달 제품, 기계의 작동 이상 등이 확인되면 조절한 후 기록한다.

(2) 일반 생산 절차

일반 생산 절차(general manufacturing procedure, GMP) 문서는 제품과 관련된 특정한 활동에 대해 언급한 문서이다. 이 문서는 제품의 생산을 제어하기 PSM 절차서와 더불어 사용되는데, 전체 생산공정에서 언급된 내용 이외의 사항을 포함한다. 예를 들어 통조림/병조림 포장 문서는 통조림 제조, 라벨 부착, 코드(code) 부여, 제품의 품질 보존을 위한 창고 이송과 관련된 사항을, 중량 제어 문서는 생산 중의 제품 무게 계량 절차 등을 언급한다.

그림 3-5는 생산관리를 위한 목적으로 사용되는 곡류 스낵바 작업 공정관리표(process control document)[#]이다. 회사는 자체 규정에 의거하여 관리표에 나타난 제품 생산과 관련

결재	작성	검토	승인

2016년 월 곡류 스낵바 작업 공정관리표

양호: ○, 보완: △, 불량: ×

관리 항목	관리 기준		점검 결과																														
			월	화	수	목	금	토	일	월	화	수	목	금	토	일	월	화	수	목	금	토	일	월	화	수	목	금	토	일	월	화	수
			1	2	3	4	5	6	7	8	9	10	11	12	13	14	15	16	17	18	19	20	21	22	23	24	25	26	27	28	29	30	31
과일 추출액 농축	온도	15°C 이상																															
	시간	5h 이상																															
	Brix	40° 이상																															
캐러멜	배합	배합비 준수																															
견과류	배합	배합비 준수																															
생산	제품 두께	3.0~3.5 cm																															
	위생	판 청결 상태																															
절단	제품 크기	4.0~4.2 cm																															
검수	중량	40~42 g																															
내포장	일부인	유통 기한																															
	실링	밀봉 상태																															
금속 검출	금속	불검출																															
외포장	스티커	표기 사항																															
	수량	규정 수량																															
완제품	출고 관리	선입 선출																															
비고																																	

이탈 사항	이탈 내용 및 조치 사항	조치자	확인자	비고

그림 3-5 **곡물 스낵바 일반 생산공정작업 공정관리표**

된 항목들이 관리 기준을 만족시키는지 일정한 시간 간격으로 확인하여 제품 생산에 관련된 관리 항목들이 정해진 관리 기준을 만족시키는지 여부를 체크하는 등 생산공정을 관리한다.

(3) 위생관리 기준 절차

위생관리 기준 절차(sanitation standard operating procedure, SSOP) 문서는 식품 위해 요소를 중점관리하기 위한 위생관리 기준# 방법 및 절차에 관한 사항을 규정한 문서이다. 이 기준서는 제품 제조와 연관된 생산시설, 종사자, 환경 등 위생에 관련된 모든 대상을 위해 요소로부터 보호하고 효율적인 위생관리를 지속하기 위한 관리 운영방법과 절차 등에 관한 사항을 정함으로써 위생관리 미흡에 의한 위해의 사전 예방을 목적으로 한다. 그림 3-6은 세척·소독 관리 기준을 규정한 SSOP 문서 형식을 보여 준다.

(4) 분석관리절차서

분석관리절차(analytical control procedure) 문서는 분석방법에 관한 공식 버전은 아니나 회사의 필요에 따라 자체적으로 확인하였거나 다른 연구기관의 협동 연구에 의해서 검정된 변형 분석방법을 채택할 때 필요한 문서이다. 이 경우 변형 분석법의 정확도 및 재현성이 공식방법과 차이가 없어야 한다.

그림 3-7은 곡물 스낵바의 품질관리 분석(quality control analysis, QCA)방법이 포함된 완제품 성적표의 예이다.

작업 공정관리표process control document 어떠한 단위작업의 수행 시 그 작업이 만족스럽게 수행되었는지를 확인할 수 있도록 세부 관련 작업의 합격 유무 상태를 종합적으로 관리하기 위하여 만든 기록관리제도

위생관리 기준sanitation standard operation procedure, SSOP 적용 대상 식품의 생산과 관련된 각 단계의 위생적 안전성 확보에 필요한 활동의 절차와 방법을 자체적으로 문서화한 것

세척·소독 관리 기준	결재	작성	검토	승인

가. 용어 풀이

- 위생적이고 안전한 제품을 생산할 수 있도록 세척·소독 기준을 설정하여 관리하여야 한다.
- '세척'이라 함은 작업장 내·외부의 모든 곳을 깨끗이 쓸고, 닦고, 털어 내어 눈으로 보거나 만져 보아도 항상 청결을 유지하는 것을 말한다.
- '소독'이라 함은 소독약제, 열탕으로 제품을 유해한 세균으로부터 보호하기 위하여 병원균을 사멸하는 것을 말한다.

나. 세척·소독 기준

구분	대상	세척·소독 방법	도구	주기	담당
작업복	위생복, 위생모 등	•세척·건조 •자외선 살균기 소독	자외선 살균기	1회/주	작업자
작업장	바닥, 벽	•찌꺼기, 이물 제거 •세척 후 헹굼 •분무 소독	빗자루, 면걸레, 소독제	1회/일	작업자
	천장			1회/주	작업자
	환기시설, 조명시설			1회/월	작업자
시설, 설비	칼, 도마, 저울, 청소 도구, 폐기물 용기	•찌꺼기, 이물 제거 •세척 후 헹굼 •분무 소독	면걸레, 소독제	1회/일	작업자
	작업대, 팝핑기, 자외선 살균기	•찌꺼기, 이물 제거 •분무 소독	면걸레, 소독제	1회/일	작업자
	냉장고, 냉동고, 건조기, 오븐, 운반카, 에어 커튼	•찌꺼기, 이물 제거 •분무 소독	면걸레, 소독제	1회/주	작업자
	팰릿(pallet)	•찌꺼기, 이물 제거 •세척 후 헹굼 •분무 소독	면걸레, 소독제	1회/월	작업자

다. 잔류 여부 확인

세척, 소독 상태를 확인하기 위하여 표면 오염도검사를 실시한다.

라. 주의사항

- 세제·소독제, 세척 및 소독용 기구나 용기는 정해진 장소에 위생적으로 보관하며 잠금장치를 하여 관리한다.
- 세제와 소독제는 세제 및 소독제 사용방법에 정해진 농도로 사용한다.
- 세제와 소독제는 사용 후 잔류물이 남지 않도록 완전히 제거한다.

그림 3-6 **세척·소독 관리 기준 절차(SSOP)**

완제품 검사성적표

결재	작성	검토	승인

제품명	곡물 스낵바	생산일자	
식품의 유형	과자	검사일자	

검사 항목	검사 기준	검사 결과	판정	시험방법
성 상	고유 색택 ; 이미, 이취 없음		합/부	관능검사
이 물	불검출		합/부	육안검사
수 분	10% 이하		합/부	110°C, 90분 (Kett-FD600 수분 측정기)
중 량	표시량 이상		합/부	저울 측정
유통기한	양호		합/부	육안검사
포장 상태	양호		합/부	육안검사
일반 세균	10,000 CFU/g 이하		합/부	식품공전(10. 일반시험법 3. 미생물시험법 3.5 일반 세균 수)
총 아플라톡신	15 (μg/kg) 이하		합/부	식품공전(10. 일반시험법 6.1 곰팡이독소)
종합 판정	합격 여부			
비고	총 아플라톡신 : 검사기관에 의뢰함(1회/6개월) 위의 분석 결과는 당사 품질관리팀에서 시험한 결과임. 판정일자: 년 월 일 검사자:			

그림 3-7 **곡물 스낵바의 완제품 검사성적표**

2. 위생관리

1) 공정 위생관리의 필요성

식품 공장은 매일 생산 활동을 통해 회사의 매출을 창출하기 위한 기본적 작업을 수행하게 된다. 그러나 생산 활동을 통한 매출이 이익과 연계되기 위해서는 생산성을 향상시키기 위한 수율 향상은 물론이고 제품의 품질과 안전성을 확보하기 위한 제반 노력이 필요하다. 식품 생산에 있어 법률적으로는 「식품위생법」 등 관련 법규를 지켜 생산하는 것이 기본이자 의무 사항이다. 생산량이 늘었다고 하여 지정된 원료를 준비하지 못한 채 제대로 된 공정관리를 거치지 못한 제품을 생산하게 되면 회사의 이미지 추락만이 아니라 공장 운영이 어려워지는 결과를 초래할 수 있다. 제품의 품질과 안전 확보를 위한 노력은 무엇보다도 기업 윤리(ethics)와 연관이 있어 중요시된다. 컴플라이언스(compliance, 준수)보다 우선되는 기업 윤리를 가질 때에 한 단계 높은 규칙을 설정하고 이를 준수하기 위한 노력을 하게 된다. 그러나, 기업은 최소한의 품질 안전 확보를 위해서는 고정된 품질관리에 대한 기본 지침과 이를 준수하기 위한 노력만이라도 해야 한다.

2) 식품 사고의 요인

생산된 식품에 의한 사고가 발생할 수 있는 경우의 수는 많다. 식품 사고를 초래할 가능성으로 흔히 식품이 부패하여 일어나는 식중독 사고에 의한 설사, 발열, 구토 등의 증상이 많을 것이라 생각하기 쉽지만, 실제 시장에서 리콜하는 원인을 살펴보면 유리 조각, 플라스틱 조각 등과 같은 이물 혼입이 가장 많다. 식품 사고의 원인은 크게 6가지가 있는데, 첫째, 물리적 손상 사고(물리적 이물에 의한 치아 손상 등), 둘째, 화학적 위해 사고(본래 식품에 포함되지 않는 물질, 예를 들어 '비소' 오염 사고 등), 셋째, 생물학적 사고에 의한 설사, 고열, 복통 등, 넷째, 전염병을 전파하는 쥐, 파리, 바퀴벌레 등에 의한 사고, 다섯째, 날짜 표시 등 실수에 의한 표시 사항 미준수, 여섯째, 알레르기 유발 원료의 표시 실수 등을 들 수 있다. 이러한 식품 사고를 최소화하기 위해서는 원료를 생산하는 농장에서부터 최종적으로 식품을 소비하는 가정의 식탁까지 모든 과정을 관리하지 않으면 안 된다. 이에 식품 사고의 원인이 되는 물리적·화학적·생물학적 위해의 특성과 대책을 알아보도록 한다.

(1) 물리적 위해

제품에 대한 클레임# 중 가장 많은 것이 물리적 손상이다. 이러한 물리적 손상의 원인이 되는 이물의 종류로는 다음과 같은 것이 있다.

① 유리 이물질 : 유리로 된 부품(pH계, 온도계, 시험관 등)에서의 혼입, 유리창 등의 파편 혼입, 사진액자 등의 혼입, 전구·형광등의 유리 혼입 등을 들 수 있으며, 공장 작업장에서 이들 요소를 모두 제거해야 한다(깨질 경우 파편이 나오는 형광등을 사용할 경우에는

클레임claim 계약 내용의 위반으로 발생하는 불만과 의견을 상대편에 제기하는 무역 용어이나, 최근에는 상품에 대한 구매자의 불만 제기 등의 의미로 사용

반드시 커버를 장착).

② 금속 이물질 : 종업원이 반입하는 금속 이물질(귀고리, 반지, 목걸이, 시계 등), 설비로부터 분리되는 금속 이물질(나사, 너트, 와셔 등), 사무용품의 금속 이물질(스테이플러, 바늘, 클립, 칼날 등).

③ 돌, 모래 등의 이물질 : 돌과 모래는 외부에서 들어갈 가능성이 높으며, 특히 원자재를 들여올 때 원료로부터 혼입될 수도 있다(외부에서 들여오는 제품은 반드시 외부를 청소한 후 반입).

④ 플라스틱 이물질 : 플라스틱으로 된 용기나 기구가 깨져서 들어갈 가능성이 있으며, 비닐장갑을 포함하여 사용하는 플라스틱 제품이 파손된 경우에는 반드시 파편을 모두 찾아내야 한다(특히 직접 제품과 접촉하게 되는 플라스틱 주의).

⑤ 종이 등의 이물질 : 공장 내에 종이를 반입할 때에는 반드시 바인더 등에 끼우는 등 방지책을 강구한다(작업장에는 게시판을 설치하지 않아야 함).

⑥ 머리카락 등의 혼입 : 머리카락, 벌레, 곤충은 물리적 위해의 측면에서 볼 때 소비자가 먹더라도 치아가 손상되거나 입안이 손상될 가능성은 적지만 혐오심을 불러일으키므로 절대로 혼입되어서는 안 된다. 머리카락의 혼입을 막기 위해서는 귀까지 모자를 덮어 쓰는 등의 철저한 관리가 중요하고, 벌레는 외부로부터 침입하지 못하도록 하는 근원적 대책이 필요하다.

(2) 화학적 위해

식품에 유해물질, 오염물질의 혼입은 원자재의 생산 단계에서부터 제조·가공 단계 및 유통 단계의 모든 과정에서 발생할 수 있다. 일반적으로 식품의 오염물질은 농약, 공장 폐수, 배기가스, 산업 폐기물, 동물 의약품 등뿐만 아니라, 자연환경을 오염시키고 오염된 환경에서 서식하는 가축과 어패류, 농산물의 생체 내에 농축되었다가 최종적으로 사람이 섭취하는 식품에 잔류하는 화학물질을 모두 말한다.

① 식품의 유해물질 또는 오염물질

대표적인 식품의 유해·오염 물질로는 다음과 같은 것이 있다.

- 곰팡이 독, 패류독, 버섯독 등의 생물 독
- 의도적으로 사용된 화학물질. 예를 들면 농약, 동물용 의약품, 식품첨가물 등

- 의도하지 않았으나 우발적으로 혼입된 화합물. 예를 들면 비소와 수은 등의 환경오염물질
- 기구나 용기의 포장에서 용출되는 화학물질
- 식품 성분의 변화에 의해 생성된 화학물질. 예를 들면 히스타민이나 과산화지질 등
- 일반적으로는 유해하지 않지만 특정 사람에게 알레르기 반응을 일으키는 식품에 함유된 성분 등

화학물질 중에는 농약이나 동물용 의약품, 식품첨가물 등과 같이 식품의 생산, 제조, 가공 과정에서 반드시 필요하거나 유용한 물질도 있으므로 이들 물질에 대해서는 건강에 피해를 줄 위험성이 없는 범위 내에서 사용과 그 잔류성을 인정하고 있다.

a. 생물 독

생물 유래 유해물질로서 가장 주의해야 하는 것은 어떤 특정 종류의 곰팡이가 생산하는 곰팡이 독(mycotoxin)이다. 곰팡이 독을 생산하는 곰팡이의 대부분은 주로 *Aspergillus*속, *Penicillium*속, *Fusarium*속에 속하며, 곰팡이 독은 그 종류 또한 대단히 많다. 일반적인 병원성 세균이 생산하는 독소는 단백질 독소인 반면에 곰팡이 독은 화학적으로 안정한 저분자화합물인 경우가 많기 때문에 병원성 세균이 생산하는 독소와 같은 방법으로(예를 들면 가열 등) 독소를 실활시킬 수 없는 경우가 많다. 그러나 곰팡이 자체는 일반적으로 미생물 제어방법을 사용하면 대부분 제어할 수 있다.

곰팡이의 오염은 원재료 및 부원료가 오염되어 있는 경우와 제조 환경이 오염되는 경우를 들 수 있다. 원재료와 부원료가 곰팡이에 오염되는 경우는 주로 곡류에 많으며 견과류, 밀가루, 옥수수 가루, 향신료 등이나 감귤, 딸기, 멜론 같은 과일 등에서도 흔하다. 이러한 원료를 사용하는 경우라면 충분한 검사가 이루어져야 한다. 특히 곰팡이 독은 곰팡이 균체가 존재해도 그 식품의 성분과 환경 요인(온도, 습도, 공기 등)에 의해 곰팡이 독의 생산 유무에 차이가 있으므로 정기적인 검사가 중요하다. 한편, 제조 환경에서의 오염은 공장의 벽과 바닥, 기기류에 발생한 곰팡이가 식품과 직접 접촉하거나 식품 취급자를 통해 간접적으로 오염되는 경우와, 공기 중에 부유하는 포자가 낙하 균*으로 식품을 오염시키는 경우가 대부분이다. 따라서 제조시설의 위생관리를 철저히 하고 곰팡이가 번식하기 어려운 환경을 갖추는 것이 무엇보다 중요하다.

낙하 균air-borne bacteria 대부분은 그람양성구균이나 진균(곰팡이나 효모) 또는 포자 형성균 등으로, 토양, 물, 식물, 인간이나 동물 등으로부터 비롯되어 공기 중에 부유하는 균

b. 환경오염 화학물질

환경오염물질은 농약이나 동물용 의약품, 폴리염화비페닐(PCB), 트리할로메탄 등의 저비점 유기 할로겐 화합물, 다이옥신, 중금속(수은, 카드뮴, 비소 등) 등이 포함된다. 대부분은 실제 사용 시 또는 환경 중에 농도는 낮아도 먹이사슬에 의해 생물농축되어 사람이 섭취할 때에는 독성을 나타내는 농도에 도달할 수 있다는 점에 유의해야 한다. 식품 중의 잔류 농약은 원재료의 생산 이력을 관리하고 잔류검사를 정기적으로 실시하여 하자가 없는지를 항상 점검해야 한다. 농약의 사용 이력이 명확하지 않은 원재료 및 농약 혼입의 우려가 있는 식품이나 원료를 사용할 수는 있겠지만 무엇보다 검사를 충분히 하는 것이 중요하다. 또한 식품 유통의 국제화로 수입 원자재를 사용하는 경우도 늘고 있는데, 수입 원자재의 이력관리가 충분히 이루어지고 있지 않은 경우나 국내에서 사용 금지된 농약을 사용한 경우가 있을 수 있으므로 주의를 기울여야 한다. 따라서 어떤 식품을 대상으로 어떤 빈도로 어떻게 검사를 실시할지에 대한 검토가 필요하다.

c. 식품첨가물

식품첨가물은 식품의 외관을 좋게 하고 맛을 부여하며 보존성을 향상시킬 목적으로 첨가되는 것을 말하며, 때로는 식품첨가물을 사용하지 않으면 생산할 수 없는 식품도 존재한다. 그러나 사용되는 식품첨가물의 안전성이 문제가 되기도 하여 각국에서는 정해진 법에 의거하여 안전성을 확인하고 허가한 물질만을 사용하도록 할 뿐 아니라 사용할 때에도 식품별 사용 기준을 준수해야 한다. 그럼에도 식품첨가물로 인한 식품 사고는 매년 발생하고 있는 실정이다. 허가하지 않은 식품첨가물을 의도적으로 사용하는 경우도 없지 않으나 대부분은 허가받지 않은 식품첨가물이 원료 등에 포함되어 있는 것을 모르고 사용하는 경우이다. 따라서 식품 업체에서는 원재료를 공급받을 때부터 원재료의 자세한 성분 정보를 확보해야 한다. 또한 원재료 수급 업체는 정기적으로 성분 분석을 실시하여 그 내용을 확인하는 동시에 원료 공급 업체가 정기적으로 성분을 분석하고 있는지에 대한 시험성적서를 요구하여 받아 놓는 것이 좋다.

d. 기타

공장에서 사용하는 약품, 예를 들어 세척에 사용하는 세제 등의 식품 혼입 사고도 종종 발생한다. 이를 방지하기 위해서는 적정한 농도로 사용해야 함은 물론이고 세제 처리 후 물 세척을 충분히 해야 한다. 특히 원료 등을 침지 세척하는 경우에는 식품 중에 약품이 잔류할 가능성이 있으므로 세척수로 세척조건(침지 시간 및 방법 등)대로 적절히 처리하고 있는지 제품마다 충분히 검토해야 한다. 또한 식품 제조에 사용하는 기구, 용기 및 포장에서 유래되는 화학물질의 용출에도 주의를 기울여야 한다. 예를 들어, 금속제품에서의 납과 카드뮴, 도자기와 법랑 등에서는 유약과 안료 유래의 중금속이 용출될 수 있다. 플라스틱 제품에서도 사람에게 건강 장애를 일으키는 화학물질이 용출될 가능성이 있다는 사실을 염두에 두어야 한다. 기구, 용기나 포장에서의 화학물질 용출은 식품의 특성, 취급방법(pH 및 가열의 유무 등)의 차이에 따라 크게 영향을 받기 때문에 각 식품마다 관리와 검사가 이루어져야 한다.

② 화학적 위해에 의한 식품 사고

화학적 위해에 의한 식품 사고의 피해 범위는 확산성이 크다는 특징이 있다. 화학적 위해를 방지하기 위해서는 차, 음료 등의 페트병에 식품 이외의 화학물질을 담지 않는 것이 기본이다. 페트병 외에도 맥주병 등에 농약을 담아 두었다가 잘못 알고 마시는 사고가 매년 발생하고 있다.

세제를 포함한 화학물질 등은 전용 열쇠로 잠글 수 있는 장소에 보관해야 한다. 또한 기본적으로 용기를 교체하지 말아야 하며 만일 화학약품을 교체할 경우에는 원래의 화학약품과 동일한 라벨을 붙여야 하고 교체용기는 전용 소분용기를 사용해야 한다. 전용 소분용기를 사용할 경우에는 글자를 읽지 못하는 사람도 바로 식별할 수 있도록 색상이나 표시를 해 두어야 한다.

화학적 위해에 의한 식품 사고로는 다음과 같은 경우가 있다.

a. 식품이 아닌 세제 등이 식품에 혼입되는 사고

이런 유형의 사고는 용기를 구분하지 못하여 발생하는 경우가 제일 많다. 따라서 세제 등 화학물질은 전용 장소에 보관하며 절대로 원재료와 같은 장소에 보관해서는 안 된다.

b. 첨가물, 특히 방부제 등이 많이 혼입되는 사고

햄에 사용하는 아질산염 등 식품에서 일반적으로 사용하는 보존료는 섭취량에 따라 건강에 문제를 일으키는 경우가 있다. 아질산염, 보존료 등의 첨가물은 매일 입고량과 사용량을 일지에 작성하고, 이론 재고량과 실제 재고량에 차이가 없는지를 확인해야 한다.

c. 윤활유, 그리스 등이 혼입되는 사고

식품 제조기계에 사용하는 그리스, 윤활유는 식용 가능한 제품을 사용해야 한다. 만일 그리스가 흘러 식품에 혼입되어도 사람에게 문제가 없어야 한다.

d. 페인트, 왁스 등의 냄새가 식품에 흡착되는 사고

흔히 일어나는 유형의 사고이다. 제품에 냄새 문제만 일으켜서 건강상의 위해는 적지만 늘 유의해야 하는 사고로 공장 내부뿐 아니라 물류 과정에서도 확인이 필요하다.

(3) 생물학적 위해

① 미생물의 제어

식품의 부패는 생물학적 요인에 의한 것(미생물, 곤충, 진드기 등), 효소반응에 의한 것(자기소화에 의한 효소적 갈변 등), 화학적 요인에 의한 것(지질의 산화, 변색 등), 물리적 요인에 의한 것(조직 변화, 빛이나 열에 의한 식품 성분의 변화 등)의 4가지 작용에 의해 주로 일어나는데, 신선식품이나 이들을 원료로 하는 가공식품은 미생물(세균, 곰팡이, 효모 등)의 작용에 의한 부패, 변패가 가장 많다. 또한, 식중독의 발생도 식품에 미생물이 증식하는 것이 원인인 경우가 대부분이다. 따라서 식품의 위생과 안전을 보장하기 위해서는 식품의 원재료는 물론이고 제품 제조시설, 장비 및 식품 제조 환경에서의 미생물 제어는 빼놓을 수 없는 기술이다. 식품 공업 분야에서 사용하는 미생물 제어 수단은 살균, 제균, 정균, 차단의 4가지 방법으로 나뉜다. 이 중 물리적 방법에 의한 살균 처리가 유해 미생물 제어에 있어서 가장 중요하며, 특히 가열살균은 유효성, 경제성, 안전성 측면에서 식품 공업의 살균 기술의 중심이 된다. 정균 효과를 주된 특징으로 하는 화학적 방법은 물리적 방법의 보조적인 수단으로 생각하는 것이 좋다. 따라서 일반식품에서는 물리적 방법과 화학적 방법을 조합하여 많이 사용한다.

일반적으로 자주 사용되는 가열살균과 저온 및 pH 저하에 의한 미생물 제어에 대하여 알아보기로 한다.

a. 가열살균에 의한 미생물 제어

포자를 형성하지 않는 세균은 가열에 대한 감수성이 높아 통상의 식중독 세균(대장균, 살모넬라균, 리스테리아 등), 부패 세균(*Pseudomonas*와 *Proteus* 등)은 80°C에서 수 분간 가열하면 충분히 사멸된다. 그러나 내열성 포자 형성 세균의 포자는 열에 대한 저항성이 강하여 100°C 이하의 온도에서는 사멸시키기가 어렵다. 다만, 내열성 포자 형성 세균의 영양세포는 포자와 같이 내열성을 갖지 않는다. 가열 처리에 의한 미생물의 사멸 속도는 가열온도,

표 3-2 미생물의 내열성

미생물 종		가열온도(℃)	D값(min)	Z값(℃)	가열조건
세균	*Campylobacter jejuni*	56	0.78	4.94	생리 식염수
	Escherichia coli	57.2	0.8~1.5		1.54% 자당
	Listeria monocytogenes	58	1.2~2.4	5.1~6.7	생리 식염수(pH 7.0)
	Pseudomonas fluorescens	63	0.31		우유 중
	Salmonella Typhimurium	62.8	0.11	5.3	우유 중
	Streptococcus faecalis	68	0.34~0.46	8.08~9.06	Brain Heart Infusion Broth
	Streptococcus lactis	63	0.64		우유 중
내열성 포자 형성 세균	*Bacillus cereus* 포자	95	1.8	9.4	탈지
	Bacillus coagulans 아포	120	2.3	7.2	
	Bacillus subtilis 포자	104	14		증류수
	Bacillus stearothermophilus 포자	121	2.1	8.5	0.1 M 인산 완충액(pH 7.0)
	Clostridium botulinum type A 포자	104	17.6	9.9	0.067 M 인산 완충액(pH 7.0)
	Clostridium botulinum type A 포자	116	1.3		
	Clostridium botulinum type E 포자	85	0.29		0.067 M 인산 완충액(pH 7.0)
	Clostridium perfringens 포자	100	6~17	9~24	
곰팡이	*Aspergillus niger* 균체 포자	60	10		bouillon 액(pH 6.8)
	Byssochlamys spp.	90	.3~12		호박산 완충액(pH 3.6)
	Saccharomyces cerevisiae	60	0.11~0.32		구연산 완충액(pH 4.5)
	Saccharomyces cerevisiae 자낭포자	60	10.9~14.2		

가열시간뿐만 아니라 가열되는 환경, 즉 식품의 경우 그 성상과 조성에 크게 영향을 받는다. 예를 들어 pH는 미생물의 내열성에 큰 영향을 주는 것으로 알려져 있다. 일반적으로 pH는 중성 부근에서 열 저항성이 가장 크고 산성 또는 약알칼리성이 되면 약해진다. 미생물의 내열성은 식품 성분에도 크게 영향을 받아 단백질이나 지질, 당질이 많은 경우에는 사멸되기가 어려워진다. 따라서 실제 식품 및 식품 제조공정 등에 부착, 혼입되는 미생물을 가열살균하여 제어하고자 하는 경우에는 대상 미생물의 종류, 초기 오염균 수 외에 식품의 종류, 성상, 상태 등 많은 요인을 파악하여 살균조건을 설정해야 충분한 살균 효과를 기대할 수 있다.

b. 저온에 의한 미생물 제어

일반적인 식중독 세균(대장균, 살모넬라균, 황색포도상구균 등)은 중온균으로 분류되는 것이 많기 때문에 10°C 이하의 냉장 상태에서 생장 속도는 현저하게 저하되고 대수적 증식이 일어날 때까지의 유도기간은 길어진다. 또한, 5°C 이하의 냉장온도에서 증식할 수 없는 미생물이 대부분이므로, 냉장온도에 따른 미생물 제어는 식품의 열화를 방지하면서 미생물 증식을 억제 또는 지연시키는 좋은 방법이다. 그러나 적정 성장온도가 중온 영역인 미생물이라도 0~5°C의 영역에서 성장할 수 있는 미생물이 존재한다고 알려져 있다. 예를 들어, 보툴리누스균*Clostridium botulinum* E형은 약 3°C에서 증식하여 독소를 생산하는 것이 확인되었다. 또한 *Listeria monocytogenes*와 *Yersinia enterocolitica* 등의 미생물도 5°C 이하에서 증식이 가능하다. 이 밖에도 바닷물이나 해양 어패류 등 주로 저온 환경에서 자라는 미생물 중에서도 저온 증식 능력을 가진 것이 많다. 따라서 식품의 냉장 보관조건 등을 설정할 때는 이러한 미생물의 존재 여부도 고려해야 한다. 일반적으로 음식을 완전 동결시킨 경우에는 미생물의 증식은 일어나지 않는다(그러나 영하 10°C 이하에서 증식할 수 있는 미생물에 대한 보고도 존재)고 알려져 있지만, 이 경우에도 동결 처리 시 미생물은 장기간 살아 있는 상태로 존재하므로 해동 후 다시 증식된다는 사실에 주의해야 한다. 해동한 식품은 냉동하지 않은 같은 식품보다 품질 저하 및 미생물 수의 증가로 인한 부패가 빨리 일어나는 것으로 알려져 있으므로 해동한 식품을 다룰 때에는 주의가 필요하다.

c. pH 저하에 의한 미생물 제어

산에 의해 pH를 저하시킴으로써 미생물의 생육을 제어하는 방법은 옛날부터 경험적으로 발효음식에 사용해 온 방법이다. 미생물에는 균종마다 각각의 생육 가능한 pH 영역이 존재한다. 만약 생육 적정한 pH 범위를 벗어나게 되면 다른 생육 요인(예를 들어 영양분, 수분, 온도, 산소 등)이 모두 갖추어져 있다고 하더라도 증식할 수 없다. 미생물이 증식할 수 있는 pH 영역은 균종에 따라 크게 다르지만, 식품 관련 세균은 중성에서 약알칼리성 영역을 적정 생육 pH로 하고 있으며, pH 5~5.5 이하가 되면 증식할 수 없는 것이 많다. 일반적으로 식품 공장에서 초산이나 유산 등의 유기산을 사용하여 pH를 조정한다. 유기산은 비록 같은 pH라도 종류에 따라 미생물에 대한 작용(항균력)이 다른 것으로 알려져 있으며, 항균효과는 소르빈산 > 프로피온산 > 초산 > 포름산 > 유산 > 구연산 > 아디프산 > 피루브산 > L-사과산 > DL-호박산 > 글루콘산의 순으로 크다.

유기산이면서 산성 보존료인 소르빈산과 프로피온산의 항균력은 pH에 따라 변동이 큰데 보통 pH가 낮아질수록 항균력은 강해진다. 이것은 유기산의 해리도에 관계가 있으며, pH가 저하되면 용액의 해리형 분자보다 비분리형 분자가 늘어나서 미생물 세포막 투과성이 커지기 때문에 세포 내로 쉽게 침입, 해리함으로써 세포 내에서 수소 이온 농도가 상승하게 되는데, 이로 인해 세포 내의 pH가 저하되어 미생물 발육에 영향을 미칠 것으로 생각된다. 따라서 유기산을 이용할 때에는 작용 환경의 pH 관리에 유의해야 한다.

② 생물학적 위해관리

생물학적 위해는 식품 공장에서 가장 엄중한 관리가 요구된다. 생물학적 위해관리를 어디까지 하면 좋은지에 대한 해답은 없다. 하지만 매년 그 관리 수준을 높여 가지 않으면 안 된다. 새로운 종류의 균이 나오거나 인간의 저항성이 떨어지는 등 여러 가지 요인이 발생하기 때문이다. 생물학적 위해 방지 대책도 다양하게 생각할 수 있는데, 우선 온도관리와 청결 상태에 대하여 알아보기로 한다.

생물학적 피해를 방지하기 위해서는 세균이 증식하기 쉬운 온도 범위인 15~60°C를 빠르게 지나가는 것도 한 방법이다. 그리고 결정한 저장온도 범위는 반드시 지키는 것이 중요하다. 냉장고의 보관온도를 8°C 이하로 결정하면 8°C 이하로 유지해야 한다. 당연한 일이지만 냉장고는 자동으로 온도를 측정하는 기계의 설치가 필수이고, 하루 24시간, 1년 365일 항상 8°C 이하로 유지되는지 관리해야 한다. 서리 제거 시 문의 개폐, 원료의 초과 입고 등으로 관리가 미흡할 수 있는 부분도 놓쳐서는 안 된다. 또한 가열의 중심온도를 확인해야 한다. 로트 중 모든 제품이 제대로 된 가열온도에 도달하였는지 확인이 필요하다. 공장 가열장치의 가열 편차도 반드시 확인하도록 한다.

공장관리에 있어서 청소 상태는 반드시 확인해야 한다. 청소 후 설비를 사용하기 전에 청결 상태의 확인은 필수이다. 공장의 청결 상태가 나쁜 곳을 놓치지 않도록 하기 위해 손전등검사를 권장한다. 종이 타월로 바닥을 닦아 봄으로써 흰 타월의 오염 정도로 재청소 여부를 결정한다. 작업장 테이블, 선반도 마찬가지이다. 익숙해지면 청소를 담당하는 사람에게 종이 타월로 확인하는 과정을 맡겨 보도록 한다.

3) 위해 해충관리

공장 부지는 물론이고 공장 외부 상황을 매월 확인하는 것이 중요하다. 무엇보다 공장 부지 내에서 위해 해충(유해 생물 전반)을 번식시키지 않는 것이 중요하다. 지역 쓰레기장, 양돈장, 목장, 저수지 등에 벌레의 발생원이 없는지 확인한다. 만약 공장 주변에 이러한 시설이 있는 경우에는 대책 수준을 강화하지 않으면 해충의 침입을 막기 어렵다(주변 양돈장 등의 협력이 필요한 경우도 있음). 그리고 빗물이 배수구 홈에 고이거나 공장 내외에 자라는 잡초는 벌레 서식의 원인이 된다. 주차장을 포함하여 웅덩이가 있거나 바닥에 버려진 빈 깡통에 물이 고이면 모기가 발생하기 쉽다. 마찬가지로 리프팅 운송장비(material handling, 물류에 사용되는 기자재), 팔레트 등이 외부에 방치되어 있으면 모기의 발생원이 된다. 그리고 공장 건물 주변은 잔디가 없는 환경이 필수적이다. 콘크리트, 아스팔트, 시멘트 등으로 포장하는 것이 가장 좋지만, 지역 상황에 따라 포장할 수 없는 경우에는 돌을 15 cm 이상의 두께로 전면에 깔아 잡초의 번식을 막는다.

쥐가 공장 내부로 침입할 여지가 있는지 꼼꼼히 확인하고 공장 건물을 세심하게 체크해야 한다. 쥐는 5 mm 이상의 공간만 있으면 침입할 수 있으므로 문 틈, 출입문 틈새, 창문, 기계실 파이프 등에 손상이 없는지 확인한다. 야간에 공장의 모든 불을 점등하여 외부로 빛이 새어나가는지 확인한다. 도어 패킹 등이 마모되면 빛이 틈새로 새어나갈 수 있는데, 그 빛을 보고 벌레가 날아올 수 있다. 또한 자재를 입하하는 곳의 셔터 아래에 있는 패킹이 마모되어도 벌레가 침입할 수 있다. 이런 경우에는 벌레가 좋아하지 않는 파장의 빛을 내는 형광등으로 교체해 해충의 침입을 막을 수도 있다. 해충의 침입을 완전히 막을 수 있는 시설을 갖춘 신축 공장에서도 기계실을 출입하는 직원과 함께 들어오거나 밤에 문을 열어 놓아 벌레가 혼입된 사례가 있었으므로 주의하도록 한다.

(1) 보행 해충의 관리

보행 해충#은 바퀴벌레와 개미 등이 있다. 벌레가 행렬을 지어 직원과 함께 현관을 통해 공장으로 들어오는 경우는 매우 드물다. 자재 등을 반입할 때 가장 많이 들어오게 될 것이다. 예를 들어 포장 재료는 골판지로 된 상자에 들어 있으며, 이 자재는 식품 공장으로 들어가기 전까지 창고에 쌓아 두게 된다. 이때 바퀴벌레가 상자에 알을 낳거나 집을 만들기도 하는데 그 상태로 공장에 납품되기도 하고, 다른 보행 해충도 창고에 쌓아둔 자재 상자로 들어가 자재와 함께 반입된다. 또한 공장을 드나드는 사람들의 신발이 매개가 되기도 한다. 따라서 공장에 들어갈 때는 반드시 신발을 갈아 신어야 한다. 만약 카펫에 바퀴벌레 등이 있다면 주변의 모든 곳에 있다고 생각해도 될 정도이다. 따라서 출퇴근할 때 신는 신발을 그대로 작업장까지 신고 들어간다면 바퀴벌레나 그 알을 작업장으로 데리고 들어가

보행 해충walking bugs 바퀴벌레, 개미, 빈대 등 걸어서 이동하며 병을 일으키는 해로운 벌레

는 것과 같다. 공장 안에서만 사용하는 파일을 밖으로 내오거나 외부에서 신던 신발로 작업장에 출입하는 것을 엄격하게 금지해야 하는 이유이다. 따라서 자재 반입업자가 어디에서 신발을 갈아 신는지도 확인해야 한다.

해충 구제업자에게 의뢰하면 해충이 발생할 가능성이 있는 장소에 독이제(feint製, 독이 묻은 음식)를 설치한다. 페인트독이제를 설치하면 확실히 바퀴벌레의 발생은 줄지만 근본적인 해결책은 아니다. 만약 포장실에서 바퀴벌레를 발견했다면 끈끈이시트를 깔아 발생장소를 확인해야 한다. 피해가 계속될 경우 매월 도면에 표시하여 잡히는 장소에 따른 해충 포획수를 비교할 수 있도록 해야 한다. 바퀴벌레가 특히 많이 잡히는 곳이 있다면 그 부근을 주의 깊게 점검해야 한다. 바퀴벌레들은 포장기나 공기압축기 등의 모터 부분 같이 따뜻한 곳에 서식하는 경향이 있다. 수분과 먹이가 없으면 바퀴벌레 등이 서식할 수 없으므로 철저한 청소는 필수이다. 해충의 서식지가 확인되었다면 그 곳을 점검표에 추가하고 정기적으로(최소 매월) 청소를 하는 등 세심한 관리가 필요하다.

(2) 위생 동물의 관리

위생 동물로는 까마귀, 비둘기, 개, 고양이 등이 있다. 이 동물들이 식품 공장을 돌아다니면 털의 혼입, 균·벼룩 등에 의한 오염 등이 발생할 수 있다. 자재 창고에 고양이가 들어가 새끼를 낳거나 비둘기 등이 드나들 수 있고, 현관 등에는 비둘기, 참새, 제비 같은 조류가 둥지를 틀 수 있다. 둥지 등은 발견하는 즉시 철거해야 한다. 또 지붕 밑에 비둘기 같은 조류가 쉴 수 있는 공간이 있으면 새똥이 떨어질 수 있으므로 이에 대한 대처도 필요하다.

식품 공장 내부에 쥐, 족제비, 개, 고양이 등이 살고 있다면 그 자체가 비상사태이다. 사전에 전문 업체를 통해 위생 동물의 서식 환경조사를 1개월에 1회 이상 실시하고, 이들 동물의 침입 통로를 철저하게 조사해야 한다. 쥐 등은 5 mm 이상의 공간만 있으면 침입할 수 있으므로 문틈, 천장 구멍, 배수구 등에 틈이 있는지를 점검한다. 위생 동물의 서식 환경조사 결과는 3단계로 정리할 수 있다. 레벨 1은 살아 있는 위생 동물이나 그 배설물의 흔적을 확인할 수 없지만 제품 또는 원료나 다른 자재를 먹은 뒤 작은 쓰레기가 떨어져 있는 정도이다. 이러한 쓰레기를 확인하면 바로 보고할 수 있도록 직원에 대한 평소 교육이 중요하다. 이 단계에서는 품질관리를 위한 일상 점검 시 위생 동물의 서식조사를 동시에 실시해야 한다. 레벨 2는 배설물의 흔적이 확인되는 상태이다. 배설물 흔적을 확인하면 정기 점검까지 기다리지 말고 바로 처리해야 한다. 식품 공장에서는 독이 든 미끼를 사용하면 안

되므로 배설물, 음식찌꺼기를 발견한 장소에 점착 시트를 깔아 포획을 유도해야 한다. 이때 접착 시트를 자재 선반 등의 맨 아래에 깔아 두면 서식지 조사와 포획을 겸할 수 있다. 레벨 3은 위생 동물이 실제 확인되는 상태이다. 이 경우는 잠시 생산을 중지하더라도 전문 업체에 의뢰하는 등의 즉각적인 대응이 필요하다.

(3) 비래 해충의 관리

비래 해충[#]으로는 파리, 모기 등이 대표적이다. 공장 안은 물론 사무실, 식당에도 날아다녀서는 안 된다. 공장에 침입하는 비래 해충을 잡기 위한 포충기[#]를 설치해야 한다. 전기 살충장치[#]를 설치하는 공장도 있지만 해충이 산산조각 나서 흩어지므로 공장 내에서는 접착 시트가 적합하다. 공장 내에 설치한 접착 시트로 포획한 해충에 대해서는 매월 자세히 모니터링해야 한다. 즉 벌레의 수, 종류, 공장 내부에서 발생한 것인지 외부에서 침입한 것인지, 그리고 전월 또는 전년보다 많고 적음 등을 비교한다.

외부 침입의 대표적인 예는 빛에 유인되는 경우이다. 모기는 자외선에 반응하는데 특히 350 nm의 파장을 선호한다. 형광등이나 포충등을 외부에 설치하면 오히려 이 빛이 해충을 공장으로 유인하게 된다. 해충의 침입을 막기 위해 창문에는 32메시(mesh) 이상의 방충망을 설치한다. 입출하 장소 등 해충이 들어오기 쉬운 곳은 해충을 유인하지 않는 설비를 설치해야 한다. 비래 해충을 방지하기 위해서는 공장의 냄새관리도 중요하다. 쓰레기장 등에서 냄새가 발생하지 않도록 쓰레기는 봉투에 담아 확실하게 묶어 막아야 한다. 음식물 쓰레기의 악취를 방지하기 위해서 때로는 냉장이 필요하기도 한다. 또한 공장의 공기 흐름을 조사할 필요가 있다. 외부 공기를 내부로 흡입하는 경우 해충이 침입할 수 있으므로 흡배기의 균형을 잡아야 한다.

내부에서 발생하는 해충 대책으로는 철저한 청소밖에는 방법이 없다. 벽의 틈새도 해충이 서식할 수 있으므로 완전히 막아야 한다.

비래 해충flying bugs 파리, 모기 등 날아서 이동하며 병을 일으키는 해로운 벌레

포충기insect trap 주로 해충용 포획기로, 벌레의 습성을 이용하여 모은 뒤 잡아 죽이는 기구

전기 살충장치electrocutor 장치 내의 투충형광등(파장 350~370 nm 부근의 초록 내지 맑은 흑색)에 유인된 곤충을 고압 전류(3,500~4,400 혹은 6,300 V)가 흐르는 격자에 접촉시켜 그 충격으로 죽이는 장치

(4) 수목 관련 해충의 관리

위생 면에서는 공장을 지을 때 수목을 조성하는 것보다 아스팔트로 마무리하는 것이 이상적이다. 배수가 필요하다면 돌과 채석 등을 15 cm 이상 깔아 땅에 태양광선이 닿지 않게 하여 풀이 자라지 않도록 해야 한다. 직원 주차장도 아스팔트로 포장하는 것이 이물 혼입 방지라는 관점에서는 좋지만 빗물 등의 빠짐을 생각하면 벽돌을 까는 것도 괜찮다.

그러나 나무를 심어야 하는 경우라면 공장 설계 단계부터 해충이 붙지 않는 수목의 종류, 잎이 떨어지지 않고 열매가 열리지 않는 종류 등을 고려해 조성할 필요가 있다. 또한 수목으로 인한 문제는 연간 계획을 세워 문제가 발생하기 전에 대처하도록 한다. 매년 반복되는 꽃이 피고 지며 낙엽이 떨어지는 것은 물론이고, 비슷한 시기에 반복 발생하는 벌레 등에 대해 연간 계획을 세워 사전에 방비해야 한다. 매월 공장 외부에서 무슨 작업을 할 것인지를 사전에 결정하고, 계획대로 실행되고 있는지 점검할 필요가 있다.

4) 제조 가공 공정의 위생관리

(1) 원재료관리

품질관리 담당자는 반드시 원료 생산 현장을 확인해야 한다. 식품 공장에서 사용하는 원료는 농축산물처럼 자연에서 얻은 재료와, 식품 공장에서 생산된 가공품으로 구분된다.

농축산물은 가능한 한 현지에 가서 확인할 필요가 있다. 그렇지 않으면 입하 로트마다 증명서를 받아 확인하거나, 출하 시점의 규격치를 명확히 하여 일치하는지 확인해야 한다. 또한, 농축산물의 경우 계절 요인이 있기 때문에 다음 차수의 점검시기를 확인해야 한다.

가공품을 원료로 사용하는 경우에는 반드시 본 생산과 동일한 로트로서 생산 상황을 확인해야 한다. 공장에서 단일 원료만을 사용하지 않을 경우에도 반드시 로트는 일치시켜야 한다. 왜냐하면 소량 로트와 대량 로트는 생산공정이 다르거나 최종 품질이 다를 수도 있기 때문이다. 원료 생산 공장과는 출하 판정 기준과 출하 시의 인증 항목에 대하여 협의해야 한다. 세균검사*, 이화학검사, 관능검사의 결과 등 검사의 종류는 물론이고 검사비용도 포함하여 협의해야 한다. 검사 기준도 서로 합의해야 하며, 그 규격을 지키지 않으면 반품하는 사항도 포함되어야 한다. 예를 들어 '제조부터 2일 이내에 납품'이라고 정했다면 제

세균검사bacteria inspection 세균을 검출하기 위한 검사로, 검사 재료와 종류에 따라 검출 균의 종류가 다르므로 사용하는 배지와 배양방법도 달라짐

조 3일째 원료가 납품되었을 때는 반품할 수 있다. 미납과 반품 시의 보상 규정도 협의해야 하며, 반품의 대체 원료를 언제까지 납품해야 하는지도 협의해야 한다. 예를 들면, '납품은 오전 10시까지 하고 허용 기준에 부합하지 않아 반품할 경우는 당일 14시까지 다시 납품한다.'는 등의 협의가 있어야 한다. 그리고 그것을 실행하지 않았을 경우에 대한 보상 협의도 사전에 해 둔다. 세균검사의 경우는 검사 결과가 나오기 전에 원료를 사용할 수도 있는데, 배합 공정에 들어간 후 세균이 검출되었을 때의 보상에 대한 협의도 필요하다.

(2) 전처리 공정의 관리

전처리 기준을 명시해 둘 필요가 있다. 예를 들면, 상추를 작업 기준에 따라 세척했을 때에 수율이 너무 나빠서 필요량이 확보되지 않는 경우, 현장에서 기준을 변경해서는 안 된다.

공장의 제조공정이 진행될 때에 원재료 상자 등의 외부에 부착되어 있는 이물질이 들어가지 않도록 창고에서 처리실로 원자재를 운반할 때는 미리 상자 등을 제거해야 한다. 전처리 공정은 이물 혼입의 필터 역할을 하게 된다. 전처리 공정에서 금속 탐지기#나 X선 탐지기#를 통과시켜 이물질을 확인한 후 전처리실로 이동시키는 것이 중요하다. 돼지고기 등의 축육은 살아 있을 때 예방 접종 과정에서 주사 바늘이 부러져 남아 있는 사고가 발생하거나 잔뼈가 남을 수도 있다. 이런 경우 바늘은 금속 탐지기가, 뼈는 X선 탐지기가 발견할 수 있다.

(3) 식품첨가물의 배합 공정

전담 작업자가 전용 공간에서 첨가제를 배합해야 한다. 식품 공장에서 직원들이 특히 신경 쓰는 일 중의 하나는 첨가물의 배합작업이다. 한 마요네즈 제조 업체는 전 조합 공정을 통해 바코드 리더기로 첨가물을 읽고 각 공정별로 첨가제와 조미료가 규정대로 배합되어 있는지, 제대로 사용되고 있는지를 확인할 수 있는 시스템을 도입하였다. 첨가물 중에는 햄이나 소시지에 사용하는 발색제인 아질산나트륨처럼 취급에 세심한 주의가 필요한 것도 있고, 향료처럼 미량만으로 효과가 나타나는 것도 있다. 다양한 첨가물을 각 제조공정의 담당자가 매번 계량하여 배합하기 때문에, 효율성은 높이고 실수는 줄이기 위해서 전담

금속 탐지기 metal detector 전자기 유도와 맴돌이 전류를 이용하여 쉽게 보이지 않는 금속물질을 탐지해 내는 기구

X선 탐지기 X ray detector X선 같은 초음파를 인체에 투과시켜 반대쪽에서 수신하여 초음파의 투과 부위에 따른 감쇠 상황으로 이물의 혼입 여부를 판단하는 장치

작업자가 필요하다. 공장의 규모가 작아도 마찬가지이다. 전담 직원이 하루에 30분 정도는 첨가물 배합을 맡아 하고 나머지 시간에는 다른 일을 하는 식으로라도 운영해야 한다.

아질산나트륨, 소르빈산, 향료, 보존료, 착색료, pH 조절제 등은 매일 재고를 점검하고, 그 외 첨가물은 매월 실제 재고를 이론 재고량과 비교, 확인해야 한다. 액체는 전용 용기에 담아 두고, 가루류는 배합 순서에 맞추어 정리해 놓았다가 투입한다. 즉, 현장에서 필요한 것은 이 첨가물들을 언제 넣으면 좋을지에 대한 정보이다. 현장 배합 공정표에는 "첫 번째 봉지에 있는 것을 넣고 잘 혼합한 후 두 번째 봉지의 것을 넣고 마지막에 액체를 넣는다." 와 같은 정보가 필요하다. 소분 봉투는 첨가제의 배합시간, 담당자가 쉽게 식별할 수 있는 로트 번호가 붙은 식별표와 함께 제조공정으로 이동된다. 매일 같은 작업이 반복되므로 첨가물 제조 업체와 협의하여 조합을 마친 소분된 상태로 공급받으면 작업이 수월해질 수 있다.

(4) 제품 배합 공정의 관리

배합 공정은 원료와 시설이 모두 적절하게 준비되면 배합표*대로 조리하는 과정이다. 예를 들어, 감자 샐러드라면 삶은 감자 80%에 마요네즈 18%, 첨가제 2%로 되어 있는 배합표대로 조리하면 된다. 축육 소시지나 어묵같이 단백질이 변성되는 제품의 경우에 물리적으로 원료를 교반하게 되는데 이때 온도가 올라간다. 그런데 온도 상승을 낮추면서 원료를 충분히 교반할 수 있다면 촉감이 좋은 상품을 만들 수 있다. 구체적으로는 재료뿐만 아니라 커터 같은 시설물도 충분히 냉각시켜야 한다. 참고로 미리 칼날을 갈아 놓거나 칼날과 볼 사이의 공간을 정비해 두는 것은 배합표에는 드러나지 않는 주요 요소이다. 잘 드는 칼날을 사용하면 그렇지 않은 칼날을 사용한 제품과 식감이 달라진다. 100시간 사용한 후에는 반드시 칼날을 다시 갈고 볼과의 간격은 명함 한 장 두께로 하는 등 배합표에 없는 요소도 명확하게 챙긴다.

달걀말이를 할 때에는 미리 국물을 만들어 달걀과 믹싱 탱크에서 혼합하는데, 조리하기 전까지 재료의 세균 수를 낮추는 것이 중요하다. 국물은 간장, 물, 설탕 등을 80°C에서 15분 정도 가열하여 조리하는데, 이때 미리 가열함으로써 세균 수를 줄이고 달걀말이의 가열 시간도 줄이면서 맛을 유지할 수 있다. 마찬가지로 말이에 사용하는 달걀도 세균 수가 적

배합표formulation 제품의 완성을 위해 재료를 배합할 때에 사용하는 조성표

은 것을 사용하는 것이 좋다. 재료 배합 전에 사용하는 원료의 세균 수를 명확하게 하는 것이 중요하다. 국물은 가열하면 수분이 증발하므로 이를 감안하여 배합 수율을 명확하게 설정해야 한다. 배합 수율을 설정해 두지 않으면 음식의 맛을 일정하게 유지할 수 없다.

(5) 가열·냉각 공정의 관리

제품을 가열하는 목적은 크게 두 가지이다. 세균을 죽이고 보존성을 높이는 것과, 단백질을 변성시켜 먹을 수 있게 하는 것이다. 살균을 목적으로 가열한 후에는 세균이 증식할 위험온도 범위#인 13~60°C 구간을 얼마나 빨리 지나가는지도 중요하다. 위험온도 범위를 빠르게 지나가려면 제품이 쉽게 냉각되어야 한다. 찬물을 뿌리고 담그거나 냉장고에 넣는 등의 방법이 있다. 가열·냉각 공정에서 유량을 늘리는 등의 방법으로 가열온도와 냉각온도의 편차를 작게 하고 살균온도를 낮출 수도 있다. 단순히 물에 담그는 것이 아니라 잠열이 있는 얼음물에 담궈 보다 빨리 제품을 식힐 수 있다. 위험온도의 시간을 어떻게 설정할지가 포인트이다. 단백질을 변성시키기 위한 가열은 온도나 시간이 지나치면 너무 단단해져 맛이 없어진다. 어떻게 설계된 대로 가열온도×시간을 조절하느냐가 중요하다.

온도계의 교정검사#가 중요하다. 단백질 응고는 매우 미묘하여 중심온도가 1°C만 차이가 나도 최종제품의 맛이 달라지기도 하고, 보존성도 달라진다. 이 미묘한 온도를 정확하게 측정하기 위해서는 정확한 온도계가 필요하다. 교정은 매일 작업을 시작하기 전에 표준온도계로 측정온도 부근에서 실시해야 한다. 예를 들어, 냉각온도를 측정하는 온도계는 10°C의 물에서, 가열 중심온도를 측정하는 것은 70°C 정도의 물에 고정한다. 시계는 자동으로 표준시간에 맞추는 전자시계가 있지만, 공장에서 사용하는 온도계는 매일 교정해야 한다.

(6) 포장 공정의 관리

공장에서 가장 위생에 주의해야 하는 공정이다. 포장 공정에서 발생할 수 있는 대표적인 위해로는 이물 혼입, 표시 실수, 교차 오염#의 3가지이다. 그중 교차 오염은 이후 살균 공정이 있는지 여부에 따라 포장 공정에서의 위생관리 개념이 달라진다. 살균 공정이 없는 경우에는 포장 공정에서 사람으로부터 오염되지 않도록 전용 작업복, 일회용 장갑, 마스크를

위험온도 범위dangerous temperature range 식품에서 미생물이 잘 생육할 수 있는 범위의 온도로, 4~60°C에 해당

교정검사calibration 공급된 계량 표준에 의해 정확도를 측정한 표준 장비와 측정장비를 비교, 검사하여 정확도에 대한 변량을 조정하여 수정하기 위한 선행 활동

교차 오염cross contamination 식품의 가공, 조리 및 취급 시 발생하는 미생물의 감염이나 오염 등이 식품의 유통 또는 조리의 전 과정에서 재차 일어나는 모든 오염의 형태

착용해야 하고, 작업 환경, 특히 포장실의 낙하 균은 최소화하며 환기가 되어야 한다. 최근에는 교차 오염 방지를 위해 포장 후 다시 살균하는 제품이 많아졌다. 표면살균만 할 때보다 안전성은 높이고 포장 작업비용은 낮아진다. 포장 공정을 위생적인 환경에서 하는 것이 좋을지, 살균을 실시하여 확실한 제품을 만들지는 제품 설계 단계부터 충분히 검토되어야 한다.

원료는 전 공정에서 원료 중심까지 가열시켜 살균이 종료되었다는 전제하에 가열살균이 종료되고 냉각이 완료되면 포장 공정으로 들어간다. 이상적으로는 가열 공정과 포장 공정은 물리적으로 분리되어 있어야 하고, 제품 보관고는 독립적이어야 한다. 포장 공정에서 사용하는 대차, 용기 등의 비품 반환도 제품 보관고를 통하지 않고 포장실에서 바로 반환될 수 있도록 시설의 동선을 구성해야 한다.

포장 공정이 완료되면 날짜를 적고 출하한다. 제품 주문을 받은 후 제조 출하까지의 리드타임(lead time)이 짧은 경우에는 제품 보관고가 완충 역할을 한다. 날짜에 따라 주문량이 크게 변동하는 제품은 제품 보관고에 제품을 보관할 수 있는 기간이 길수록 공장의 운영은 편해진다. 제품의 식감, 보존성을 손상시키지 않고 완제품을 보관할 수 있는지가 중요한 요소가 된다. 제품을 설계하는 단계에서 반제품의 보관은 며칠까지가 좋은지를 분명히 해 두고, 제삼자에게 명확하게 설명할 수 있는 데이터의 작성도 계획해야 한다.

(7) 출하·배송의 관리

날짜를 체크할 수 있는지 여부를 확인해야 한다. 포장 과정에서 박스 포장된 최종제품은 수량을 확인하고 출하를 기다리게 된다. 최종상품을 배송 차량에 적재할 때에도 수량 확인은 필수이다. 상품을 적재할 때에는 외관이나 날짜, 로트 구분이 가능한지를 점검한다. 구체적으로 로트 구분을 확인할 수 있는 각각의 로트에 대해서 날짜, 외관을 확인하고 적재하는 것이 중요하다.

일반적으로 상자 포장하면 날짜를 확인할 수 없는데 개봉하지 않고도 날짜, 포장 재료의 확인이 가능하도록 외부에 표시해 둔다. 출하 판정이 나면 날짜를 디지털 카메라로 찍어 데이터를 저장해 두는 것도 좋다. 출하 판정에 날짜검사를 추가한다는 개념은 현재의 작업 상황으로는 친숙하지 않겠지만, 날짜 표시가 잘못된 상품이 시장에 출하되는 것을 막을 수 있다는 점에서는 매우 중요한 사고의 전환이라 할 수 있다.

상자 포장된 제품의 적재 상황을 점검해야 한다. 배송 차량에 적재할 때에는 대차 팔레트 등을 이용한다. 그때 적재하기 쉬운 형태 여부, 적재 시 날짜와 품명, 규격 등을 확인하기 쉬운지 여부를 확인한다. 규격에 따라서는 접착테이프의 색에 변화를 주어 쉽게 구분할 수 있도록 하기도 한다. 적재된 상태로 냉장고, 냉동고에 보관한다. 상품에 따라서는 제조 시점에 동결하여 보관한 후에 해동하면서 배송하는 상품도 있다. 이러한 제품은 통상 작업함과 동시에 온도 변화 테스트를 실시한다. 이 시점에 설계된 적재방법으로 실행하여 골판지 상자에 손상이 없는지를 확인한다.

골판지 상자에 손상이 없어도 적재 상태에서 제품을 낙하시켜 제품에 손상이 있는지 점검한다. 2 m 정도의 높이에서 낙하하는 경우가 생각보다 쉽게 일어나기 때문에 낙하시험[#]은 필수이다. 이 시점에서 상자 외부에 주의 표시(care mark)가 정확한지 점검한다.

5) 제품의 공정도, 배합표

모든 제품에 요구되는 제조공정도를 작성해야 한다. 제조공정도는 공장 내에서 생산하는 모든 제품에 필수이다. 그중에서 제품별 공정 한계치와 그 현장기록이 어느 장부에 남아 있는지를 명확히 해야 한다. 신상품을 협의하거나, 클레임 등의 문제가 발생했을 경우에 필수 서류이다. 또한, 고객에게 상품을 설명할 때나 상품을 등록하는 경우에도 필요하다.

품질관리 여부를 확인하는 사항으로는 고객에게 설명하는 제조공정도의 조건이 현장 장부와 일치하는지의 여부, 살균제의 농도가 계절 요인에 따라 수정되는지의 여부, 감사팀의 현장기록 숫자와 설계 시점의 한계치를 확인하는 사항들이 매우 중요하다. 제조공정도, 현장기록부에 유통기한을 '포장일로부터 3일 후'라고 명시하고 있으면 현장에서 마음대로 '4일 후'라고 할 수 없다.

배합표도 매월 확인해야 한다. 공장에서 원료를 배합하는 공정은 많지만, 모든 배합은 철저히 배합표에 따라 수행하도록 한다. 제품 설계와 실제 현장에서 이루어지는 배합이 다른 경우도 종종 있다. '감자 샐러드가 평소보다 연하다.'는 의견이 있어 조사해 보니 남은 원료를 사용해 배합표와 다르게 제조한 경우가 있었다. 전날 만든 제품과 함께 제조하거나 가열 공정까지 거친 제품을 다시 원료로 사용한 경우도 있었다. 이를 방지하기 위해 배합표에 따라 설계 단계와 반드시 같은지 확인한 후 작업해야 하고, 배합할 때는 원료의 사용한도도 매월 확인해야 한다.

낙하시험drop test 물건의 전부 또는 일부 장치만을 일정 높이에서 떨어트려 지면으로부터 받는 충격의 강도나 완충 기능을 확인하는 시험

6) 동선관리

(1) 건물 배치도

공장이 있는 지역 전체를 도면에 표시해야 한다. 공장이 있는 지역 전체를 도면에 표시하고 건물 배치도를 만들 때에는 도로에서 공장까지의 도면을 먼저 작성한다. 그때 40피트컨테이너 차량이 통과하는 도로, 10톤 차량이 통과하는 도로, 4톤 차량이 통과하는 도로도 확인한다. 만일 근처에 초등학교가 있으면 통학로와 통학시간을 확인해야 한다. 10톤 차량이 매일 같이 주행한다면 도로 손상이 심하기 때문에 공장을 신설할 때는 지방 관청과의 협의가 필요하다. 공장 주변 반경 30 km를 도면으로 작성하고 계사, 돈사 등의 축산 농가가 있다면 표시한다. 30 km는 조류 독감이 발생했을 때의 이동 금지 거리이다. 또한 축산 농가가 있으면 파리 등의 해충 대책이 필요하므로 항상 확인해야 할 사항이다.

부지 전체를 도면에 표시해야 한다. 공장 부지와 별도로 직원 주차장 등 부대시설을 임대하는 경우에는 그 부지도 포함한 전체를 도면으로 그린다. 임차의 경우에도 관리는 필요하므로 이를 포함한 관련 토지 전체를 도면에 나타내야 한다. 도면에는 현재의 문제점도 기재한다. 예를 들어, "아스팔트가 깨져 웅덩이가 있다." "가로수가 자라고 있다." 하는 식이다. 공사를 진행하거나 했다면 시행 시기와 공사 내용을 기재한다. 이는 이물이나 화학물질의 혼입 등에 관련될 수 있기 때문이다. 이러한 이유로 현장 공사가 있을 때는 반드시 품질관리자가 입회해야 한다. 페인트칠과 관련하여 남은 페인트를 자재 창고에 보관하게 되면 포장 재료에 페인트나 시너 냄새가 밸 수 있다. 또한 대차에 페인트칠을 하고 충분히 마르기 전에 사용한다거나 하는 등의 페인트 냄새 관련 사고도 자주 일어나는 유형의 사고이다.

공장 출입구, 납품 장소, 입출하 장소 등 드나드는 차량이 브레이크를 밟게 되는 곳은 아스팔트가 잘 깨진다. 아스팔트가 깨지면 차량 운행도 불편하고 그곳에 웅덩이가 생겨 물이 고이면 모기 발생원이 될 가능성이 있다. 따라서 배달 차량이 브레이크를 밟는 곳은 채석을 넣은 콘크리트를 사용하는 것이 좋다.

(2) 공장 공정 평면도

공장 공정 평면도에는 공장 내외의 시설, 기계 등 모든 것을 도면에 나타내고 생산 능력을 계산해 표시한다. 시설이나 기계 등에 통상과 다른 상황이 발생되었을 때(정전으로 인한 사고, 기계 고장에 따른 작업 정지 등) 식품 사고도 일어날 확률이 높아진다. 품질관리에서는 매월 공장에서 가동 설비가 어떻게 배치되어 있는지 확인한다(공장 밖에 위치한 냉장 보관고의 실외기, 보일러 설비 등 포함). 다음으로 작업 공정마다의 생산 능력을 확인한다. 시간당 생산 능력과 실제로 가동되는 시간을 확인하고 공정당 하루 생산량에 문제가 없는지 확인한다. 가동시간을 확인하는 경우에는 시설 준비시간과 청소시간이 포함되어 있는지가 중요한 점검 항목이다. 생산 현장에서는 생산량이 늘어나면 청소시간을 줄이고 생산량을 올린다. 청소는 기계가 몇 시간 가동하면 필요한지 한계치를 명확히 설정하는 것이 중요하다. 공정 간에 생산 능력의 차이가 있는 경우에는 보관 공간의 확보가 필요하기 때문에 이를 확인해야 한다(연말 연시 등 생산량이 변화하는 공장에서는 이런 확인이 품질관리의 중요한 확인 사항임).

시설에 문제가 생겼을 경우의 시뮬레이션을 사전에 실시해 본다. 예를 들어 "냉장고가 망가지거나, 공장 앞 전봇대가 쓰러져 전기와 전화가 끊긴다거나, 포장 기계가 멈춰 버린다거나, 중유가 새고 있다."는 등의 문제에 대한 구체적인 대처방법을 마련해야 한다. 전기는 최소한 제품 원료의 보관창고를 유지할 수 있는 발전기를 갖추고 있는 공장도 있고, 전력회사와 협의하여 공장으로 들어오는 경로를 두 가지로 받는 방법도 있다. 저장제품을 생산하는 공장과 도시락이나 반찬을 생산하고 있는 공장은 생산을 멈출 수가 없다. 비록 라이벌 공장이라고 해도 화재 등 비상시에는 협력 관계를 구축해야 한다. 그 외의 생산 설비는 교체 부품을 늘 갖추고 있어 즉시 수리할 수 있는 체제를 제조 업체와 구축해 둔다.

(3) 작업자의 동선관리

공장에 출근하여 업무를 수행하고 퇴근할 때까지 작업자의 동선을 모두 표시한다. 직원이 공장에 들어와서 돌아갈 때까지의 발걸음을 그림으로 만들어 두면 신입사원 연수에도 사용할 수 있다. 그림에는 공정별 복장 등도 사진을 찍어 덧붙여 놓는다. 또한, 직원이 주차장을 걸어 나와 신발을 갈아 신고 작업장으로 들어가는 과정을 구체적으로 보여 주어야 하고, 화장실을 갈 때와 식사를 할 때는 어떻게 하면 좋을지, 작업복은 무슨 색의 작업복을 어떻게 입어야 좋은지 등도 알 수 있도록 시각적으로 정리되어 있어야 한다. 화장실은 외부용, 거주자용, 직원용을 구분하는 것이 좋은데, 이는 살모넬라균 등의 보균 여부를 확인해야 할 때 대변검사를 실시하는 사람과 아닌 사람을 구분하는 기준이다.

공장 안은 크게 위생 지역, 준위생 지역, 오염 지역으로 구분된다. 포장실 같이 철저한 위생 상태가 요구되는 위생 지역에서 작업하던 직원이 협의를 위해 작업복을 입은 채로 오염 지역으로 이동한다면 위생관리가 제대로 이루어지고 있다고 할 수 없다.

공장 내에서는 사람의 흐름과 함께 작업복의 흐름도 명확해야 한다. 작업 전에 작업복을 어디에 보관할지, 작업이 끝나고 벗은 작업복은 어디에 보관할지를 명확하게 구분해야 한다. 작업복은 이물 혼입 등의 문제가 일어나지 않도록 전문 업체에 세탁을 맡기는 것이 바람직하나, 부득이하게 가정에서 세탁할 때는 다음 7가지를 엄수해야 한다.

1. 작업복은 다른 세탁물과 함께 세탁하지 않는다.
2. 깨끗한 상수도 물을 사용한다(목욕하고 남은 물 등을 사용하지 않음).
3. 향료 등이 들어 있지 않은 전용 세제를 사용한다.
4. 건조는 건조기를 이용하고, 다른 세탁물과 함께 하지 않는다.
5. 빨래를 갤 때 전용 시트 위에서 갠다.
6. 작업복은 전용 가방을 준비하여 그 안에 넣어 옮긴다.
7. 세탁 전 작업복을 넣은 봉지에는 세탁 후의 작업복을 절대 넣지 않는다.

(4) 공기의 흐름 관리

공기의 흐름을 도면에 명확하게 적어 넣는다. 각 작업실의 공기가 어디로 들어와 어떻게 작업실에서 배출되는지를 도면에 기록한다. 작업실에 흡입되는 공기는 공장 외부에 배치된 흡기 필터를 통해 들어오도록 한다. 흡기 필터가 어디에 설치되어 있는지, 필터 메시는 몇 mm인지, 교환 주기는 어떻게 되는지도 기재한다. 가열실에는 배기 덕트(exhaust air duct)# 가 설치되어 있어야 한다. 배기 덕트에는 필터가 설치되어 있어 정기적인 교환과 청소가 필요하다. 가동시간으로 교환할지 작업일수로 교환할지를 도면에 기재한다. 사무실, 포장실 등에는 에어컨의 실내기 필터가 설치되어 있다. 이 필터의 세척시간도 기재해 둔다. 냉장고 내의 실외기는 핀(열교환기)의 내부 청소도 필요하다. 가열실의 배기를 공장 밖으로 뺄 경우 배기 냄새를 따라 벌레가 모여 들 수 있어 주의해야 하고, 배기가 주거지 쪽으로 흘러가면 주민들로부터 악취에 대한 민원이 발생할 수 있으므로 가급적 공장 옥상 높은 곳에서 배출하도록 설계한다.

작업실마다 음압과 양압을 설정해야 한다. 작업실의 문이 스윙 도어#인 경우 음압과 양압의 설정을 극단적으로 하면 문이 열린 상태를 유지하게 된다. 슬라이딩과 일반 도어는 바람이 조금 흐르는 정도로 실시하는 것이 효과적이다. 직원이 출입하는 현관으로 유입되

배기 덕트exhaust air duct 각 방에서 나오는 공기를 공기 정화장치 또는 실외로 보낼 때에 사용되는 덕트
스윙 도어swing door 원을 그리듯 여닫는 문

는 경우 출입할 때마다 위에서 에어커튼[#]처럼 공기를 분출시켜 붙어 있던 해충의 침입을 막을 수 있다. 이때 현관이 외부 공기에 비해 음압이라면 에어커튼에 의해 떨어진 오염물질이 현관으로 들어가게 된다. 마찬가지로 가열실이 포장실보다 양압이면 가열실에서 냄새가 포장실로 흘러나가게 된다. 흡배기의 균형을 조정하기 위해서는 흡기량을 증가시키거나 배기량을 줄이는 등의 대책이 필요하다. 바깥 기온, 계절, 실내의 설정 온도에 따라 재조정이 필요하므로 품질관리를 위해 매일 확인해야 한다.

(5) 제품의 동선관리

원료가 입고되어 출하하기까지 동선을 관리해야 한다. 신제품이 출시되었을 때나 생산수량에 변화가 생겼을 때는 제품의 동선도를 만들고 확인한다.

원료가 입고되어 검수를 받고 보관고 A로 들어간다. 이후 예비 처리를 하고 보관고 B에 보관하고 가열 처리하여 보관고 C에 넣는다. 포장 후에는 보관고 D에서 출하를 기다렸다가 출하된다. 이 흐름이 역행되지 않도록 설정되었는지가 중요하다.

품질관리로는 보관고 안에 있어서는 안 되는 것이 들어 있지 않은지 확인해야 한다. 그리고 제품의 동선이 역행하지 않도록 결정된 것만 들어가도록 현장 직원들에 대한 교육을 실시한다(이 외에도 일상관리로서 현장 점검을 실시). 보관고의 점검 사항은 표에 표시된 대로 각 공정의 전후 물건이 들어가도록 확인해야 한다. 보관고 B에 예비 처리 이전의 야채 등이 들어가 있다면 보관고 내에서 오염이 발생할 수 있다.

통조림 공장에서 최종 가압살균을 하지 않고 출하되어 냄새 클레임이 발생해 제품을 회수하는 사고가 있었다. 이것도 제품의 흐름을 역행하여 반제품을 보관한 데서 발생한 사고라고 생각된다. 가열이 끝나지 않은 상품을 보관고 D에 넣게 되면 이처럼 사고가 발생하게 된다.

공장에서 사용하는 용기의 흐름도 명시해야 한다. 공장에서 사용하는 용기는 공장 외부에서 사용하는 용기와 구분할 뿐만 아니라 원료용, 준제품용, 포장용 등도 쉽게 구분할 수 있도록 모양, 색상, 표시 등을 다르게 하는 것이 바람직하다. 용기를 운반할 때도 원료용, 준제품용, 포장용의 구분이 필요하다. 이동차의 종류에 따라 운송 도중에 바닥의 물이 용기에 닿으면 제품이 세균에 오염될 가능성이 있으므로 바닥에서 떼어 놓아야 하는 높이도 달라진다. 용기 세척기도 따로 설치해야 한다. 세척기 관련 세제 농도가 적정하게 희석되어

에어커튼air curtain 압축 공기를 위에서 아래로 분출시키고 흡입구를 아래쪽에 설치해 공기 유막을 만듦으로써 바깥쪽과 안쪽의 공기 흐름을 차단하는 설비. 건물 등의 개방된 출입구에 많이 사용

있는지, 린스의 온도가 적정한지, 세척기 자체의 세척이 잘 이루어지고 있는지도 품질관리에 있어서 확인 포인트이다.

(6) 기타

비가 오는 날에는 내린 비의 흐름을 확인해야 한다. 지붕이나 주차장은 물론이고 공장 내부에 내린 비가 각각 어디로 어떻게 흘러가는지 잘 관찰한다. 공장을 지을 때 설계가 잘 되었으면 모든 빗물은 수로를 따라 흘러간다. 공장 부지에 내린 비가 강까지 막힘없이 흘러가는지 확인이 필요하다. 이와 관련하여 배수구에 먼지가 쌓여 있지 않은지, 빗물이 고이지 않고 배수가 잘 되는지, 배수관이 갈라진 곳은 없는지 등을 체크한다. 가정에서도 배수구에 낙엽이나 쓰레기가 쌓여 배수에 문제가 생길 수 있으므로 일 년에 1회 정도 배수구를 점검하는 것이 바람직하다. 야구공이 물받이를 막고 있다거나 배수 수로가 넘쳐 공장 안으로 빗물이 침입해 오는 일이 없도록 하고, 공장 내에 물이 고이면 해충 발생 위험이 있으므로 주의해야 한다.

공장 건물 주위에 내린 비가 어디로 흐르는지 확인해야 한다. 빗물이 흘러가는 방향이 문제가 되는 경우가 있다. 예를 들어 쓰레기 출하구에서 쓰레기가 공장 밖으로 나간 후 출하구를 세제로 씻는데, 이때 세제가 섞인 물은 빗물과 별도로 흐르게 되어 있는지 확인해야 한다. 만약 빗물과 섞여 버리면 공장 주변에 떨어져 있는 쓰레기가 배수와 함께 강으로 흘러들게 된다.

주차장에 내린 빗물의 흐름은 물론 주변에 웅덩이가 생기지 않았는지 체크한다. 공장에서 흙길이나 물웅덩이를 지나면 신발이 쉽게 더러워져 결과적으로 공장이 오염될 가능성이 있다. 또한 납품 차량의 타이어 자국은 웅덩이가 되기 쉬우므로 차량의 주행로와 주정차(납품 및 출하 지점 포함) 지점도 체크한다.

7) 일반 위생관리

(1) 방충·방서 관리 사항

해충이나 쥐를 퇴치하는 방충·방서[#]에 관한 담당자를 명확히 하는 것이 중요하다. 일반

방충·방서insect resistance, rat resistance 해충과 쥐로 대표되는 설치류를 예방하고 없애는 일로, 전반적으로 해충이나 설치류 등의 유입이나 번식을 막는 것을 의미

적으로 해충 퇴치는 전문 업체에 맡기고, 업체가 정기적으로 와서 보고서를 제출하는 것만으로 끝난다. 그러나 실효성 있는 관리를 위해서는 매월 모니터링을 실시하고, 해충 퇴치 업체에 전월, 전년 동월과 비교할 수 있도록 자료를 요구한다. 쥐는 공장 안팎에 덫을 놓고, 비래 해충은 포충등, 보행 해충은 접착 테이프를 이용하여 모니터링할 수 있도록 한다. 최적의 서식지조사를 실시하여 공장 내부의 발생인지, 외부에서의 침입인지를 파악하고, 그 대응책을 업자에게 요구한다. 해충 모니터링에 대한 보고 내용은 품질관리 차원에서 검토하고, 매월 정례화한다.

이 밖에도 주차장에서 개가 뛰어놀거나, 자재 창고에서 고양이가 새끼를 낳거나, 공장 처마 밑에 벌집이 있거나, 공장 현관에 제비가 둥지를 틀거나, 비둘기가 날아 들어와 배설물이 떨어지거나, 참새가 자재 창고로 날아들거나, 공장 옆 가로수에 애벌레가 있거나, 자재 창고에 쥐가 갉아먹은 흔적이 있거나, 포장 용기에 작은 벌레가 생겼거나 하는 등 동물로 인한 위해 요소의 예는 많고 다양하다. 그 대응책을 세우는 것은 어렵지만, 공장의 대응책은 명확히 해야 한다. 먼저, 보고를 받은 직후 어떻게 처리할 것인지, 이차 처리에 해당하는 전염병과 관련해서는 어떻게 할 것인지, 삼차 처리로는 재발 방지책을 어떻게 세울 것인지 등을 설명서로 만들어 둘 필요가 있다. 공장에서 사용하는 약제에 대한 MSDS(material safety data sheet)#를 입수하고 그 약제관리에 대해서도 결정해 두어야 한다. 또한 처분 시에는 관청의 허가가 필요한 경우가 있기 때문에 주의해야 한다.

(2) 화장실 시설과 관리방법

화장실은 직원 수 대비 충분한 수가 필요하다. 화장실 시설은 품질관리에 대한 식품 공장의 생각을 가장 잘 알 수 있는 곳이다. 또한 품질관리에 대한 회사의 태도가 직원에 잘 전달, 숙지되어 있는지도 화장실과 작업장을 오갈 때의 태도로 확인할 수 있다. 직원 교육을 제대로 실시해도 화장실 시설이 부족하면 손을 씻지 않고 나오는 직원이 있을 수 있다.

화장실 시설로는 충분한 크기의 세면대, 손 건조장치 또는 일회용 종이 타월, 전용 세제, 알코올, 전용 쓰레기통, 손톱솔(nail brush ; 사용하지 않을 때는 전용 세제에 담가 두어야 함) 등이 필요하다. 텔레비전 드라마를 보면 수술실에 들어가기 전 외과의사가 손톱솔로 손가락 하나하나를 10번 이상 문질러 씻는 것을 볼 수 있는데 그 정도까지는 아니어도 가정에서

MSDSmaterial safety data sheet 화학물질을 안전하게 사용하고 관리하는 데 필요한 정보를 기재한 자료로, 제조자명, 제품명, 성분과 성질, 취급상 주의 사항, 적용 법규, 사고 시의 응급 처치방법 등이 기입되어 있음

의 세척방법과는 다르다는 것을 충분히 교육시켜야 한다. 작업 시작 전과 점심 식사 후, 화장실 사용 후, 휴식 후 작업장에 재입장할 때에 손을 씻을 수 있도록 함은 물론 복도에 세척방법을 게시한다.

시계, 반지, 팔찌 등을 착용한 상태로 화장실 사용은 금지이다. 손을 씻는 데 최소 30초 이상 소요해야 하며, 이 과정을 소화할 수 있는 충분한 크기의 세면대와 하수시설이 필요하다.

(3) 작업자의 작업 전 개인위생관리

① 출퇴근 시 이용하는 자동차 점검

출퇴근할 때 이용하는 자동차도 한 달에 한 번 이상은 점검한다. 축산 농가의 작업자가 소 배설물을 트럭에 실은 채 출근한다거나, 모피와 스웨터 등의 보풀이 이물로 혼입할 수 있으므로 주의해야 한다. 출퇴근 시의 복장, 차량 상태, 사내 복장 등의 규정을 사원 교육 시에 알려 주어 문제가 발생하지 않도록 한다. 본인 동의하에 개인 사물함 안도 검사하도록 한다. 향수 등 냄새가 강한 물건을 소지하는 것은 금지해야 한다.

② 개인위생 상황의 점검

위생관리에 필요한 검사가 정해진 대로 진행되고 있는지, 기록은 정확하게 되고 있는지 점검해야 한다. 공장 안에서 작업하는 사람이 손이 부상을 입으면 세균 오염의 가능성이 있으므로 충분한 주의가 필요하다. 장갑을 끼면 문제없을 공정도 있지만 작업 내용에 따라서는 대응을 바꾸어야 한다. 병이나 발열 증상의 유무, 손톱의 위생적 관리 여부, 액세서리 착용 여부 등을 점검한다. 일과 중 처음 공장에 들어갈 때는 최소한 작업자 간의 상호 점검이 이루어지도록 한다. 가족 중 설사 증상이 있는 직원은 감염 가능성이 있으므로 가열 공정 이후 포장 공정작업에 투입시키지 않는 등의 주의가 필요하다.

③ 직원의 해외여행 여부 확인

최근 해외여행 후에 콜레라, SARS, 이질 등 해외에서 유행하는 전염병에 걸리는 경우가 있으므로 2주 이내에 외국에 다녀온 사람이 있으면 여행국을 포함하여 조사한다. 해외여행 후에 설사를 하는 직원이 있다면 출근 정지가 합당하다. 또한 조류독감, 구제역 등의 발생 국가를 다녀온 사람에 대해서도 충분한 주의가 필요하다. 해외에서 본인이 아닌 가족 중에 열이 있는 사람이 있었던 경우에도 신고하도록 조치해 두어야 한다.

(4) 작업 중 개인위생관리

공장 작업자의 건강이 최종제품의 위생 상태에 영향을 미치는 경우가 있으므로 늘 주의해야 한다. '작업자'라고 함은 공장에서 직접 제품을 제조하는 작업을 하는 사람만이 아니라 원료를 운송하는 사람, 제품을 집하, 운전하는 사람, 영업자까지 공장을 출입하는 모든 사람을 말한다. 이들에게 필요한 것은 첫째, 부상 없이 건강해야 하며 대변검사 등에서 모두 음성일 것, 둘째 물리적으로 깨끗해야 한다. 청결을 유지하기 위하여 매일 목욕하고 매일 옷과 속옷을 갈아입도록 해야 한다. 신입사원 교육 시 개인위생이 품질에 영향을 준다는 사실을 철저하게 가르쳐야 한다. 요즘은 공장 내에서 입는 복장에 속옷까지 지급하고 있는 곳도 있다. 또한 공장 내에서는 절대 해서는 안 되는 행동도 교육시킨다. 금기사항으로 '가래나 침을 뱉지 않는다', '작업장에서 주저앉거나 작업대에 앉지 않는다', '작업장에서 제품을 먹거나 껌, 사탕을 먹지 않는다', '작업장 주변에서 담배를 피우지 않는다' 등이 있다.

품질관리 심사팀의 팀원은 현장에서는 늘 주의를 기울여야 한다. 무심히 걷다가도 비위생적인 행위를 하는 사람을 발견하면 즉시 주의를 주어야 한다. 품질관리 관계자가 현장에 있는 것만으로 작업자들이 긴장하게 된다면, 공장의 위생 수준은 한 단계 향상된다. 작업자들은 작업복과 모자를 정해진 대로 착용하고 있는지, 모자에서 머리카락이 나오지 않았는지, 마스크를 코까지 덮고 있는지, 신발이 더러워지지 않았는지, 향수 냄새가 강하지 않은지 등을 본인은 물론이고 주변의 작업자들까지 점검하고 확인해야 한다.

위생 상태에 대한 주의가 필요한 포장실에서는 손을 씻는 횟수와 장갑의 교환 빈도도 꼼꼼히 확인한다. 예를 들어 바닥에 떨어진 음식을 줍고 장갑을 교체하지 않고 계속 작업하는 것을 보면 즉시 엄격하게 주의를 주어야 한다. 또한 작업자의 모발검사가 규정대로 실시되고 있는지도 확인한다. 1시간에 1회 작업자끼리 모자 밖으로 머리카락이 나와 있지 않은지를 확인하기로 결정했다면, 그대로 실천하고 있으며 이를 기록하고 있는지는 품질관리자가 점검한다.

(5) 손 세척관리

손 씻기는 위생에 있어서 기본 중의 기본이다. 정성스럽게 손을 씻으면 손의 세균을 제거할 수 있다. 정확한 손 씻기 방법을 소개하면, 비누(액상 비누)를 손바닥에 올리고 물에 적셔 손가락에서 팔꿈치 위까지 골고루 비누를 묻힌다. 거품을 내어서 흐르는 물에 씻는다. 액상 비누로 세척한 후에 멸균하여 둔 손톱솔에 소독약 비누를 묻혀 손톱 주위를 문질러 닦는다. 손톱 사이에 오물을 남지 않도록 주의한다. 손바닥도 솔로 충분히 마찰을 가하며 문지른다. 손톱솔로 손가락 하나하나를 문지른 후에 손가락을 벌려 손가락 사이도 충분히 닦아 낸다. 손목의 안쪽과 바깥쪽도 모두 손톱솔로 충분히 문질러 씻는다. 팔목 위부터 팔꿈치까지 솔로 충분히 문질러 닦는데 특히 팔꿈치 부분을 꼼꼼히 문지른다. 팔꿈치 관절의 주름을 펴고 관절부에 얼룩이 없도록 솔로 문질러 준다. 팔꿈치 위로 5~6 cm 정도 위까지 솔로 문지른 후에 팔뚝 위에서 흐르는 물로 말끔히 헹군다.

8) 제품 위생관리

(1) 작업 표준 매뉴얼

작업 표준 매뉴얼*은 단순히 배합이나 제조 설비의 작동방법 등을 명시하는 경우도 있지만, 배합표 등에 나오지 않는 숙련된 작업자의 고유 기술 등이 기록된 것도 있다. 작업 표준 매뉴얼을 만들 때는 현장에서 직접 사용하는 작업자에게 맡겨 원료 사용, 온도관리 등 현장에서의 내용만 기록하기 쉬운데, 현장 관리부서가 협력하여 확실하고 정밀한 매뉴얼을 작성하는 것이 중요하다. 특히 원료의 혼합으로 알러르기 표시 등에 문제가 없도록 매뉴얼을 작성하고, 품질관리자의 관리하에 현장작업이 이루어지는 것이 중요하다.

예를 들어 소시지 반죽을 만드는 공정의 작업 표준 매뉴얼에 "미리 커터 볼에 얼음을 넣고 볼을 차게 해 둔다."라는 내용은 현장 작업자의 고유 기술에 속하는 것이다. 이러한 작업자의 노하우를 매뉴얼에 적어 넣는 것은 매우 중요하다. 작업 표준 매뉴얼에는 '소금을 투입'으로 기재되어 있지만 실제 현장에서 확인하면 아무 표시도 없는 봉지에 든 백색 분말을 투입하는 장면을 볼 수 있다. 다른 것을 넣는 실수를 없애려면, 사전에 소금을 ①이라고 정해 놓고 계량실에서 ①이라고 기재하면 현장에서도 ①이라는 표시를 확인하고 투입하는 습관을 가질 수 있도록 한다. 배합이 진행되면 마무리 상태를 확인한다. 계기판을 통해 수치로 확인할 수 있는 항목은 반드시 숫자로 표시한다. 음식의 맛도 혀에 의존하여 맛보기만으로 마무리하는 경우가 있는데, 당도계나 염분 측정기와 같은 기구를 사용해 수치로 확인해 기록하는 것이 중요하다.

이상 값이 나왔을 때는 상사에게 즉시 보고하여 조치를 하도록 하고 그 내용을 매뉴얼

작업 표준 매뉴얼operation standard manual 생산에 필요한 사람, 작업조건, 작업방법, 관리 기준 및 방법, 사용 재료, 사용 설비, 기타 주의 사항 등에 관한 기준을 규정한 매뉴얼. 각 공장에 따라, 사용하는 사람, 즉 생산 라인의 관리자, 감독자, 작업자 등에 따라, 규정되어 있는 내용 등에 따라 차이가 있음

에 명기한다. 매뉴얼대로 작업이 진행 중인지를 확인하는 것은 품질관리자가 담당한다.

(2) 제품검사 매뉴얼# 관리

① 세균검사, 이화학검사 등 검사 대상은 목록표로 파악

공장 내에서 실시하는 검사에 대해서 대상 제품, 검사 빈도, 대상 검사 항목, 판정 기준 등은 명확하게 목록을 만든다. 공장에서 생산하는 제품의 특성에 따라 빈도를 결정해야 하며, 검사 능력에 따라 검사 빈도를 결정하는 것이 중요하다. 법률에 따라 세균검사 결과를 확인하고 출하 판정을 받은 후 제품을 내보내야 한다. 외부 검사를 하는 경우도 있지만, 대부분의 식품은 자체 검사를 한다.

② 공정검사로서 공정의 개선을 알 수 있게 진행

공정검사는 검사 결과가 이전 검사 결과와 비교할 수 있도록 한다. 전처리실 도마의 세균 수가 전날은 그램(g)당 1만 개였던 것이 오늘은 100만 개라면 세척이 불충분했을 것이다. 검사 결과의 변동은 일별, 월별, 연간별로 파악하는 것이 바람직하다.

③ 위생 수준 맵(MAP)을 만들어 변화 확인

먼저, 공장의 도면(평면도)을 준비한 후

- 도면에 낙하 균 검사 결과를 기재한다. 가능한 한 정확한 데이터가 나올 수 있도록 인위적으로 공기를 모으는 방법을 추천한다.
- 도면에 작업장의 위생 수준이 설계 수치대로 되어 있는지를 확인한다.
- 바닥의 세균 수준, 작업자 손의 위생 수준, 작업자 신발의 위생 수준은 물론 작업복이 직접 닿는 표면의 위생 수준을 공장의 도면에 기재해 놓으면 공정을 개선할 때에 매우 유용하다. 이러한 MAP 작성 과정의 준비 사항으로 공장의 평면도, 수집 시료의 검사 결과, 낙하 균 검사 결과, 최종제품의 검사 결과가 필요하다.
- 공장 평면도에 각 검사 결과를 나타내는데 문구점 등에서 판매하는 다양한 색상과 크기의 동그라미 스티커를 이용한다. 먼저, 스티커를 붙이는 원칙을 설정해 매뉴얼로 만들어 준비하고, 해당 내용에 맞추어 붙인다. 보통은 문제가 없는 곳은 파란색, 균이 발견된 곳은 보통 크기의 빨간색, 세균 수가 많은 곳은 크기가 큰 빨간색을 붙여 구분한

제품검사 매뉴얼product inspection manual 제품검사는 최종제품을 대상으로 실시하는 검사로 대부분 출하 직전에 이루어지는데, 이때 사용하는 기준 규격을 명시해 놓은 매뉴얼

다. 이런 식으로 위생 수준 맵을 매달 만들어 관리하고, 지난해 같은 달이나 전월의 맵과 비교하여 위생 상황의 변화 등을 확인한다.

(3) 제품 사고 발생 시의 대응 매뉴얼 관리

제품 사고가 발생했을 때의 대응 여하에 따라 기업의 존폐가 갈리기도 하므로, 공장 내외의 대응 매뉴얼이 필요하다. 고객의 클레임이 제기되었을 때나 회사에서 사고가 일어났을 때의 대응 방안에 대한 사전 검토를 충분히 하고, 그에 대한 매뉴얼을 마련한다. 사내 부정행위가 확인될 경우 관계자에게 보고하여 대응 여부와 그 내용에 대한 것도 검토해 매뉴얼화해 둔다. 사고가 발생했을 때는 사안에 따라 적절하게 대응해야 하고, 클레임은 정해진 매뉴얼에 따라 대응한다.

(4) 과거의 사고 및 클레임에 대한 데이터 관리 상황

항상 전체 상황을 파악할 수 있는 데이터 관리가 중요하며, 식품 공장의 품질관리를 위해 모든 사고와 주장을 파악, 분석해 둘 필요가 있다. 사고 분석은 재발 방지책에 이어 품질관리의 기초가 된다. 공장 안팎에서 발생하는 사고를 물리적·화학적·생물학적 위해, 해충 퇴치, 표시 실수 등으로 분류하고, 분류 사고 항목에 대한 발생 건수를 취합해 둔다. 사고 발생 시 실행한 사고 대책과 재발 방지책을 추후에도 확인할 수 있도록 정리한다. 정리는 위험별로 분류하고 사고 대책에 관한 행동이 전체의 60% 이상 차지하도록 노력한다. 금속 이물질 등은 치명적인 위해가 되므로 발생 건수에 관계없이 신속하게 대처하는 것이 중요하다.

모든 사고는 사례별로 언제든지 확인할 수 있도록 한다. 금속 등의 이물질은 현물을 수거, 보관해야 한다. 고객의 클레임일 경우 그 이물질은 어디까지나 고객 소유이므로, 회수할 때는 양해서를 작성함은 물론이고 사전에 '분석으로 해당 물질이 없어지거나 파괴될 수도 있음'을 양해 구하고 동의도 얻은 후에 분석해야 한다. 공장에서 금속 탐지기, X선 탐지기 등으로 발견한 이물질도 현물을 보관해 둘 필요가 있다. 사고에 대해서는 매일 업데이트할 수 있도록 한다. 발견된 이물질의 보관기간은 최소한 해당 상품의 유통기한까지로 하는데, 유통기한이 1년 미만인 경우에도 최소 1년은 보관할 필요가 있다. 이물 보고표에는 발생일, 공정명, 이물질명, 발견 과정, 개선책 등의 기록과 함께 사진을 첨부한다. 내부 정보뿐만 아니라 타산지석으로 삼을 만한 타사 사고에 대한 정보도 수집한다. '샷 건 구슬 블

루베리에 혼입', '참치 캔에 칼날 혼입'과 같은 사례를 직원에게 전달하고, 자사 공장에서 발생할 가능성 여부를 확인한다. 이와 관련한 품질관리와 사고 재발 방지책이 현장에서 확실하게 실시되고 있는지는 일상관리에서 확인한다.

(5) 품질관리자의 권한과 의무

품질관리자는 생산 전반에 대한 전권을 가지고 점검을 한다. 청소가 불충분한 상태에서 작업을 시작하려고 하는 공정을 발견했다면 품질관리자는 청소가 끝날 때까지 작업 시작을 미루도록 지시하고 청소 상태를 점검한 후에 작업 개시를 지시한다. 품질에 관한 전권은 품질관리 심사팀이 독립적으로 가지고 있음을 인정해야 한다. 품질관리 심사팀의 팀원들은 책임감을 가지고 현장에서 직접 확인하는 일상 점검을 철저히 해야 한다. 이러한 방향의 정책은 공장장이 정책적으로 설정해야 한다. 현장의 문제점이 개선될 때까지는 제품 생산을 중단하는 결정을 내리는 권한을 가지는 것은 매우 중요한 점이다.

(6) 세균검사

제품의 안전을 보장하는 검사와 현장의 개선을 촉구하기 위한 검사로 나뉜다. 제품 안전에 대한 세균검사는 최종제품의 안전성을 보장하는 세균 검체검사와 공정관리의 문제점을 찾기 위한 세균검사가 있다. 세균 검체검사에는 출하 판정을 위한 검사와 유통 공정기간을 보장하는 검사가 있다. 소비 기한이 짧은 제품은 출하 판정을 기다릴 시간이 없기 때문에 세균검사 결과가 나오기 전 출하하게 된다. 이때 검사 결과가 나쁘면 제품을 회수해야 한다. 따라서 언제 제조하고, 어디서 고객에게 제공된 것인지를 알 수 있도록 출하 후 제품의 이동을 추적할 수 있도록 한다. 공급 원료가 규격대로 세균 수 이하로 공급하고 있는지 등의 공정관리를 위한 세균검사는 월 1회 이상 필요하다. 이때 원료에 식품첨가물, 보조제 등의 포함 여부도 확인한다.

현장시설을 개선하기 위한 검사로는 현장의 낙하 세균검사, 용수검사, 작업대 등의 세척 정도를 확인하는 검사 등이 실시된다. 이들 검사는 결과가 드러나기 쉽도록 배지의 농도를 보통의 검사보다 진하게 하여 세균 검체의 양을 많게 하는 방법 등이 필요하다. 검사를 실시한 후 결과가 '부적절'인 경우에는 집중적으로 그 공정에 대한 확인검사를 실시한다. 피스톤과 같은 시설은 아침의 세균검사에서는 균이 나오지 않았으나 피스톤을 여러 번 이동한 후의 검사에서는 피스톤 속에서 균이 검출되는 경우가 있다. 이러한 가동 설비는 가동

전후에 각각 확인해야 한다. 공정 개선을 위한 세균검사는 특정 공정에서 집중적으로 실시하게 된다. 작업자의 손, 낙하 균, 시설, 중간제품, 슬라이스 후 제품 바닥, 장화, 사람의 손이 닿을 수 있는 문고리, 전화의 수화기 등을 검사하게 된다. 세균검사의 결과와 제품검사에서 나온 균의 종류를 식별하고 오염원을 찾도록 한다. 최근에는 균종을 자동으로 판정할 수 있는 기계도 개발되었다. 균이 어디서 와서 오염이 발생했는지, 살균 공정에서 왜 사멸되지 않았는지, 왜 기준치를 초과했는지와 대상 균종을 검토하여 개선하도록 한다.

(7) 공정 확인

품질관리자는 일상적인 관리로 현장을 확인한다. 일상적 검사로만 끝내지 않고 오감을 모두 동원하여 공정의 검사를 하도록 한다. 최우선으로 확인해야 할 것은 시설 및 설비의 파손 상황이다. 벽의 타일이나 문의 유리 파손 등은 확인 즉시 그 장소에서의 작업을 금지하고 파편을 모두 찾을 때까지 생산을 중단한다. 유리 등의 파편은 퍼즐처럼 맞추어 확인하는 것이 중요하다. 생산시설의 어느 한 부분이 빠진 상태로 돌아가는 것을 확인한 경우에도 그 부분을 찾을 때까지 생산을 중단해야 한다. 작업자는 작업 종료 시 또는 작업 시작 전에는 항상 나사가 빠졌거나 파손된 부분이 없는지 직접 점검해야 한다.

제조 부문이 바쁘게 돌아가면, 원래 포장된 재료는 포장을 풀고 내용물만 반입해야 하는 것이 규칙인데 포장한 채로 재료를 반입하기도 한다. 외포장에는 공장 외부의 먼지, 벌레 등이 붙어 있을 수 있어서 아무리 생산이 급해도 절대 반입해서는 안 된다. 품질관리자는 이런 상황을 확인하면 주의를 주어야 한다. 마찬가지로 각 공정마다 사용할 수 있는 용기가 정해져 있다. 그런데 생산량이 늘어나면 사용해서는 안 되는 용기를 사용하는 경우가 있다. 또한 용기의 세척 기준을 위반하거나 세척되어야 할 살균이 세척되지 않은 채 재사용되는 예도 있다. 이러한 사고를 방지하기 위해서는 세척 전후의 쌓는 방법을 달리하는 등 누가 봐도 세척한 도구임을 구분할 수 있도록 하는 규칙 등이 필요하다. 가열 전후의 제품이 구분 없이 놓여 있어 잘못 발송하는 등의 실수가 일어나지 않도록 하는 것도 중요하다. 육안으로 확인해도 가열한 제품임을 알 수 있도록 표식을 하여 구분한다. 즉, 가열하면 색이나 크기가 변화하는 꼬리표를 장착하는 것도 하나의 방법이다.

(8) 측정기의 교정 상태 관리

시계가 5분 늦게 가는 것을 몰라 예매해 놓은 기차를 놓친 적이 있는가? 이처럼 기기란 점검을 하지 않으면 오차가 발생할 수 있다. 식품 공장에서 사용하는 각종 기기 역시 매일 오차가 없는지 점검하고 제대로 교정해야 한다. 가열 시의 중심온도가 1°C만 높아도 제품은 완전히 다르게 완성된다. 중심온도는 미묘할 것이 없다고 생각하는 사람도 있겠지만, 단백질의 응고는 매우 미묘하여 최종제품의 맛이 달라진다. 중심온도 1°C 차이로 보존성도 달라진다. 이러한 오차를 줄이기 위해서는 온도계의 교정이 필요하다. 현장에서 사용하는 중심온도계를 매일 교정하는 공장은 드문데, 매일 작업 시작 전에 표준온도계로 교정하는 것이 바람직하다. 보통, 냉각온도를 측정하는 온도계는 10°C 물에서 교정하고, 가열 중심온도를 측정하는 온도계는 70°C 정도의 물에서 교정한다.

온도계 외에 자동 포장기계에 붙어 있는 계량기와, 무게검사기 등 무게를 측정하는 장비 등 공장 내에는 수많은 측정 장비가 있다. 계량기 등에 이물질이 끼면 정확한 계량을 할 수 없으므로 기준의 정기적인 교정이 필요하다. 교정에 사용하는 기준, 표준온도계 등은 정확성을 위해 최소 1년에 1회 이상 전문 업체에 의뢰하여 점검, 보정해야 한다, 또한 기준 분동 등을 보관 또는 취급할 때는 습도를 관리하고 물리적 충격을 받지 않도록 충분한 주의를 기울여야 한다. 공장 내에서 측정기를 교정한 결과는 매일 빠뜨리지 않고 기록한다.

(9) 금속 탐지기의 관리

검사를 위한 금속 탐지기가 설치되어 있는데 테스트 피스(test piece)가 없는 경우가 있다. 규칙대로 금속 탐지기를 설치했지만, 사용법은 모른다는 뜻이다. 이렇게 극단적인 예는 흔하지 않겠지만, 금속 탐지기는 쓰기에 따라 그 효과가 다르므로 매일 충분한 조정이 필요하다. 금속 탐지기는 염분이나 첨가물이 포함되는 배합 공정을 거치면 염분이나 첨가물의 영향으로 금속 감지 정확도가 떨어지므로 원료 단계에서 사용하는 것이 효과가 좋다. 특히 육류는 원료 단계에서 금속 탐지기, X선 탐지기로 뼈 등의 이물질도 찾아내 제거할 수 있다.

금속 탐지기의 교정은 테스트 피스로 한다. 테스트 피스는 일반적으로 철(Fe), 스테인리스 스틸(SUS) 2종류이다. 단순히 금속 탐지기에 테스트 피스를 통과시켜 볼 수도 있지만, 제품 용기에 넣어 통과시키면 보다 정확한 교정이 가능하다. 이에 더하여 제품과 테스트 피스를 혼입시킨 것을 흘리면 더 정확하다. 금속 탐지기는 신뢰할 수 있도록 교정해야 한다.

금속 탐지기의 사용과 관련하여 품질관리자는 불량 판정받은 제품을 어떻게 다루고 있는지를 먼저 확인해야 한다. 금속 탐지기를 통과하지 못해 불량 판정을 받은 것을 다시 금속 탐지기를 통과시켜 사용하는 공장이 많은데, 일단 불량 판정을 받은 것은 사용하지 않는 것이 원칙이다. 불량 판정을 받은 것은 전체 작업이 끝난 후 금속 탐지기에 여러 차례 흘려 이물질을 찾아내야 한다. 나사, 커터 칼날, 금속 파편 등이 발견된 경우에는 그 공정의 모든 출하를 중지하고 이물질이 발생한 지점을 찾아내야 한다. 발견된 이물이 볼트라면 너트 등 부속물이 있을 수 있다. 모든 이물질을 발견하지 못하면 동일 공정, 동일 로트는 출하를 중단하고 여러 번에 걸쳐 금속 탐지기를 통과시켜 이물질 전부를 퍼즐 맞추듯 찾아내지 못하면 해당 제품들에 이물질이 들어간 것으로 간주하여 모두 폐기 처리해야 한다. 이러한 현장의 대응 과정을 품질관리자가 확인, 검사해야 한다.

(10) 청소 상태 확인

품질관리는 세척 사이클(그림 3-8)이 돌고 있는지를 확인한다. 포인트는, 사이클 자체가 돌고 있는지, 세척 후 조립 후 세척 상태 확인 및 세균검사, 그리고 상황이 나쁜 경우 개선할 수 있는지를 매일 확인한다.

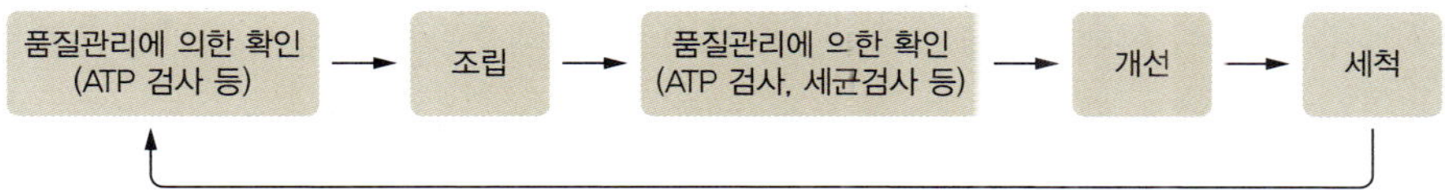

그림 3-8 **세척 사이클**

기구, 설비에 대한 세정은 작업 종료 후에 실시하며 세척이 제대로 진행되는지는 육안으로 확인한다. 세척이 끝난 후 ATP(아데노신 3인산)를 사용하는 키트로 단백질의 세척 여부를 점검한다. 세척 종료 시점에는 살균제 등이 남아 있을 수 있으므로 세균검사는 다음날 아침 조립 후에 실시한다. 사용 개시 이전의 시료 채취검사에서는 일반 세균 수, 대장균 군을 측정한다. 설비가 회전하는 경우에는 가동시킨 후 측정해야 하는데, 회전을 시작하면 회전 부분의 세척이 불충분할 경우 균이 검출될 수 있기 때문에 주의가 필요하다. 포장 공정의 설비는 그 설비를 통과시킨 전후의 제품검사가 유효하다. 예를 들어 햄 절단기의 경우 슬라이스 이전 햄과 이후 햄의 세균검사를 실시해 세균 수를 비교하면 절단기의 오염 여부를 명확히 알 수 있다.

세균검사, 육안검사 등에서 이상치가 나오면 세척방법에 대한 검토를 한다. 검출된 균이 열에 약한 세균이라면 균을 시험관에 넣고 현재의 세척 살균조건에서 세균이 사멸하는지를 확인한다. 살균에 사용하는 염소 같은 살균제 농도의 적절성도 검토한다. 세척살균 후에 장비를 보관하는 위치의 적합 여부도 낙하 균 검사로 검증한다.

청소 전문팀에 청소를 의뢰하는 공장도 있다. 생산팀의 작업이 끝나는 대로 청소 전문팀이 청소를 하는 식이다. 패스트푸드 매장 중 심야에 청소 전문팀이 청소를 하는 곳도 있다. 청소 전문팀이 청소를 하면 생산팀은 생산에 집중할 수 있어 작업 효율이 오르게 된다. 양 팀 모두 작업에 적합한 복장을 할 수 있기 때문에, 제조 생산효율, 위생 상태가 개선될 수 있다.

(11) 해충관리

품질관리자는 일상 점검에서 해충이 공장으로 침입할 수 있는 모든 여지를 확인한다. 작업하면서 일일이 여닫는 것이 귀찮다고 스윙 도어나 문을 열어 놓는 것을 흔히 볼 수 있다. 문이 열려 있으면 당연히 해충이 침입하게 되므로 이러한 행동은 단속해야 한다. 작업 종료 후에는 휴지통이 비어 있는지도 확인한다. 작업이 끝난 작업장에 해충이나 동물이 침입해도 먹을 것(음식 찌꺼기)이 없도록 한다. 모기 같은 해충이 서식하면 거미도 꾀므로 주의한다. 거미줄이 있는 포장실에서는 위생복장과 마스크를 갖추고 작업한다고 해도 위생적이라 할 수 없다. 공장에 침입하는 비래 곤충을 포획하기 위해 포충기를 각 작업장에 설치했지만, 포충기 전구가 끊어진 것을 종종 볼 수 있는데 이는 포충기가 장식품에 지나지 않는 것이다. 포충용 테이프에 벌레가 많이 붙어 있는 경우도 효과가 없기는 마찬가지이다. 이 역시 관리자의 손길이 필요한 부분이다. 출입 차량에 의해 귀뚜라미 등 해충이 침입할 수도 있다. 원료나 제품을 배달 차량에 싣고 내릴 때에는 트럭과 하역장 사이의 간격이 없도록 하라고 교육을 시켜야 한다.

(12) 공장 내 이취관리

공장 안팎의 냄새 원인은 여러 가지가 있으므로, 냄새의 출처를 충분히 이해해야 방비책도 세울 수 있다. 냄새의 요인은 크게 5가지가 있다.

① 직원 유래 : 직원이 계분 등 냄새물질을 차에 싣고 공장 내로 들어오거나 주차장을 이용하는 경우 등으로, 인근 주민의 악취 클레임이 들어올 수 있다.

② 재료 유래 : 튀김이나 감자칩 요리 냄새 등 조리방법이나 재료로 인한 냄새들이 해당한다. 재료를 연상할 수 있어 클레임이 들어오지는 않겠지만, 가급적 굴뚝 등을 높게

하여 배기가스를 높은 곳에서 배출하도록 한다.

③ 약품 유래 : 공장에서는 살균제, 세제 등 다양한 약품을 사용하는데, 이를 다량으로 사용하거나 공장 밖에서 사용하면 악취의 요인이 될 수 있다.

④ 설비 유래 : 시설 또는 설비 자체의 냄새로, 대표적인 예로는 고무 제품, 도장했을 때의 페인트 냄새 등과 곰팡이 냄새를 들 수 있다.

⑤ 환경 유래 : 폐수 처리시설에서 흘러나오는 악취, 배수 설비의 가동이 순조롭지 않은 정화조 냄새, 빗물이 고였다가 부패하면서 내는 악취 등이 있다.

(13) 클레임 처리

최근에는 클레임 정보를 데이터베이스화하는 공장이 많다. 클레임의 원인이나 처리방법 등을 물어 오는 고객에게 PC를 이용하여 바로 답변해 주는 정보 체계를 구축하는 것이다. 클레임은 무엇보다 올바른 대응이 중요하며, 적절하게 대응하지 못하면 2차, 3차 클레임으로 이어지는 경우가 발생할 수 있다.

① 클레임의 접수

창구에서는 접수 발생 날짜와 시간을 반드시 기록하고, 전화는 가능한 한 클레임 전용 접수 전화를 두고 기록을 남기기 위해 녹음할 수 있도록 한다.

② 클레임 접수표의 작성

클레임 접수표를 작성하는데, 정보를 어디까지 공유하며 외부로 발설되는 정보를 어떻게 취급해야 하는지 등을 정해 놓고 확인한다.

③ 불량제품의 회수

불량제품은 24시간 이내에 회수하는 것이 기본이다. 공장에서는 대체품 생산을 어떻게 할지를 검토한다.

④ 원인 분석

재발 방지를 위하여 원인을 철저히 분석한다.

⑤ 재발 방지책 마련

클레임 재발 방지책을 세우고 즉시 시행할 수 있도록 분류, 판단한다.

⑥ 관계자 보고

클레임에 대한 해결을 현장에서 바로 할 수 있는지, 시간이 좀 걸리거나 장기간에 걸친 대책이 필요한지에 대해 판단하고 관계자에게 보고한다.

⑦ 클레임 접수표의 기입 종료

클레임 대처 완료 시점에 관계 서류 작성을 완료하여 공장장에게 확인을 받는다.

⑧ 매주 보고

매주 월요일에 지난주의 클레임 상황, 해결 실적, 문제점 등을 정기적으로 보고하는 것이 중요하다.

(14) 클레임의 분석

식품 관련 클레임은 '부패'와 '이물 혼입'으로 크게 구분된다. 부패는 부패균에 의한 것과 화학물질 혼입으로 인한 악취인 경우가 있다. 이물 혼입은 금속, 수지, 생물 이물질 등이 있다. 클레임 제품을 회수 분석하려면 현품을 파괴, 검사해야 하므로 고객에게 분석을 위해 현물의 파괴 및 검사하는 취지와 분석방법 등을 분명하게 전달해야 한다. 공장 내부에서 분석하든 외부 분석기관에서 분석하든 그에 대한 결과를 전해 주어야 한다. 이 절차를 소홀히 하면 새로운 클레임의 요인이 된다.

공장에서 분석할 경우 먼저 현미경으로 사진을 찍는다. 부패균은 균의 동정시험을 통해 공장의 균종과 원료의 균종을 비교하여 어느 공정에서 문제가 비롯되어 부패했는지를 확인한다. 공장에서 쉽게 하는 검사 중에 카탈라아제 검사가 있다. 곤충, 인모 등 생체반응이 있는 것은 가열 공정 이후 혼입되면 반응을 보이는 것으로, 과산화수소를 넣은 시험관에 곤충을 넣으면 거품이 생긴다. 완전 포장된 상태로 살균되는 제품의 경우에는 소비자 쪽에서 이물이 혼입되었을 가능성이 높다. 금속 이물질은 불꽃반응으로 확인할 수 있다. 공장에서 이물질 등의 식별이 가능할 경우 신속하게 답변할 수 있지만 내부에서 이물질을 파괴하게 되므로, 최근에는 제3의 검사기관에서 분석하여 인증서를 보고서에 첨부하는 경우가 늘고 있다. 또한 분석기계의 가격이 비싸고 유지관리가 어려우며 분석 정확도가 낮은 것도 외부 분석기관에 의뢰하는 빈도를 높이는 이유 중 하나이다.

일반 분석기관에서는 냄새에 대해서 가스크로마토그래피를 사용하고, 화학약품 혼입으로 인한 이취도 원인물질을 추정할 수 있다. 금속 또는 수지 이물질도 형광 X선 분석, 적외선 분광 분석기를 사용하여 확인할 수 있다.

(15) 재발 방지 대책

클레임이 발생하면 직원에게만 책임을 묻고 시스템 개선은 하지 않는 공장도 있다. 담당자 역시 "꼼꼼히 살필 시간이 없다.", "설비 기계가 오래되어 어쩔 수 없다."고 발뺌하기 급급하다. 이런 경우에는 사태의 개선을 기대할 수 없다. 클레임 고객에 대한 보고는 48시간 이내가 기본이다. 대응책을 마련하고, 실제로 현장에 적용하기까지도 48시간 이내이다.

"레토르트 상품이 부풀어 오르는" 불만 제기에 대한 대응책을 생각해 보자. 레토르트 상품이 부풀어 오르는 이유는 살균의 문제이다. 살균이 부족하거나 되지 않은 경우로, 살균한 것으로 착각하고 미살균제품을 출하했거나 가열살균 과정을 잊어버리는 등의 단순 실수에 의한 사고 빈도가 높다.

재발 방지책을 세울 때는 즉시 반영할 수 있는 것, 다소 시간이 걸려야 할 수 있는 것, 장기간에 걸쳐 할 수 있는 경우로 나누어 생각한다. 경우에 따라서 공장의 개축 또는 신설이 개선책일 때는 시간이 더 걸릴 수도 있다. 즉시 반영할 수 있는 것으로는, 점검표를 검사 담당자와 포장 담당자가 모두 확인하는 것이다. 지금까지 한 명이 체크했던 것을 공정 전후 담당자가 교차 확인하는 것이 가장 빠른 대응 방안이다. 단, 확인 인원수가 너무 늘어나면 책임이 분산되어 효과가 줄어든다. 1주일 이내에 반영할 수 있는 방안은, 살균 수에 따라 색상이 변화하거나, 가열하면 필름이 줄어들거나 물성이 변하는 꼬리표를 부착하는 것이다. 꼬리표의 변화 여부로 살균을 확인할 수 있다. 장기적인 대책으로는 살균이 되면 색깔이 변하는 포장재로 교체하는 것이다. 또한 새로 공장을 세울 때에 살균 전 카트와 살균 후 카트를 두는 장소가 구분되도록 공장 내의 제품 이동 동선을 감안하여 설계하는 것도 한 방법이다.

9) 위생관리 수법

식품 산업에서 안전하고 품질 높은 식품을 소비자에게 제공하는 것은 사회적 책무이다. 이를 위해서는 원료의 생산·구매 단계에서부터 제조, 가공, 유통·판매 그리고 조리, 소비에 이르는 모든 단계에서 위생관리는 무엇보다 중요하다.

최근에는 식생활도 글로벌화가 진행되어 식품의 수출입 기회가 현저하게 늘어남으로써 국가 간에 공통된 식품 안전 보장에 관한 시스템 구축의 필요성이 대두되고 있다. 식품의 안전성 확보를 위한 위생관리는 소비자에게 안전한 식품을 제공하는 것이 주된 목적이지만, 기업의 자발적 방어의 의미도 포함하는 중요한 사안이다. 식품의 위생관리와 관련된 GMP, GAP, SSOP, HACCP 및 ISO 22000에 대하여 간단히 설명하기로 한다.

① GMP와 SSOP

GMP는 good manufacturing practice의 약자이며, '우수 식품·의약품의 제조·관리의 기준'으로 번역한다. GMP는 1963년 미국식품의약국(FDA)이 의료기관이나 환자에게 고도의 안전성과 품질을 지닌 의약품을 제공하기 위해, 원료 입고에서 최종제품의 출하까지 제조공정의 전 과정에 걸쳐 제조관리 및 품질관리 기술 기준을 정한 것이다. 이 개념은 국제적으로 받아들여져 1969년에 세계보건기구(WHO)에서 GMP의 개념을 채택하고, 각국에 대해 GMP의 채용 및 국제 무역에서 의약품 품질을 증명해야 하는 경우에 GMP를 적용할 것을 권고하였다. 식품은 1969년 FDA가 GMP를 다양한 식품의 제조에 적용하였다.

GMP와 SSOP(sanitation standard operating procedure, 위생 표준작업절차서)를 조합한 것이 일반적 위생관리 프로그램이며, 그 위에 HACCP 시스템이 존재한다. GMP는 시설, 설비 등의 요소가 강한 반면, SSOP는 그 관리에 중점을 두고 있다. 제조자의 자주적 관리를 이미지화하고 실제 운용 면에서 소프트웨어적 요소로서 SSOP는 일반적 위생관리 프로그램의 절차를 나타낸 문서로, 작업 담당자, 작업 내용, 실시 빈도, 실시 상황의 점검 및 기록방법을 구체적으로 기재하고 있다. 이에 따라 종사자도 이를 준수하고, 그 기록 등에 의해 실제 상황을 확인할 수 있어야 한다. SSOP에 포함된 내용은 모두 실행 가능한 것으로, 과학적·기술적 뒷받침이 있어야 한다. 문서는 누가 봐도 알 수 있는 글과 도표 등을 사용해 가능한 한 간단하고 보기 쉬우며 편리하도록 작성하는 것이 바람직하다.

② GAP

유엔식량농업기구(FAO)는 GAP(good agricultural practice, 우수농산물관리제도)의 의미를 "안전하고 건강한 식품과 비식품에 관한 농장에서의 생산 과정과 생산 후 과정에서 환경, 경제, 사회의 지속 가능성을 도모하기 위해 얻은 지식을 활용하는 것"이라 정의하였다, 즉, GAP는 식품의 안전성 확보와 환경 부하 저감을 위한 농업 생산방식과 그 기준 등 합리적인 농업 생산방법을 규정하는 행동 규범이다. 식품 안전을 위협하는 원인으로는 식품 원재료의 제조·가공 단계에 존재하는 위험도 포함된다. 예를 들어 유럽에서 상추와 시금치 등이 병원성 미생물에 오염되어 식중독 사고가 발생한 사례가 있었다. 따라서 식품 원재료의 생산에서 유통, 제조, 가공, 판매, 조리, 소비의 모든 단계에서 식품의 안전성을 확보하기 위해서는, 농작물의 생산 단계에서의 위험관리는 매우 중요하다. 이에 농산물의 생산 단계에서 병원성 미생물이나 오염물질, 이물질 혼입 등 식품 안전을 위협하는 위험을 분석하고 재배에서 수확, 포장의 과정뿐만 아니라 수확 이후의 세척, 선별 결과, 보관, 저장, 화물 운송에 이르는 각 공정에서 식품 안전 위해를 최소화하기 위한 관리방법을 정리한 것이 식품 GAP(식품 안전 GAP)이다.

농업 생산방법은 농작물의 종류나 생산 현장의 특양과 기후 등의 조건에 따라 크게 다르고 위험 요인과 관리방법도 다양하므로, 생산 현장에 맞는 GAP 수립이 필요하다. 일반적으로 식품 GAP은 농지의 적정 유지관리, 법령 등의 준수, 수확물의 위생적 취급, 작업 기록관리의 4요소가 중요하며, 식품 GAP를 제대로 실천하기 위한 교육과 훈련 또한 매우 중요하다.

③ HACCP 시스템에 의한 식품 위생관리

HACCP[#]은 Hazard Analysis and Critical Control Point의 약자이며, 식품의 위생관리 시 관리 시스템의 국제 표준으로 '위해요소 중점관리기준'이라 번역한다. HACCP 시스템의 구성은 1960년대 미국의 우주선 아폴로 호 발사 계획 때, NASA가 우주식품의 안전성 확보를 위해 구축한 것으로, 당시까지 실시되던 최종제품의 추출검사에 의존하는 품질관리 기법과는 달리 식품 제조의 전 공정을 모니터링함으로써 식품 안전을 도모하는 방법이다. 즉, 재료의 생산 단계에서 제조, 가공, 유통, 심지어 최종제품의 소비에 이르기까지 모든 과정(from farm to table, 농장에서 식탁까지)에서 발생의 우려가 있는 위험관리 상태를 지속적으로 모니터하는 등 제조된 모든 제품의 안전성 보장에 초점을 맞춘 관리방법이다. HACCP 시스템에 의한 위생관리의 기본 개념은 Codex 위원회에 의해 책정된 'HACCP의 7원칙'에 기반을 두고 있다.

④ ISO 22000(식품 안전 경영 시스템)

ISO 규격은 비정부기구인 국제표준화기구(International Organization for Standardization)가 구성한 시스템으로, 대표적인 시스템 규격은 품질경영 시스템인 ISO 9001과 환경 경영

HACCPhazard analysis critical control point 식품안전관리인증기준으로 '해썹'이라 부르기도 하며 '위해요소 중점관리기준'이라고도 한다. 식품의 원재료 생산에서 최종 소비자가 섭취하기 전까지 모든 단계에서 생물학적·화학적·물리적 위해요소가 해당 식품에 혼입되거나 오염되는 것을 방지하기 위한 위생관리 시스템

시스템인 ISO 14001 등이 있다.

ISO 22000[#]은 식품 안전 경영 시스템(FSMS)으로, PRP(prerequisite program, 선행 프로그램)와 HACCP 원칙에 입각한 HACCP 계획 및 ISO 9001 : 2000을 통합하여 식품 안전을 보장할 수 있도록 한 규격이다. PRP는 식품 관련 푸드체인 전체의 위생 환경을 유지하는 데 필요한 기본적인 조건 및 활동으로 정의되어 있으며, GMP(우수식품의약품제조관리기준), GAP(우수농산물관리제도)와 GHP(우수위생관리기준) 등이 있다. 또한 제품 또는 가공 환경에서 식품 안전 위해의 증가와 오염의 발생 용이성을 관리하기 위해서 필수적으로 위험 분석에 의해 명확하게 운영되는 PRP를 '운영 PRP'라고 하여 구별한다.

2005년 9월 1일 발표한 ISO 22000에 대한 요구 사항은 표 3-3에 나타낸 바와 같다. 그 내용은 상호 커뮤니케이션, 프로세스 관리, 선행 프로그램(PRP), HACCP 관리, 시스템 관리이며, 이들을 조합하여 음식 안전관리 시스템을 구축, 운영함은 물론이고 유지와 정기적 검증, 지속적인 개선으로 항상 안전한 식품을 공급할 수 있는 시스템의 구축을 요구하고 있다. 요구 사항은 품질경영 시스템인 ISO 9001 규격과 거의 구성이 동일하지만, 조항 7의 '안

표 3-3 ISO 22000의 요구 사항 목록

1 : 적용 범위	7 : 안전한 제품의 기획 및 실현
2 : 인용 규격	7.1 일반
3 : 용어 및 정의	7.2 선행 프로그램(PRP)
4 : 식품 안전 경영 시스템	7.3 위해 분석이 가능하기 위한 준비 단계
4.1 일반 요구 사항	7.4 위해 분석
4.2 문서화 요구 사항	7.5 선행 프로그램(PRP)의 확립
5 : 경영자의 책임	7.6 HACCP 계획 수립
5.1 경영자의 의지	7.7 PRP와 HACCP 계획을 규정하는 사전 정보 및 문서 업데이트
5.2 식품 안전 정책	7.8 검증 계획
5.3 식품 안전 경영 시스템의 계획	7.9 이력 추적관리 시스템
5.4 책임과 권한	7.10 부적합일 경우의 관리
5.5 식품 안전팀 리더	8 : 식품 안전 경영 시스템 타당성 확인, 검증 및 개선
5.6 커뮤니케이션	8.1 일반
5.7 비상사태에 대한 대비 및 대응	8.2 관리 수단 조합의 타당성 확인
5.8 관리 review	8.3 모니터링 및 측정 관리
6 : 자원 관리	8.4 식품 안전 경영 시스템의 검증
6.1 자원 확보	8.5 개선
6.2 인적 자원	
6.3 인프라	
6.4 작업 환경	

ISO 22000 International Organization for Standardization 22000 국제표준화기구에서 개발, 관리하는 식품 안전 경영 시스템. 국제 인증 규격으로 식품 가치사슬에 직간접적으로 관여된 모든 조직에게 적용 가능하며, 식품 산업의 HACCP 인증제도는 각 나라별로 운영방법이 다르나 ISO 22000은 국제표준화기구에서 정한 국제 규준으로 특히 식품 수출 시 국제적으로 필수 인증을 요구함

전한 제품의 기획 및 실현'과 조항 8의 '식품 안전 경영 시스템의 타당성 확인, 검증 및 개선'에 나타나듯이 제품의 안전을 목적으로 하는 ISO 22000의 특징을 드러낸다.

참고문헌

박상범·길종구·문제옥, 2014, 품질관리, 탑북스

이순룡, 2012, 현대품질경영, 법문사

이영춘, 1999, 식품공업의 품질관리, 학연사

전력그룹협력회 품질분과위원회, 1998, 품질용어집

한응수, 2006, 식품안전과 품질관리, 태학원

한국원자력산업회의, 2001, 원자력용어사전

Bhuyan M. 2007. Measurement and control in food processing. CRC Press LLC, Boca Raton, FL. USA

Brennan JG(ed). 2006. Food processing handbook. Wiley-VCH GmbH & Co. KGaA, Weinheim, Germany

Doopedia. https://www.doopedia.co.kr/. Accessed Feb. 25, 2016

Fellows PJ. 2009. Food processing technology-Principles and practice, 3rd ed. Woodhead Publishing Ltd., Cambridge, UK

Jacobs FR, Chase RB. Operations and supply management. McGraw-Hill Co. Inc., New York, NY, USA

Lim SAH, Antony J. Albliwi. 2014. Statistical process control (SPC) in the food industry-A systematic review and future research agenda. Trends Food Sci Tech. 37:137152

Maroulis ZB, Saravacos GD. 2003. Food process design. CRC Press LLC, Boca Raton, FL. USA

McGrath MJ, O'Connor JF, Cummins S. 2004. Implementing a process control strategy for the food processing industry. J Food. Eng. CRC Press LLC, Boca Raton, FL. USA

Ministry of Agriculture and Forestry. Guidance for developing good operating practice procedures: process control. http://foodsafety.govt.nz/elibrary/industry/Guidance_Developing_Good_Operating_Practice_Procedures_Process-Provides_Their.pdf. Accessed Feb. 25, 2016

Niranjan K, Ahromrit A, Khare, A. 2011. Process control in food processing. In. Food Processing Handbook(2nd Ed); Brennan JG, Grandison AS(eds), Wiley-VCH, Verlag GmbH & Co. Weinheim, Germany

U.S. Food and Drug Administration. Production and process controls(P&PC). http://www.fda.gov/ICECI/Inspections/InspectionGuides/ucm170827.htm. Accessed Feb. 25, 2016

Vasconcellos JA. 2004. Quality assurance for the food industry. CRC Press LLC, Boca Raton, FL. USA

단원 정리

'1. 생산관리'에서는 식품 공장의 생산관리의 의미와 생산관리 활동의 내용, 생산관리의 대상이 되는 생산 공정 및 생산 설비, 생산관리 결과를 평가하는 공정 감사, 생산관리 결과를 기록하고 보존하고 문서관리 및 식품 생산관리의 범위를 설명하였다.

1 식품 공장의 생산관리는 공장의 생산 수율과 생산성을 최대로 유지하는 것이며 대별해서 계획 기능과 통제(관리) 기능으로 구성된다.

2 식품은 특성상 안전성 확보가 가장 강조되는 품질 특성이며 이 부분의 공정이 우선 집중관리 대상이 되어야 한다.

3 생산관리 활동의 핵심 요소는 종사자에 대한 교육 훈련을 통한 창의성 확보와 모든 진행 절차를 문서화하여 진행의 일관성이 유지되도록 하는 작업으로 요약된다.

4 식품 공장의 전체 생산공정은 종류의 단위공정으로 구성되어 있으며 작업 종사자가 이러한 단위공정 내용을 숙지하는 것은 원활한 작업 진행을 위해 필수적이다.

5 공정 감사는 현재의 생산 환경이 규정에 적합한지를 파악하고 오류가 발견되면 시정 조치를 취하기 위하여 매우 요긴하며 관련 종사자 모두의 참여가 필요한 적극적인 생산관리 활동이다.

6 생산 절차 내용을 문서에 명문화하는 일은 제조 업무의 표준화를 통한 생산 합리화, 경제적인 규격상품 생산, 식품 안전 위해 요인의 사전 예방 등의 다양한 목표 달성을 위한 관리 활동이다.

7 생산 식품 품목에 따라 다양한 생산 시스템이 구성되므로 각 생산 환경에 적합한 생산관리가 적용되어야 한다.

'2. 위생관리'에서는 식품 공장의 품질관리 중 위생관리의 의미와 위생관리 활동의 내용, 위생관리의 주요 방법들에 대하여 설명하였다.

1 식품 공장의 위생관리는 식품 공장에서 생산되는 제품의 품질과 함께 안전성 측면에서 법적으로 준수해야 할 내용을 포함하는 관리를 말한다.

2 식품은 특성상 안전성 확보가 가장 강조되므로 안전성과 관련 있는 물리적 위해, 화학적 위해, 생물학적 위해에 대한 이해를 우선해야 한다.

3 위생관리 활동의 핵심 요소는 원료관리, 제조·가공 공정관리, 일반 위생관리 등으로 구성되며, 무엇보다 제품의 안전성 확보를 위한 품질관리가 필요하다.

4 위생관리를 위한 품질관리로는 도면 등 공장 상황의 철저한 이해와, 제품 및 공정 검사를 통한 제품의 안전성을 확보하는 것이다.

5 위생관리의 보다 체계적인 관리방법으로는 GMO 및 SSOP, GAP, HACCP, ISO 22000에 의한 관리가 있다.

연습문제

1. 현대적 식품 공장의 생산관리를 위해 왜 시스템적 접근방법에 의한 계획 수립이 강조되는지 설명하시오.

2. 임의로 특정 식품 품목을 선정하고 제조 공정에 채택할 단위공정 종류의 목록과 기능을 설명하시오.

3. 산업계에서 기존의 GMP와 같은 기존의 품질경영 체계가 존재하고 있음에도 식품 산업에 HACCP와 같은 관리 활동이 도입된 이유를 설명하시오.

4. 가공식품의 생산관리에 있어서 제품의 품질 개선에 현장 작업자의 참여를 활성화하기 위한 방안은 어떤 것이 있을지 열거하시오.

5. 식품 제조 중 일어나는 위해의 요인과 그 특성에 대하여 설명하시오.

6. 원료의 입고검사가 왜 제품의 위생관리에 중요한 요인이 되는가를 설명하시오.

7. 일반 위생관리에서 화장실 관리와 손 씻기의 중요성에 대해 쓰시오.

8. 방충·방서의 중요성과 이를 관리하기 위한 위생관리방법에 대해 쓰시오.

9. 식품 산업에서 GMP, GAP, HACCP, ISO 22000의 주요 특징에 대해 설명하시오.

4 제품 품질관리

1. 이화학적 분석법

1) 이화학적 분석법의 특성

식품의 품질평가에 사용되는 분석법은 분석 특성에 따라 주관적 방법(subjective method)과 객관적 방법(objective method)으로 분류된다. 주관적 방법이란 분석자의 주관적 의견, 경험, 지각력에 기초하여 시료의 특성을 평가하는 것으로 향, 냄새, 색, 질감 등을 측정하는 관능검사가 이에 해당된다. 반면 객관적 방법은 표준화된 과학적 분석법을 사용하여 시료의 물성을 평가하는 이화학적 분석을 말한다.

이화학적 분석은 원료 및 최종제품의 적합성과 생산공정의 이상 유무를 확인하기 위하여 수행되는 식품 품질관리의 필수 구성 요소이다. 이와 같은 이화학적 분석은 식품의 종류 및 제형, 분석 목적 등에 따라 다양한 분석방법이 사용되나, 일반적으로 분석 특성에 따라 물리적·화학적 분석 및 현미경 분석으로 세분된다(표 4-1).

2) 이화학적 분석법의 선정

이화학적 분석은 분석 결과의 신뢰성과 객관성 확보를 위하여 실험방법의 유효성(validity), 정밀도(precision), 정확성(accuracy), 재현성(reproducibility) 등이 전제되어야 한다. 이에 따라 식품 품질관리의 이화학적 분석법으로 국내외 공공기관 또는 전문 과학기구에서 공인하는 표준 분석법이 통상적으로 사용되고 있다(표 4-2). 그러나 일부 표준 분석법은 실험방

표 4-1 이화학적 분석법의 종류 및 특성

분석 종류	분석 특성 및 적용 예
물리적 분석	신속한 분석과 최소 교육 훈련 • 물성 측정 : 크기, 질감, 색, 결함, 점조도(consistency) 등 • 공정 변수(process variables) 측정 : 온도, 압력, 무게, 진공도 등
화학적 분석	긴 분석시간과 교육 훈련 필요 • 구성 성분의 정량·정성 분석 : 수분, 단백질, 지질, pH, 산도, 고형분 농도 등 • 가공·저장·유통 단계에서 특정 성분의 화학적 변화 • 영양 가치 • 위해 성분 분석 : 항생제, 잔류 농약 등
현미경 분석	결과 해석을 위한 교육 훈련과 경험 필요 • 이물 오염도 판정 • 시료 조직(tissue)의 변화 측정 • 미생물 오염 측정 : 미생물 종류, 세포 유형 등

표 4-2 표준 이화학 분석법의 국내외 출처

구분	표준 분석법의 출처
국내	식품공전(식품의약품안전처) • 식품 일반 및 식품별 기준 및 규격 제시 • 식품 규격관리에 필요한 분석방법과 시약 등을 제시 국립농산물품질관리원 : 농식품 인증제도, 농산물 품위 및 품질 검사 국립수산물품질관리원 : 수산물 수출입 검역, 품질 인증 안전성 조사
국외	AOAC International(The Association of Official Analytical Chemist International) • 식품 분석 및 식품 품질보증을 위한 실험실용 분석법 • 식품별 FDA의 법적 요구 사항 준수 및 USDA의 영양 정보 표시를 위한 분석법 미국곡류학회(The American Association of Cereal Chemists, AACC) • 곡류 및 곡류 가공품에 대한 분석법 미국유지학회(The American Oil Chemists' Society, AOCS) • 유지, 유지 종자, 유지 종자 단백질, 지방산, 합성세제, 비누, 레시틴 등에 대한 분석법 The Food Chemicals Codex • 식품 및 식품첨가물에 대한 분석법 • 식품용 화학물질의 성분, 순도, 강도에 대한 안전성과 적용 적합성 정의 미국향신료무역협회(The American Spice Trade Association, ASTA) • 향신료 또는 향신료 관련 제품에 대한 분석법

법의 복잡성과 긴 소요시간으로 생산 현장에서 적용할 수 없음에 따라 간편 분석법이 표준 분석법을 대체하여 사용되기도 한다. 이러한 경우, 간편 분석법으로 측정한 분석 결과는 표준 분석법의 측정 결과와 반드시 상관성을 비교 검토하여 간편 분석법의 유효성과 정확성을 검증해야 한다.

3) 식품 원료별 주요 이화학적 분석

(1) 과일 및 채소류

① 물리적 분석

a. 외형 결함 : 과일 및 채소류의 품질 저하 요인인 외형 결함은 원료의 재배, 수확, 유통, 저장 중 미생물·곤충에 의한 손상, 외부 기계적 충격에 의한 손상, 수분·온도·영양에 의한 환경적 손상 등의 결과로 발생한다. 일반적으로 외형 결함 분석은 원료의 품질 평가 기준에 따라 구멍, 상처, 흠, 금, 썩음 등의 유무 및 그 정도를 육안검사(visual inspection)한다.

b. 크기, 모양, 무게 : 원료의 균일성(uniformity)은 효율적 공정 운전과 제품 규격화를 위한 필수조건이다. 원료 크기, 모양, 무게의 균일성은 품질 등급 기준에 따라 원료를 체 선별기, 롤러 선별기, 길이 선별기, 모양 선별기, 무게 선별기 등으로 분류하여 확보한다.

c. 숙성도 : 과일 및 채소류의 품질평가 지표(quality evaluation index)로 이용되는 숙성도는 숙성 정도에 따라 형태, 모양뿐만 아니라 단단하고 무른 조직의 질감이 서로 다르다. 일반적으로 숙성도가 높을수록 원료 내의 고형 성분 함량이 증가하고 수분 함량은 감소하여 비중(specific gravity)이 증가한다. 따라서 숙성도는 수분 함량, 고형 성분 함량, 비중을 측정하여 평가한다.

d. 조직감 : 단단함, 연함, 아삭함(crispness)과 같은 과일 및 채소류의 조직감(texture)은 제품 품질을 결정하는 중요한 인자로서 품종, 숙성도, 저장 및 가공 조건에 따라 영향을 받는다. 조직감은 질감분석기(texture analyser), 인스트론(instron), 침입도계(penetrometer) 등의 기기를 사용하여 측정한다.

e. 점도 : 점도(viscosity)는 토마토 페이스트, 크림 형태의 옥수수, 사과 소스 등과 같은 유동식품의 중요한 물성으로 제품의 관능 특성과 밀접한 상관성을 갖는다. 점도는 시료 특성과 유형에 따라 다양한 점도계(Ostwald 점도계, Cannon 점도계, Falling Ball 점도계, Rotational 점도계 등)를 사용하여 측정한다.

f. 색 : 과일 및 채소류에서 색은 숙성도의 간접 지표로서 관능 특성과 직접적으로 연관된 중요한 물성이다. 색은 먼셀 색표(Munsell color chart)를 사용하는 육안 평가와 색도계(colorimeter)를 이용하여 헌터(Hunter)의 L값, a값, b값 또는 삼자극값(tristimulus value) X, Y, Z로 표시하는 광학 분석법으로 측정한다.

② 화학적 분석

a. 성분 조성 : 원료 및 제품의 성분 조성 분석은 영양 가치뿐만 아니라 순도(purity), 농도, 출처(identity) 등의 확인에 이용된다. 또한 성분 조성 분석은 가공 및 저장·유통 과정에서 발생하는 특정 성분의 변화 예측에도 활용된다. 성분 조성 분석에서의 분석 항목은 제품 종류, 유형 및 분석 목적 등에 따라 다양하다. 예를 들어 과일주스 제품의 품질관리에서 일반적으로 시행되는 분석 항목과 방법은 표 4-3와 같다.

b. 위해 성분 : 과일 및 채소류에서 농약 및 중금속 등의 잔존 함량을 측정하여 위해 성분을 분석함으로써 제품 안전성을 평가한다.

표 4-3 분쇄 과일 음료 원액의 성분 조성 분석

제품 유형 : 분쇄 과일 음료 원액	
분석 항목	분석방법
당도(sugar content)	굴절 당도계를 이용한 가용성 고형물 함량 측정(Brix)
산도(acidity)	알칼리(0.1 N NaOH) 적정법
펄프 함량(pulp content)	불용성 고형물 함량 측정
비타민 C 함량(vitamin C content)	2,6-Dichloroindophenol을 사용한 산화환원 적정법
정유 함량(essential oil content)	증류법 또는 비중 측정
향 분석(flavor analysis)	기체 크로마토그래프 분석

(2) 밀가루

① 물리적 분석

a. 백색도 : 밀가루의 백색도(whiteness)는 분광광도계를 사용하여 측정한다.

b. 제빵실험 : 표준화된 방법에 따라 제조한 빵의 부피, 모양, 색, 질감 등을 평가하여 밀가루의 제빵 적성과 품질을 평가한다.

c. 반죽실험 : 밀가루의 제빵 적성을 평가하는 분석으로 엑소텐소그래프(extensograph), 페리노그래프(farinograph), 믹소그래프(mixograph) 등의 장치를 이용하여 반죽의 안정성, 형성시간 및 최적 가수량 등을 측정하여 밀가루 품질을 평가한다.

d. 입도 : 밀가루의 수분 흡수력 및 수화 능력 측정으로 건식분말(dry mix)제품에서 밀가

루의 점증력(thickening power) 평가에 이용된다.

② 화학적 분석

a. 당화 활성도 : 밀가루의 알파 아밀레이스(α-amylase) 활성도를 측정하여 밀가루의 제빵 적성을 평가한다. 일반적으로 당화 활성도(diastatic activity)가 너무 높은 경우 빵의 속살(crumb) 부분이 끈적거리고, 낮으면 제빵 과정에서 갈변화가 충분하게 진행되지 않는다.

b. 단백질 함량 : 밀가루의 글루텐 함량 분석으로 켈달법(Kjeldahl method)이 사용된다.

c. 수분 함량 : 밀가루의 저장 적합성을 나타내는 지표이며 밀가루의 기능성 예측에 사용된다.

d. 회분 함량 : 밀가루에 혼입된 외피(bran) 함유 정도를 나타내는 지표로서 제분 공정의 적절성 평가에 사용된다.

e. 표백가 : 표백가(bleach figure)는 염소 처리의 효율성 평가에 이용된다.

f. 산도 : 밀가루 저장의 적절성 평가에 이용된다.

g. pH 측정 : 밀가루의 염소 처리 효능검사이며 일반적으로 염소 처리한 케이크용 밀가루의 pH는 4.6~5.1 범위가 적절하다.

(3) 유지류

① 물리적 분석

a. 비중 : 비중 측정은 유지의 순도, 출처 확인에 이용되며 구성 지방산의 사슬길이와 불포화도에 대한 정보를 제공한다. 일반적으로 유지의 비중이 높을수록 불포화지방산 함량이 높고 지방산 사슬길이가 길다. 비중 측정에 따라 유지 내의 고체 성분과 액체 성분의 비율을 확인할 수 있다. 비중 측정 시에는 반드시 측정온도가 명시되어야 한다.

b. 고체지방지수 : 고체 지방과 액체 지방의 혼합에 따른 유지의 가소성(plasticity)은 쇼트닝, 버터, 마가린과 같은 반고체 유지의 중요한 물성이다. 반고체 유지의 특정 온도에서 고체 지방 성분 백분율을 고체지방지수(solid fat index, SFI)라고 하며 팽창계(dilatometer)를 사용하여 측정한다.

c. 굴절률 : 유지의 굴절률(refractive index)은 구성 지방산의 사슬길이가 길고 불포화도가 높을수록 증가한다. 이에 따라 굴절률 측정으로 유지의 식별은 물론 유지 내 혼합

물의 성분 확인과 결정이 가능하며 Abbe 굴절계가 이용된다.

d. 발연점 : 유지 가열에 따라 유리지방산 또는 분자량이 작은 휘발성 물질이 연기 형태로 기화하는 최초 가열온도를 말한다. 일반적으로 발연점(smoke point)은 유리지방산의 함량에 비례하여 낮으며, 유지의 신선도 또는 가열 분해에 대한 안정성 등의 정보를 제공한다.

e. 혼탁도 : 혼탁도(clarity)는 유지 내 이물 및 색소의 존재 여부를 측정하여 정제 과정의 적합성 등을 확인한다.

② 화학적 분석

a. 요오드가 : 유지의 요오드가(iodine value)는 유지에 흡수되는 요오드의 중량 백분율로 유지의 불포화도를 나타내는 척도이다. 요오드가가 클수록 유지를 구성하는 지방산의 불포화도가 높으며 요오드가가 낮은 유지에 비해 산패 가능성이 높다.

b. 비누화값(saponification number) : 유지의 비누화값은 유지 내 하이드록실기(hydroxyl

표 4-4 유지 산패의 화학적 측정법

분석방법	특성
산가 (acid value)	•유리지방산(free fatty acid)의 함량 측정 •라이페이스(lipase) 활성도의 간접적 지표
과산화물가 (peroxide value)	•유지 산패에서 생성되는 과산화물 함량 측정 •과산화물가는 유지의 산패 초기 단계 이후 감소
TBA가 (Thiobarbituric acid value)	•유지 산패에서 발생하는 말론알데하이드(malonaldehyde) 함량 측정 •육류 및 지방질 식품의 산패 발생 여부 확인 •산패 진행에 따른 측정치의 감소는 나타나지 않음

표 4-5 유지류의 이화학적 분석

액체 유지(oil)		고체 유지(fat)	
분석 내용	분석방법	분석 내용	분석방법
순도/출처	•비누화값 •굴절률 •요오드가	물성	•굴절률 •발연점 •고체지방지수
유지 품질	•과산화물가 •TBA가 •산가 •색 •혼탁도	유지 품질	•산가 •색 •냄새

group)와 지방산 분자 간의 에스터 결합 해체에 필요한 알칼리 양으로 측정한다. 비누화값은 유지를 구성하는 지방산의 분자량과 반비례하여 비누화값이 클수록 구성 지방산의 평균 분자량(사슬길이)은 작다(짧다).

c. 유지 산패도 측정 : 유지의 산패도를 측정하는 화학적 분석은 산패 단계, 분석물의 종류와 특성에 따라 측정법이 다양하다. 대표적인 예를 표 4-4에 나타내었다.

d. 유지의 품질관리에서 통상적으로 사용되는 이화학적 분석 목적과 방법을 표 4-5에 나타내었다.

(4) 축산물

축산물(쇠고기, 돼지고기, 가금류, 달걀)의 품질은 정부에서 제정한 「축산물 등급판정 세부기준(농림부 고시 제2007-40호)」에 따라 등급을 분류하여 품질을 관리한다. 축산 가공품의 경우에는 제품 특성 또는 품질과 연관된 지표 항목을 검사하여 품질을 관리한다.

① 물리적 분석

a. 쇠고기와 돼지고기의 품질은 육량 등급과 육질 등급, 닭고기는 품질 등급과 중량 규격에 따라 등급을 분류한다. 육질 등급은 근 내 지방도, 육색, 지방색, 조직감 및 성숙도로 판단한다.

b. 품종, 성별, 연령, 사육 정도, 크기, 외상 유무를 확인한다.

c. 도살 후 적출한 내장을 통하여 질병 유무 및 도살 과정의 위생 상태를 조사한다.

d. 부위별로 정확하게 절단되었는지를 확인한다.

e. 냄새의 이상 여부를 확인한다.

② 화학적 분석

a. 성분 분석 : 수분, 단백질 및 지방 함량을 정량 분석한다.

b. pH 측정

c. 단백질분해효소(protease) 활성도 : 단백질을 아미노산으로 분해시키는 단백질분해효소의 활성도를 측정한다.

4) 주요 식품 특성의 이화학적 분석

(1) 식품의 색

① 색의 구성과 인지

색의 구성 요소인 색상(hue), 명암(value), 채도(chroma)의 조합에 따라 그 특성이 결정된다. 색상이란 물체가 빛의 특정 파장을 선택적으로 반사하여 나타나는 물체의 특정 색을 말하며, 명암은 빛의 반사 정도에 따라 나타나는 색상의 어둡고 짙은 정도이다. 또한 채도는 전체 반사되는 빛 중 특정 파장의 빛이 반사되는 정도를 뜻하는 색의 포화도를 말한다. 이와 같은 색은 식품의 관능 특성 및 기호도와 밀접한 연관성을 갖는 중요한 식품의 외형적 특성이다.

색의 인지는 인간 망막 내 존재하는 광수용체(light receptor) 세포, 즉 빛의 명암에 감응하는 간상체(rods)와 색을 감지하는 추상체(cones)의 작용에 기인한다. 물체에 빛을 조사하면 물체는 가시영역(380~780 nm) 내 특정 파장의 빛을 흡수한 후 나머지 파장의 가시선을 반사한다. 이때 반사되는 적색, 녹색, 청색 파장의 빛은 망막의 세 가지 유형의 추상체에 의해 신경신호로 전환되어 색으로 인지된다. 일반적으로 인간은 약 200가지의 색상, 20~25단계의 채도, 500단계의 명암을 식별하며, 이들 구성 요소의 가능한 조합을 고려할 때 수백만 가지 색의 인지가 가능하다.

이와 같이 시각적으로 인지되는 색은 빛의 흡수, 반사, 굴절, 확산, 투과에 영향을 미치는 구성 성분, 표면 특성, 입자 크기 등과 같은 물체 고유의 특성 외에도 광원의 종류, 세기, 조사 각도(illumination angle) 등의 요인에 의해서도 영향을 받는다.

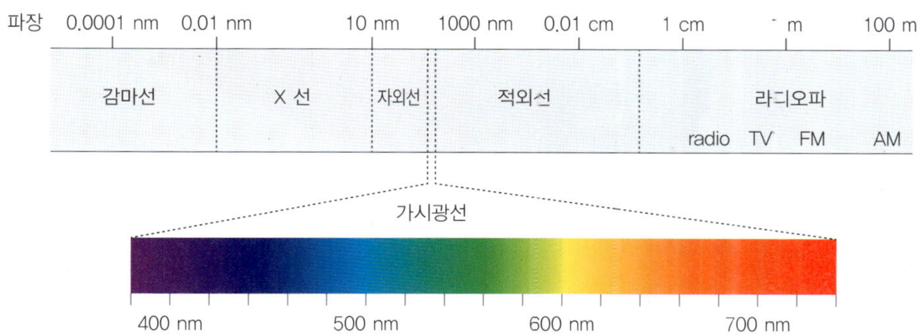

그림 4-1 **광선의 전자기 스펙트럼**

② 색의 표시

시각적으로 인지되는 색은 객관적이고 표준화된 표시가 필요하며, 이를 위하여 물체의 색은 다양한 표준색 표시 체계를 이용하여 정량적 수치로 표시된다.

a. CIE 표준색 체계

국제조명위원회(Commission Internationale de I'Eclairage, CIE) 표준색 체계는 인간이 인지하는 모든 색을 적색(X), 녹색(Y), 청색(Z)의 세 가지 원색을 혼합하여 표시한 것으로, 이때 색 표시에 필요한 세 가지 원색의 상대적 비율을 삼자극값이라 한다. 그림 4-2는 CIE 색도도(chromaticity diagram)로, 색도 좌표 x, y에 인간이 인지할 수 있는 모든 색을 표시한 색삼각형(color triangle)이다.

CIE 색도도의 색삼각형은 380~770 nm의 가시광선 파장과 각 파장에 해당하는 색 스펙트럼을 표시한 양변과, 적색과 청색의 혼합으로 생성되는 보라색 선을 밑변으로 하는 도형이다. 도형 내 모든 색상은 적색(X), 녹색(Y), 청색(Z)의 세 가지 원색을 혼합하여 표시할 수

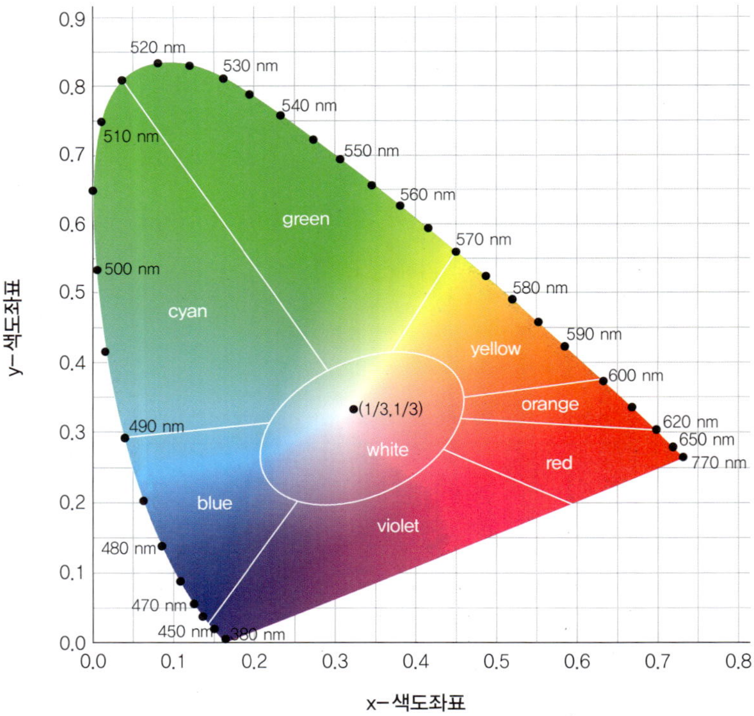

그림 4-2 **국제조명위원회(CIE)에서 정한 표색법**

있으며, 도형 중심에는 적색, 녹색, 청색의 혼합으로 흰색이 위치한다. 예를 들어 적색과 녹색을 혼합하는 경우, 도형에 표시된 적색과 녹색을 연결한 직선은 황색 스펙트럼 영역을 통과하므로 황색이 생성되는 것을 예측할 수 있다. 또한 도형의 각 색상은 도형 외곽선에서 최대 색포화도(채도)를 가지며 내부로 갈수록 색포화도는 감소한다. 따라서 모든 색은 혼합되는 삼원색의 종류와 비율을 CIE 색도도 좌표로 표시할 수 있으며, 이를 CIE 표준색 체계라고 한다.

b. 먼셀 색 체계

먼셀(Albert Munsell)이 1905년 제시한 먼셀 색 체계는 색상(H), 명암(V), 채도(C)의 공간에서 색을 벡터(vector) 개념으로 표시한 것이다(그림 4-3). 먼셀 색 체계에서 색상은 빨강(R), 노랑(Y), 초록(G), 파랑(B), 보라(P)의 기본 색상과 각 색상의 중간색인 YR, GY, BG, PB, RP를 원주에 배열한 총 10가지로 구성되며 각 색상은 색상을 10등분한 수치를 영문명 앞에 명시한다. 명암은 먼셀 색표 중심의 세로축에 하단의 검은색에서 상단의 흰색까지 0에서 10의 단계로 표시되며, 채도는 원의 중심에서 멀어질수록 증가하는 것으로 표시하였다. 이와 같은 먼셀 색 체계에 따라 색은 색상(H) 명암(V)/채도(C)의 형식으로 표시하는데, 예를 들어 5G 4/7이란 5G에 해당하는 초록색이 명암 4, 채도 7에 해당하는 것을 뜻한다.

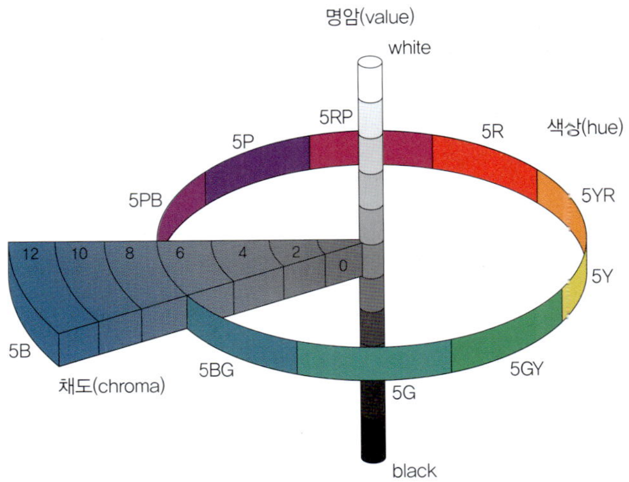

(a) 먼셀 색표

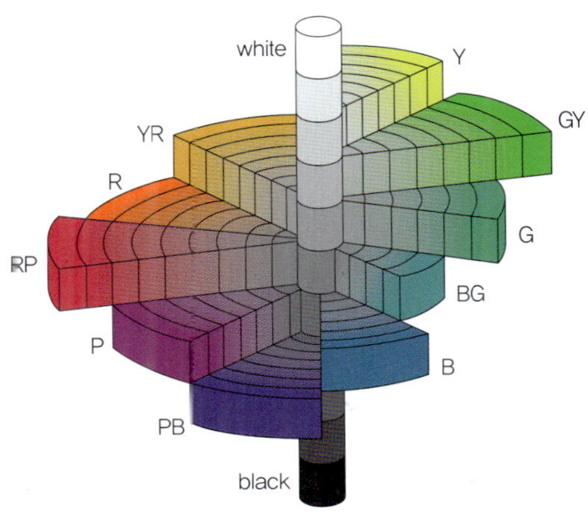

(b) 먼셀 색 공간

그림 4-3 **먼셀의 색 체계**

c. 헌터 색 체계

헌터 색 체계는 L, a, b로 표시되는 3차원의 색 공간에서 색을 벡터 개념으로 표시하는 또 다른 방법이다. L값은 헌터 색 체계(그림 4-4)의 중심 세로축으로 명암을 나타내며 하단의 검은색에서 상단의 흰색까지 0에서 100으로 등분하여 표시한다. 또한 a값, b값은 색 평면의 각 좌표축으로서 -100에서 +100 범위의 값으로 표시한다.

헌터의 a값은 0에서부터 양의 값으로 커질수록 적색, 음의 값으로 작아질수록 녹색을 나타내며, b값은 양의 값이 커질수록 황색, 음의 값으로 작아질수록 청색을 나타낸다. 헌터 색 체계에 의한 색의 표시는 표 4-6에 표시하였다.

헌터 색 체계의 L값, a값, b값은 색의 차이 정도를 나타내는 색차지수(ΔE) 환산에도 사용된다. 일반적으로 색차지수가 0.5 미만에서는 색의 차이를 인지할 수 없는 반면 0.5~1.5에서는 근소한 차이를, 1.5 이상에서는 육안으로 명확한 색 차이를 감지할 수 있다.

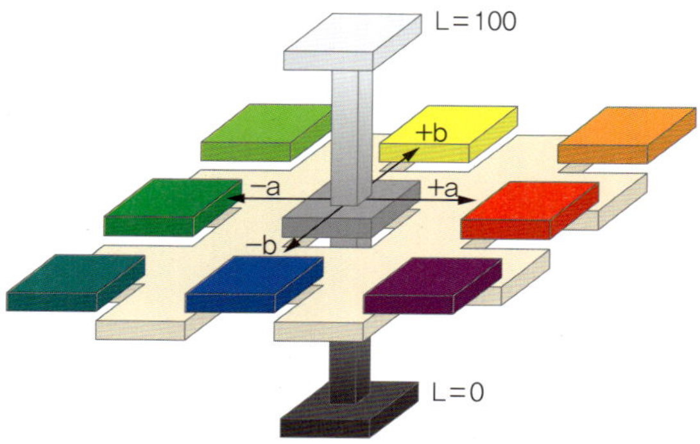

그림 4-4 **헌터 색 체계**

표 4-6 헌터 색 체계로 표시한 주요 색

L	a	b	색
0	a	b	검은색(black)
50	a	b	회색(grey)
100	a	b	흰색(white)
L	-80	0	녹색(green)
L	+100	0	적색(red)
L	0	-70	청색(blue)
L	0	+70	황색(yellow)

$$\Delta E = \sqrt{\Delta L^2 + \Delta a^2 + \Delta b^2}$$

ΔE : 색차지수
ΔL, Δa, Δb : 시료 간 L, a, b 측정값 차이

③ 색 측정

a. 육안검사

시료의 색을 동일한 광원조건에서 표준색(color standards)과 육안으로 비교하여 측정한다. 표준색으로는 먼셀 표준 색표집 또는 상응하는 표준 색표를 사용하며 액체 시료의 경우에는 『미국·유럽 약전(American and European Pharmacopoeia)』에 명시된 $CoCl_2$(적색), $FeCl_3$(황색), $CuSO_4$(청색)의 표준색 용액을 사용한다.

b. 색도계

삼자극 색도계(tristimulus colorimeter)는 시료의 색을 CIE의 XYZ 체계로 측정하는 장치이다. 삼자극 색도계는 빛의 적색, 녹색, 청색 파장을 인지하는 인간 망막의 추상체 역할을 하는 세 개의 필터(적색, 녹색, 청색)를 통하여 시료에서 반사되어 나오는 파장의 세기를 측정하여 CIE 체계의 XYZ 값을 구한다. 이때 측정된 XYZ 값은 헌터의 L값, a값, b값으로도 환산된다.

(2) 식품의 점도

점도는 유체에 힘을 가할 때 그 힘에 대한 유체 흐름의 저항력(resistant to flow)으로 정의되며 식용유, 시럽, 소스, 과일 퓌레 등의 유체식품에서 균일한 품질 유지를 위한 품질 지표로 적용되는 중요한 물성이다. 따라서 유체식품의 점도 측정과 조절은 제품의 품질관리에서 필수적으로 수행되는 관리 항목이다. 유체식품은 농도 차이나 종류에 따라, 단위면적당 평행으로 작용하는 힘(전단응력)과 단위높이당 흐르는 속도(전단속도)가 비례적으로 나타내는 뉴턴성 유체(Newtonian fluid)가 있고, 점도가 일정한 것이 아니라 전단속도의 함수로 나타내는 비뉴턴성 유체(non-Newtonian fluid)가 있다. 비뉴턴성 유체는 전분, 단백질, 검(gum) 등의 고분자 수용액과, 우유나 크림, 마요네즈와 같은 에멀션이나 토마토 페이스트와 같은 콜로이드 물체에서 나타난다. 이러한 유체식품의 점도를 측정하는 일반적인 점도계는 튜브 점도계와 회전점도계가 있다. 대부분의 고농도 유체식품은 의가소성(pseudoplastic) 유체로서 전단속도가 증가함에 따라 전단응력이 감소하는 경향을 보이며

식품의 농도나 고형분에 따라 항복응력(yield stress)을 보여 준다. 그 외 일정 시간당 흐르는 거리를 나타내는 Bostwick 조도계(Bostwick consistometer)나 Adams 조도계 및 일정 거리를 내려오는 시간을 측정하는 Ball 점도계가 있으나, 이들은 일반적인 점도의 단위를 나타내는 근본적인 측정이라기보다는 경험적인 측정이라고 하겠다.

유체식품 외에 전분류에도 점도계를 사용한다. 전분이 물에 팽윤되고, 가열에 의해 호화되는 상태는 아밀로그래프(amylograph)로 측정하는데 호화 온도, 호화 점도, 붕괴 및 냉각 후 점도가 아밀로그램(amylogram)에 나타난다. 이를 이용하여 밀가루의 호화 점도 및 밀가루 전분의 질을 측정하거나 맥아의 α-아밀레이스의 활성을 측정한다. 또한, 초콜릿의 경우 점도가 품질 형성 및 경제성에 중요한 요소로 작용하는데 초콜릿의 특징을 나타내는 항복응력을 측정하기 위해 베인(vane) 방법이 이용되거나 카슨(Casson) 모델과 같은 수식이 적용되기도 한다. 이러한 항복응력이 있는 식품의 경우 분산 공정이나 침전 저하, 그리고 생산공정에 영향을 미치기 때문에 정확한 측정이 매우 중요하다.

소스류와 같은 유체식품은 시간에 따라서 점도가 높아지거나 낮아지는 현상이 일어나는데 이러한 식품의 경우 정확한 점도 변화를 알아내기 위해서는 점도계에 시료 정착 후 일정 시간 내에 측정해야 하며, 온도에 따라 변하는 식품인 경우에는 반드시 일정한 온도를 유지하며 측정해야 한다. 일반 회전점도계의 경우 측정하는 스핀들(spindle)과 시료 담는 그릇의 크기가 점도를 구하는 식에 포함되므로 다른 식품과 비교할 때에는 반드시 같은 시료 그릇과 같은 스핀들을 이용해야 한다.

① 유체식품의 유동 특성

유체식품은 유동 특성(flow behavior)에 따라 뉴턴성 유체와 비뉴턴성 유체로 분류된다(그림 4-5).

뉴턴성 유체란 외부에서 유체에 가해지는 힘, 즉 전단응력에 따라 전단속도가 직선의 비례관계로 변화하는 유체 또는 유체의 점도가 전단속도에 관계없이 일정한 유체로 정의되며 물, 우유, 꿀, 묽은 당 또는 염 용액이 이에 해당한다. 반면 뉴턴성 유체의 유동 특성을 나타내지 않는 모든 유체를 비뉴턴성 유체라고 하며 전분, 단백질, 검 등의 고분자 수용액, 우유, 크림, 마요네즈와 같은 에멀션 및 토마토 페이스트와 같은 콜로이드 등이 대표적인 비뉴턴성 유체식품이다. 이와 같은 비뉴턴성 유체는 전단응력과 전단속도 간의 함수관계에 따라 의가소성 유체, 팽창성(dilatant) 유체 및 빙햄 가소성(Bingham plastic) 유체로 세

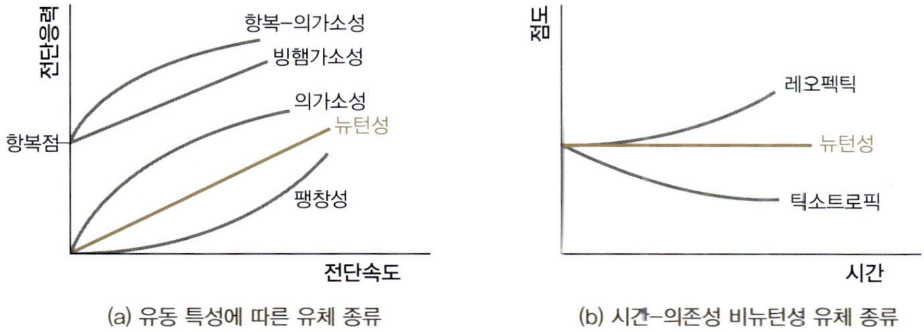

그림 4-5 **유동 특성에 따른 유체 종류**

표 4-7 비뉴턴성 유체의 종류 및 유동 특성

비뉴턴성 유체		유동 특성
시간-비의존성	의가소성 유체 (Pseudoplastic fluid)	전단속도 증가에 따라 점성 감소(shear-thinning) • 대부분의 친수성 콜로이드 용액, 샐러드드레싱, 케찹, 토마토퓌레
	팽창 유체 (Dilatant fluid)	전단속도 증가에 따라 점성 증가(shear-thickening) • 고농도 전분 현탁액
	빙햄가소성 유체 (Bingham plastic fluid)	일정 항복응력(yield stress) 작용 후 뉴턴성 유동 특성 • 마요네즈, 초콜릿 토핑
시간-의존성	틱소트로픽 유체 (Thixotropic fluid)	일정한 전단속도에서 시간 경과에 따라 점도 감소 • 토마토케찹, 마요네즈
	레오펙틱 유체 (Rheopectic fluid)	일정한 전단속도에서 시간 경과에 따라 점도 증가 • 휘핑크림

분되며 시간 경과에 따라 점도가 변하는 일부 비뉴턴성 유체는 점도의 시간 의존성(time dependent)에 따라 틱소트로픽 유체(thixotropic fluid) 및 레오펙틱 유체(rheopectic fluid)로 분류된다. 비뉴턴성 유체의 종류와 각 유체의 유동 특성은 표 4-7에 표시하였다.

② 점성 측정

a. 모세관점도계

모세관점도계(capillary viscometer)는 일정 길이의 모세관에 일정 부피의 유체가 통과하는 시간을 측정하여 점도를 구하는 유리기구로서 오스트발트(Ostwald) 점도계, 우베로데(Ubbelohde) 점도계, 캐논-펜스키(Cannon-Fenske) 점도계 등이 사용된다. 이러한 모세관점도계는 가격이 저렴하고 측정이 간단한 반면에 점도가 높은 시료 또는 비뉴턴성 유체의 점도 측정에는 적합하지 않다.

모세관점도계에 의한 유체의 점도 측정에는 하겐-푸아죄유(Hagen-Poiseuille) 식에서 유도된 다음 공식을 사용할 수 있으나 모세관의 반지름, 길이, 높이 및 시료의 부피를 미리 계산하여 점도계 상수(*k*)로 제공하는 보정 모세관점도계(calibrated viscometer)를 이용하면 유체의 통과시간(*t*) 측정만으로 쉽게 점도를 구할 수 있다.

$$\eta = \frac{\pi r^4 g h \rho t}{8LV} = k\rho t$$

η : 점도, r: 모세관 반지름, g: 중력가속도, h: 유체 높이, ρ : 유체 밀도,
L: 모세관 길이, V: 유체 부피, k: 점도계 상수, t: 유체 통과시간

모세관점도계의 점도 측정법은 오스트발트 점도계를 예로 들면 다음과 같다. 즉, 일정한 온도에서 측정하고자 하는 유체를 모세관점도계의 표선 C까지 채우고 점도계의 다른 쪽에서 유체를 표선 A의 상부까지 흡입한 다음 유체가 표선 A에서 표선 B까지 흘러내릴 때까지의 시간을 측정하고 여기에 점도계 상수를 곱하여 동점도(kinematic viscosity)를 구한다. 또한 모세관점도계는 물과 같이 점도를 알고 있는 액체를 기준 유체로 하여 하겐-푸아죄유 식에서 유도된 관계식을 사용하여 유체의 상대점도(relative viscosity), 비점도(specific viscosity), 고유점도(intrinsic viscosity)를 측정한다.

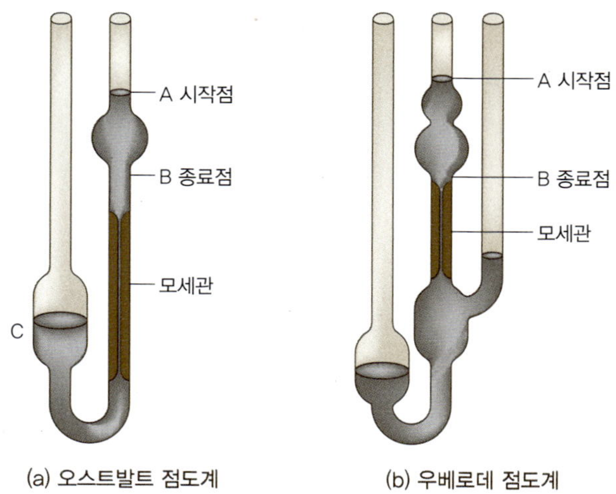

그림 4-6 **모세관점도계**

$$\frac{\frac{\eta_s}{\rho_s}}{\frac{\eta_0}{\rho_0}} = \frac{t_s}{t_0}$$

η_s : 시료의 점도, ρ_s : 시료의 밀도, t_s : 시료의 모세관 통과시간
η_0 : 물의 점도, ρ_0 : 물의 밀도, t_0 : 물의 모세관 통과시간

상대점도(η_r) $\eta_r = \frac{\eta_s}{\eta_0} = \frac{t_s\rho_s}{t_0\rho_0}$

비점도(η_{sp}) $\eta_{sp} = \frac{\eta_s - \eta_0}{\eta_0} = \eta_r - 1$

고유점도($[\eta]$) $[\eta] = \lim_{C\to 0}\frac{\eta_s - \eta_0}{\eta_0 \cdot C} = \lim_{C\to 0}\frac{\eta_{sp}}{C}$

C : 시료의 농도

고유점도는 농도별 시료의 비점도(η_{sp})를 측정하고 시료 농도(C)를 독립변수(x), 비점도/농도(η_{sp}/C)를 종속변수(y)로 하는 일차회귀(linear regression) 모델식의 절편으로 구한다. 고유점도는 단백질과 같은 고분자화합물의 구조 변화, 분자량의 예측 등에 이용된다.

b. 회전점도계

회전점도계(rotational viscometer)는 형태와 용도에 따라 종류가 다양하나 기본적으로 회전하는 로터(rotor)와 움직이지 않는 고정자(stator)로 구성되어 있다. 회전점도계는 유체 내에서 일정한 속도로 로터를 회전시킬 때 로터의 회전과 회전속도에 필요한 힘(torque)을 측정하여 점도를 구한다.

동축원통형 점도계(coaxial cylinder viscometer)는 유체의 점도 측정에 사용되는 회전점도계의 일종이다. 동축원통형 점도계는 원통형 컵 내부에 작은 원통(bob)이 위치하며 두 원통 사이의 공간에 시료 유체가 채워지는 구조로 되어 있다(그림 4-7). 또한 동축원통형 점도계는 회전방식에 따라 컵이 회전하고 작은 원통이 고정된 형태(Searle type)와 반대의 경우로 회전하는 형태(Couette type)가 있으나 점도 측정 원리는 동일하다. 즉, 회전하는 원통과 고정된 원통 사이의 유체에서 발생하는 점성에 의한 토크를 측정하여 점도를 측정한다. 이러한 동축원통형 점도계는 전단응력-전단속도 그래프 작성에 필요한 전단속도 범위에서 가동할 수 있으므로 뉴턴성 유체와 비뉴턴성 유체의 점도 측정에 모두 사용할 수 있

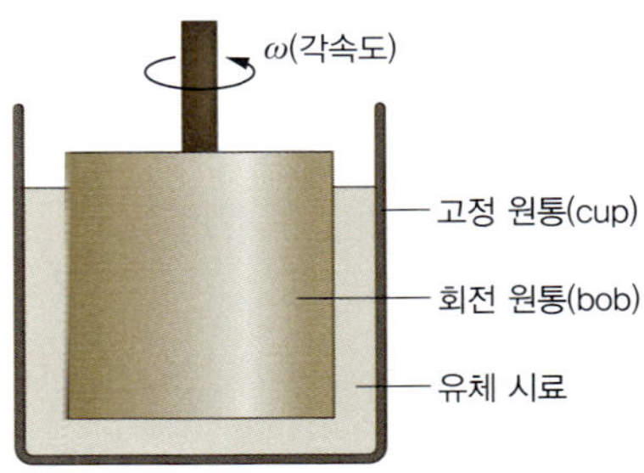

그림 4-7 **동축원통형 점도계**

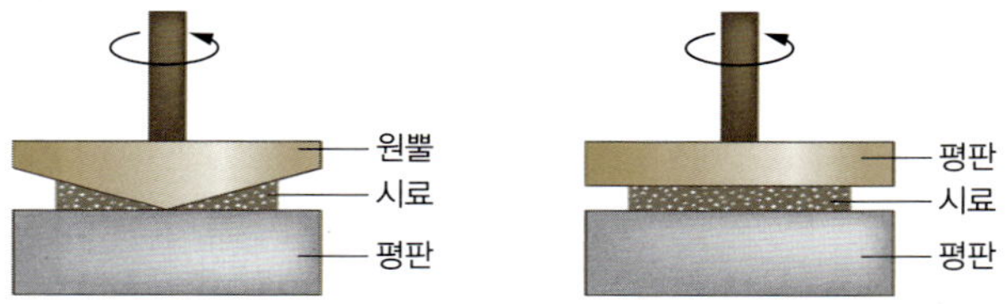

그림 4-8 **원뿔평판형 및 평행평판형 점도계**

으며, 비뉴턴성 유체는 전단속도에 따른 점도 변화를 측정할 수 있다.

또 다른 형태의 회전점도계로는 원뿔평판형 점도계(cone-plate viscometer)와 평행평판형 점도계(plate-plate viscometer)가 있다(그림 4-8). 원뿔평판형 점도계는 고정된 원형의 평판 위에서 일정한 속도로 회전하는 원뿔(cone) 사이의 시료에서 발생하는 토크를 측정하여 점성을 구한다. 원뿔평판형 점도계는 동축원통형 점도계로는 측정이 어려운 높은 점도의 에멀션, 페이스트 등의 점도 측정에 사용된다.

평행평판형 점도계는 고정 평판 위에서 또 다른 평판이 회전하는 형태이다. 이 점도계는 높은 점도의 시료뿐만 아니라 원뿔평판형 점도계로 측정이 어려운 입자 크기가 큰 분산액의 점도 측정에 적합하다.

c. 점조도 측정기

점조도(consistency)는 유체 스스로 중력에 의해 흐르는 정도를 나타내는 것으로 유체의 경험적(empirical) 비교 점도를 말한다. 유동성 식품의 점조도를 측정하는 장치를 점조도 측정기(consistometer)라 하며 대표적인 장치로는 일정 조건에서 주어진 시간 동안 시료의

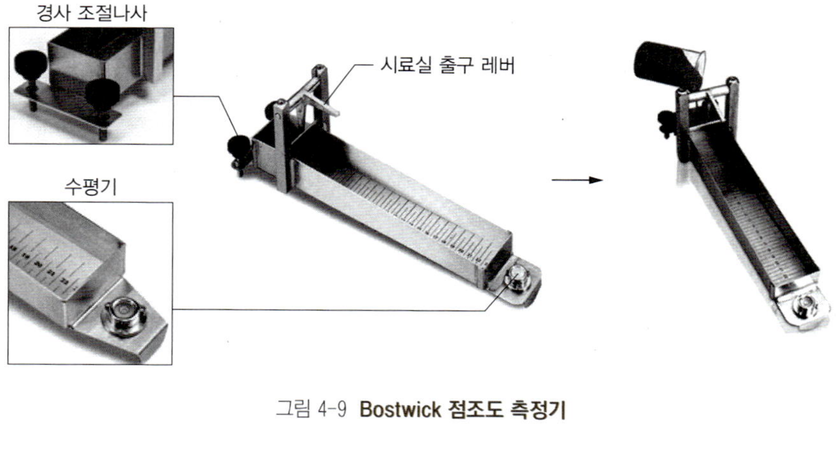

그림 4-9 **Bostwick 점조도 측정기**

흐르는 거리를 측정하는 Bostwick 점조도 측정기가 있다. Bostwick 점조도 측정기는 눈금이 표시된 홈통(trough) 형태의 용기를 수평으로 놓고 용기 끝에 위치한 시료실에 일정량의 시료를 채운 뒤 출구(gate) 레버를 올렸을 때 일정 시간 동안 시료가 흘러가는 거리를 측정하여 조점도를 구한다(그림 4-9). 이러한 Bostwick 점조도 측정기는 측정방법이 간단하고 분석이 신속하여 점조도가 품질 지표인 케찹, 소스, 이유식, 스프, 샐러드드레싱과 같은 식품의 생산 현장과 품질관리실험에서 널리 사용된다.

d. 아밀로그래프

전분의 호화, 가열 안정성 및 반등(setback) 특성을 점도로 측정하는 장치이다(그림 4-10). 아밀로그래프의 점도는 고유 점도단위인 Brabender unit(BU)으로 표시되며 보정곡선을 이용하면 푸아즈(poise)로 환산할 수 있다.

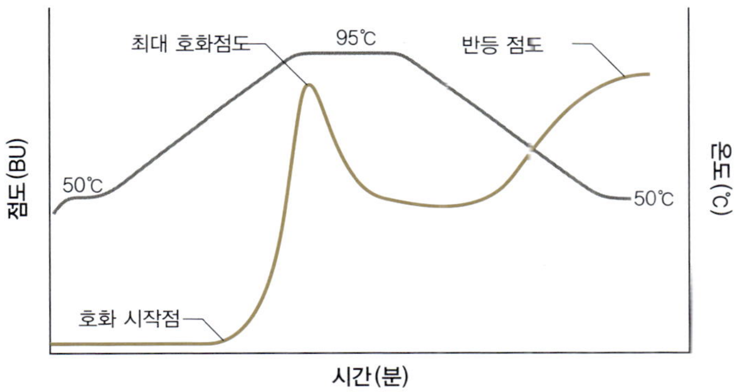

그림 4-10 **전분의 아밀로그램**

아밀로그래프(amylograph)는 전분 현탁액을 일정 속도로 교반하면서 가열(95°C)/가열 유지(95°C)/냉각(50°C) 순환의 점성 변화를 통하여 전분의 호화 개시온도, 최대 호화점도, 팽윤 호화전분의 가열 안정성, 전분 겔(gel)의 특성에 대한 정보를 제공한다. 이러한 아밀로그래프는 전분의 품질 특성 평가, 밀가루의 호화 특성 측정, 맥아의 α-아밀레이스 활성 측정 등에 활용된다. 신속점도분석기(Rapid Visco Analyzer, RVA)는 아밀로그래프보다 적은 양의 시료를 사용하여 동일한 정보를 얻을 수 있으며 가열/냉각 순환 조절이 쉬워 아밀로그래프를 대신하여 사용이 확대되고 있다.

이상과 같이 다양한 점도 측정방법이 있으며 식품에 따른 점도 측정방법을 다음과 같이 나타내었다.

실험 캐논-펜스키 점도계를 이용한 용액의 점도 측정

목적 유리모세관(glass capillary) 점도계를 이용하여 여러 농도의 설탕 용액의 고유점도를 측정

이론 하겐-푸아죄유 식으로 다음과 같은 식을 유도한다.

$$\frac{\eta_s}{\rho_s} = t_s \qquad \frac{\eta_0}{\rho_0} = t_0$$

η_s : 용액의 점도, ρ_s : 용액의 밀도, t_s : 용액이 관을 내려오는 시간

η_0 : 물의 점도, ρ_0 : 물의 밀도, t_0 : 물이 관을 내려오는 시간

상대점도(η_r) $$\eta_r = \frac{\eta_s}{\eta_0} = \frac{t_s \rho_s}{t_0 \rho_0}$$

비점도(η_{sp}) $$\eta_{sp} = \frac{\eta_s - \eta_0}{\eta_0} = \eta_r - 1$$

고유점도($[\eta]$) $$[\eta] = \lim_{C \to 0} \frac{\eta_s - \eta_0}{\eta_0 \cdot C} = \lim_{C \to 0} \frac{\eta_{sp}}{C}$$

C : 용액의 농도

$[\eta]$: 고유점도로서 분자간의 결합력이 제거되어 분리된 거대분자의 성질을 나타내며 모양이나 부피에 따라 다르고 분자량에 비례해서 나타남

실험방법

1. 다음과 같이 25°C에서 흘러내려 오는 시간(efflux time)을 측정하기 위해 점도계의 사용법을 설명한다.

	농도 (mg/mL)	밀도 (g/mL)	시간 (sec)	상대점도	비점도	고유점도 (mL/mg)
1						
2						
3						
4						
5						

2. [비점도/농도](y축)와 농도(x축)의 그래프를 그린다.
3. 최적 일직선을 나타내는 기울기와 절편을 구한다.
4. 절편으로부터 고유점도를 구한다.

실험 브룩필드(Brookfield) 점도계를 이용하여 옥수수기름의 점조도 측정

목적 뉴턴성 유체의 점도를 측정

실험방법

1. 브룩필드 점도계의 설명
   a. 스핀들 b. 속도 : rpm c. 다이얼 읽기(%눈금) : 0~100

   최대 토크(full scale torque) = 7187 dyne-cm(RV 모델)

   673.7 dyne-cm(LV 모델)

   예) LV 모델의 토크 = 다이얼 눈금/100 × 673.7
2. 브룩필드 점도계와 여러 스핀들의 감도(sensitivity)를 설명한다.
3. 유체식품의 Power law 유체방정식을 소개한다.
4. 점도계에 따른 회전속도(rpm)와 다이얼 눈금을 설명하고 회전 스핀들의 각속도(angular rotation rate, Ω)를 소개한다.
5. 여러 회전속도(rpm)에 따른 다이얼 눈금을 측정하고 운동량(momentum, M)과 벽면에서의 응력(τ_w)을 다음 식에서 구한다.

$$\tau_w = \frac{M}{2\pi R_b^2 h}$$

6. 운동량과 각속도를 이용하여 정규 그래프로부터 항복응력(τ_y)을 구한다.

$$\tau_y = \frac{M_y}{2\pi R_b^2 h}$$

7. Log-log 그래프에 각속도(Ω) 대 ($\tau_w - \tau_y$)의 그래프를 그리고 선형 식을 구한다.
8. 선형 회귀직선(regression line)의 기울기로부터 유동거동지수(flow behavior index, n)를 구한다.
9. 절편으로부터 점조도 지수(consistency index, C)를 구하고 다음의 식을 완성한다.

$$\log\Omega = \left[\frac{\log\frac{n}{2}\left\{1-\left(\frac{R_b}{R_c}\right)^{\frac{2}{n}}\right\}}{C^{\frac{1}{n}}}\right] + \frac{1}{n}\log\tau_w$$

10. 비뉴턴성 식으로부터 전단속도를 구하고 ($\tau_w - \tau_y$) 대 전단속도를 그래프에 그린다.
11. 점도 대 전단속도의 그래프를 그린다.
12. 9의 식으로부터 뉴턴 방정식(Newtonian equation)을 이끌어 낸다.
13. 캐슨 모델(Casson model)을 이용하여 항복응력값을 계산한다.

실험 땅콩버터와 같은 비뉴턴성 반죽의 점도 측정

목적 구축 데이터로부터 땅콩버터의 유체 모델(flow model) 설정

이론 아래와 같은 Rabinowitch-Mooney식을 이용하여 수정된 전단속도를 구한다.

$$\left(-\frac{dv}{dr}\right)_w = \frac{3+b}{4}\cdot\frac{4Q}{\pi R^3}$$

$$\text{여기서 } b = \frac{d\log\frac{4Q}{\pi R^3}}{d\log\frac{\Delta PR}{2L}}$$

위의 식은 명시하지 않은 일반적인 유체 모델을 나타낸 식이다. 도표와 모델을 제시하기 위해 다음과 같은 데이터 분석이 필요하다.

데이터 분석

(1) 구성

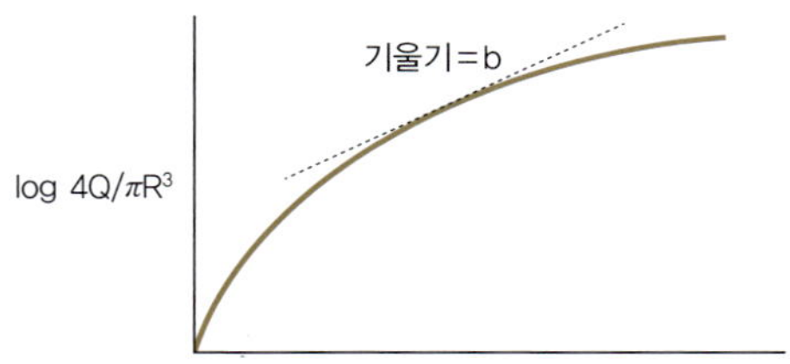

(2) 직선의 기울기 b와 $4Q/\pi R^3$을 이용하여 벽면에서의 전단속도 $(-dv/dr)_w$를 계산하고 표를 만든다.

$4Q/\pi R^3$	$\Delta PR/2L$ or τ_w	b	$(-dv/dr)_w$ or $\dot{\gamma}_w$

(3) 모델

a. 캐손 방정식(Casson equation)

$$\sqrt{\tau_w} = M\sqrt{\dot{\gamma}_w} + \sqrt{\tau_y}$$

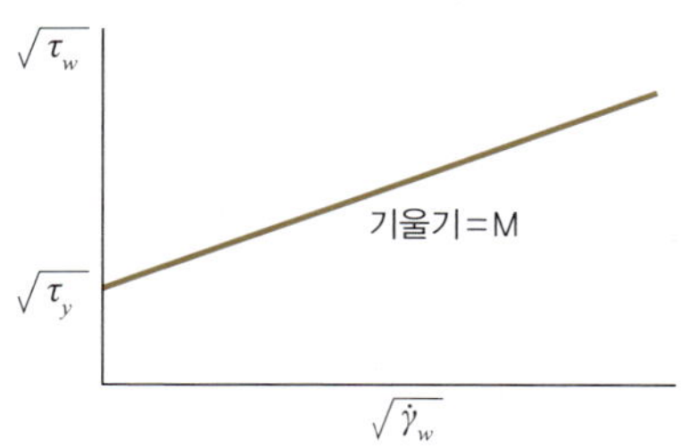

캐손 모델은 $\sqrt{\tau_w}$ 대 $\sqrt{\dot{\gamma}_w}$이 일직선이라면 적합한 모델이며 항복응력을 절편으로부터 쉽게 구할 수 있다.

b. 항복응력을 가진 power law 모델식

$$\tau_w - \tau_y = C \cdot \dot{\gamma}_w{}^n \quad \text{or} \quad \log(\tau_w - \tau_y) = \log C + n \log \dot{\gamma}_w^n$$

이 모델에서는 항복응력을 구하기가 쉽지 않다. 그러나 캐손 모델이 잘 묘사된다면 power law 모델을 이용해서도 항복응력을 구할 수 있으며, τ_w 대 $\dot{\gamma}_w$의 그래프를 그려서 구한다.

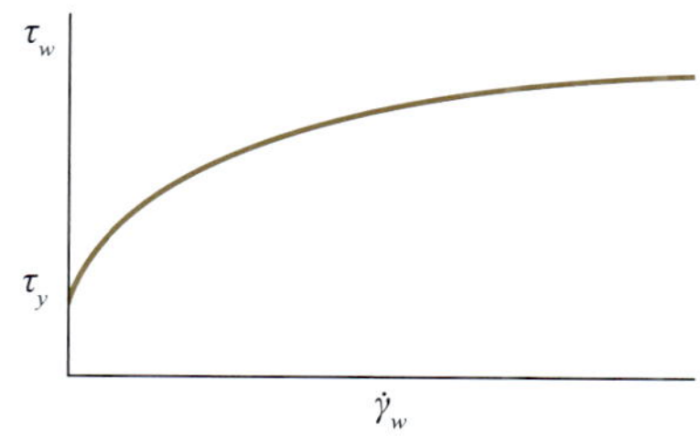

항복응력 τ_y은 그래프나 τ_w 대 $\dot{\gamma}_w$의 다항식을 이용하여 컴퓨터에서도 구할 수 있다.

$$\tau_w = A_1 + A_2\gamma + A_3\dot{\gamma}^2 + A_4\dot{\gamma}^3$$

이 경우 A_1은 항복응력(τ_y)이고 power law 식에서 상수 C와 n은 $\log(\tau_w - \tau_y)$과 $\log \dot{\gamma}_w$의 선형 관계식으로부터 다음과 같이 구할 수 있다. :

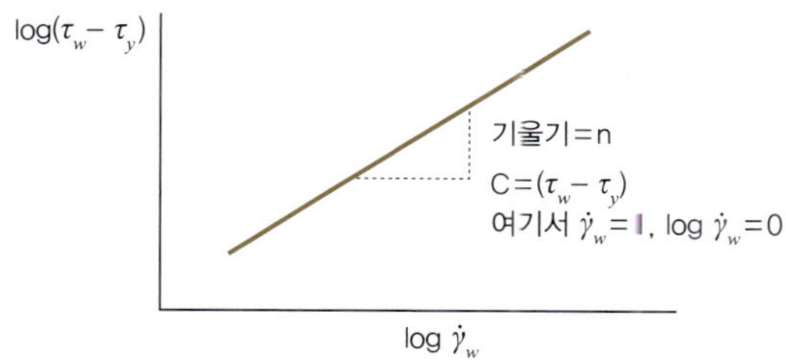

실험방법

1. 각 실험조건에서 크로스헤드 속도(crosshead speed)에 따른 힘(force) 값을 기록하며 피스톤 마찰을 고려한 수정된 힘 값을 구한다.

   Note : 피스톤 지름 = mm

2. 크로스헤드 속도와 피스톤 면적으로부터 용적 유량(Q)을 구한다.
3. 수정된 힘 값을 피스톤 면적으로 나눈 △P 값을 구한다.
4. 데이터 분석의 순서를 따르며 제시된 두 모델의 상수값들을 구한다.
5. 어느 캐손 모델과 power law 모델의 적합성을 토론한다.

(3) 식품의 조직감

식품의 조직감은 단백질이나 탄수화물의 3차원 네크워크(dimensional network)로 표출되며 이러한 식품의 조직감을 측정하는 대부분의 기기들은 힘을 측정하는 기기이다. 식품의 조직감은 열을 가했을 때 유체 성분을 나타내는 흐름성(flow)과 고형 성분을 나타내는 변형성(deformation)으로 나타난다. 이때 흐름성은 점도나 속도로 측정되며, 변형성은 응력(stress)이나 변형(strain)으로 그 특징들을 나타내나 두 성분 모두 힘(force)으로 표현하기도 한다. 이와 같은 힘과 변형성을 나타내는 방법으로는 기본적(fundamental), 경험적(empirical), 모방적(imitative) 측정방법이 있다.

기본적 측정방법은 물리적인 단위로 나타내는데 힘은 kg_f, 변형은 m, 시간은 sec를 이용하며 응력, 변형, 점성, 모듈러스(modulus) 등으로 나타낸다. 이 방법은 서로 다른 곳에서 측정하더라도 상호 데이터를 비교할 수 있으나 측정하는 데 시간이 많이 든다. 경험적 측정은 조직감에 실용적인 정보를 제공하고 빠른 시간 내에 측정할 수 있어 일반 식품 산업에서 가장 많이 이용하나 시료의 크기나 힘의 정도에 따라 결과가 달리 나타나기도 한다. 펀치 시험법(punch test), 절단시험(cutting test)이나 압출시험(extrusion test) 등이 이에 속한다. 모방적 측정방법은 사람이 씹는 것을 모방하여 측정하는 것이지만 이 방법 역시 시료의 크기나 성질에 따라 달리 나타나기도 한다. Warner-Bratzler 전단이나 TPA(texture profile analysis)가 이에 속한다. 물성에서 이용되는 기본적인 식은 다음과 같다.

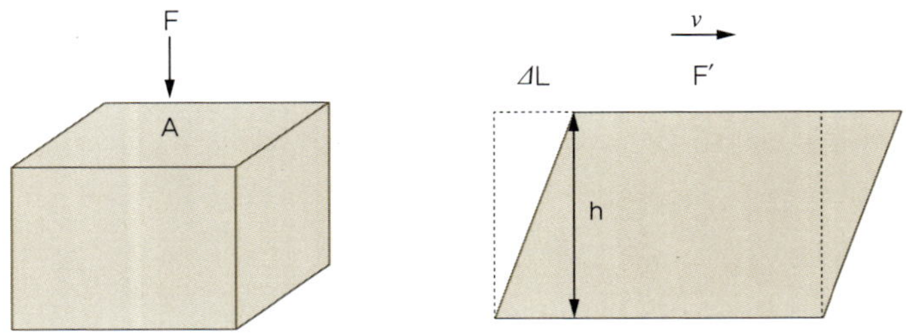

- 수직응력(normal stress, Pa) = 압축력(compressive force, F)/면적(A)
- 수직변형(normal strain) = 변형길이(deformation)/초기 길이(L)
- 전단응력(shear stress, Pa) = 전단력(shear force, F′)/전단면적(A)
- 전단변형(shear strain) = 변형길이(deformation, △L)/높이(h)
- 전단속도(sec^{-1}) = 변형길이/높이/시간 = 속도(v)/높이(h)

여기서 식품의 강성도(stiffness)를 나타내는 영률(Young's modulus)은 수직응력/수직변형이며, 식품의 경직도(rigidity)를 나타내는 전단 모듈러스(shear modulus)는 전단응력/전단변형으로 나타내며, 식품의 점도는 전단응력/전단속도로 측정된다.

이론과 실제Theory and Practice 1

실험 빼빼로/프레첼의 굽힘시험(bending test)

목적 일자 시료의 구부림 측정으로 탄성계수를 구하기 위함

기구 1) 레오미터(Rheometer), 2) 굽힘지지대(Bending fixture) 3) 노기스(vernier calipers)

이론 하중(loading)의 대칭으로 인해 기둥(beam)의 왼쪽 반만을 고려한다. 임의의 점 x에서의 굽힘 모멘텀(bending momentum)은

$$M = \frac{P \cdot x}{2}, \quad 0 < x < \frac{l}{2} \qquad \cdots\cdots ①$$

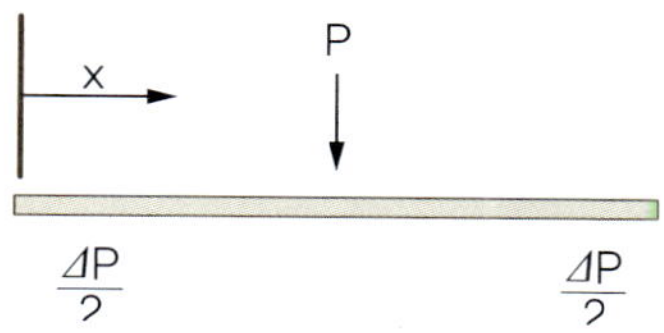

x: 왼쪽 축에서부터 거리 P: 적용된 힘 l: 전체 기둥길이

빔 축의 곡선에서의 모멘텀 식은

$$\mathrm{E} \cdot \mathrm{I} \cdot \frac{d^2 y}{dx^2} = -\mathrm{M} \qquad \cdots\cdots ②$$

y: 하향 수직 이동, E: 탄성률, $\frac{d^2 y}{dx^2}$: x에 대한 y의 2차 도함수, I: 관성 모멘트

①과 ②에서 $\mathrm{E} \cdot \mathrm{I} \cdot \frac{d^2 y}{dx^2} = -\frac{P \cdot x}{2}$

두 번 적분하여 식으로 나타내면 $y = -\frac{P \cdot x^3}{12 \cdot \mathrm{E} \cdot \mathrm{I} \cdot} + A \cdot x + B$

여기서 A와 B는 적분 상수값이며 l을 최대 굴절(deflection) 길이라고 할 때,

$x = 0$에서 $y = 0$을 나타내고 그 결과 $\mathrm{B} = 0$ $\cdots\cdots$ ③

$x = \frac{l}{2}$에서 $\frac{dy}{dx} = 0$이고 그 결과 $A = \frac{P \cdot l^2}{16 \cdot \mathrm{E} \cdot \mathrm{I}}$ $\cdots\cdots$ ④

③과 ④로부터 전체 식을 나타내면,

$$y = \frac{P \cdot l^2 \cdot x}{16 \cdot \mathrm{E} \cdot \mathrm{I}} - \frac{P \cdot x^3}{12 \cdot \mathrm{E} \cdot \mathrm{I}}$$

$$\text{최대 굴절 } \delta = y\Big|_{x=\frac{l}{2}} = \frac{P \cdot l^2 \cdot \left(\frac{l}{2}\right)}{16 \cdot \mathrm{E} \cdot \mathrm{I}} - \frac{P\left(l^3\right)}{12 \cdot \mathrm{E} \cdot \mathrm{I}}$$

그러므로 탄성률 $E = \dfrac{\pi \cdot R^3}{48 \cdot I \cdot \delta}$

원형 횡단면, 

$I = \dfrac{\pi \cdot R^4}{4}$

직사각형 횡단면, 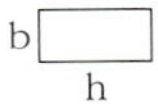

$I = \dfrac{b \cdot h^3}{12}$

도넛 형태 횡단면,  $I = \dfrac{\pi \cdot \left(R^4 - r^4\right)}{4}$

실험방법

1. 레오미터에 굽힘 지지대를 설치하고 크로스헤드 속도, 최대 힘 배율(full scale force)과 차트 속도(chart speed)를 설정한다.
2. 시료를 지지대에 설치하고 시료가 파손될 때까지 중앙에 힘을 가한다.
3. 각 시료의 단면을 원형 횡단면이라 가정하고, 관성 모멘트 계산을 위해 단면의 반지름을 구한다. 시료의 평균 반지름을 위해 적어도 3점 이상을 측정한다.
4. 힘-변형곡선(force-deformation curve)을 분석하여 탄성률 (Pa)값을 구한다.
5. 시료가 파손될 때까지 변형되는데 필요한 에너지(joule)를 도표로부터 구한다.
6. 각 데이터들의 표준편차를 구한다.
7. 이 시료를 측정하고 계산하는 데 필요한 기본 가정들을 논한다.
8. 어떤 유형의 측정이 가장 유효한지 논하고 이 시험들이 시료의 어떤 점을 상기시키는지를 논한다.
9. 다음 식을 이용하여 파손응력(failure stress, σ)을 구한다.

$$\sigma_0 = \frac{P \cdot l}{\pi \cdot R^3} \qquad \sigma = \frac{1.5P \cdot l}{b \cdot h^2}$$

데이터

시료# 길이 지름	최대 굽힘력 (N)	파손 에너지 (Joule)	휨	기울기	탄성률 (Pa)	파손응력 (Pa)
1						
2						
3						
4						
평균						

탄성률의 표준편차 =

파손 에너지 표준편차 =

파손응력 표준편차 =

이론과 실제Theory and Practice 2

실험 감자나 사과의 축하중시험(axial loading tests)과 헤르츠(Hertz) 방정식

목적 과일이나 야채에 축하중을 가하여 탄성률을 결정

기구 1) 레오미터, 2) 표면하중 고정장치(Flat/spherical surface loading fixture), 3) 노기스

이론 • 실린더 모양 시료의 축하중 :

$$E = \frac{\sigma}{\varepsilon} = \frac{F \cdot L}{D \cdot A}$$

F : 힘, L : 길이, A : 시료의 단면적, D : 변형

• 두 평판 사이의 구형 시료의 축하중 : 헤르츠 방정식

$$E = \frac{0.531F(1-\mu^2)}{D^{\frac{3}{2}}}\left[\frac{2}{\sqrt{d}}\right]$$

μ : 푸아송비(Poisson's ratio), d : 구의 지름, D : 변형

헤르츠 방정식 : ASAE R368 in the Agricultural Engineer's Yearbook으로부터의 수식

실험방법

1. 크로스헤드 속도(crosshead) 20 mm/min, 도표속도 300 mm/min로 하고, 최대 힘을 10 kg_f로 한다.
2. a. 감자를 대강 2등분으로 자른다. 자른 감자의 반은 1/2″ 머그너스-테일러(Magness-Taylor) 시험을 이용하고 인덴터(indenter)가 접촉하는 감자 표면의 껍질을 제거하도록 한다.
   b. 나머지 반은 평판시험(flat plate test)을 위하여 껍질을 제거하지 않도록 한다.
   c. 축압력(axial compression) 측정을 위해 실린더 모양의 감자 시료를 만든다.
   지름 __________cm, 높이 __________cm
3. 제시된 표를 채워 넣도록 한다.
4. 3종류의 측정방법으로 구한 결과를 비교하고 그 차이에 대하여, 가능한 한 모든 이유를 들어 토론하도록 한다.

Indenter 지름 : __________ 곡률반경(radius of curvature) : __________

감자 #	위곡률 반경R_1	아래곡률 반경R_1'	인덴터 지름	1/2변형 지점	파손 힘 거리 (kg_f) (m)	힘 (N)	변형 모듈러스 (kPa)
1							
2							

감자 #	위곡률 반경R_1	아래곡률 반경R_1'	인덴터 지름	1/2변형 지점	파손 힘 거리 (kg_f) (m)	힘 (N)	변형 모듈러스 (kPa)
3							
4							
5							
평균							
표준편차							
변동계수							

Flat Plate Test

감자#	R_1	R_1'	변형 (D)	변형 모듈러스
1				
2				
3				
4				
5				
평균				
표준편차				
변동계수				

Cylinder Test

감자 #	실린더 높이	실린더 지름	힘-변형과의 기울기	변형 모듈러스
1				
2				
3				
4				
5				
평균				
표준편차				
변동계수				

이론과 실제 Theory and Practice 3

실험 치즈와 버터의 온도에 대한 영향(Arrhenius Equation)

목적 치즈나 버터의 온도에 대한 물성학적 성질의 변화를 수학적으로 나타내기 위함

실험방법 치즈나 버터 시료를 −20°C에서 20°C의 범위에서 강도를 측정할 수 있는 장치를 이용한다.

1. 크로스헤드 속도 :

   도표 속도 :

   최대 파손 힘 :

2. 각 온도에서 최대 파손 스트레스를 구하도록 한다.
3. Log(최대응력) 대 절대온도의 역수를 이용하여 그래프를 그리도록 한다.

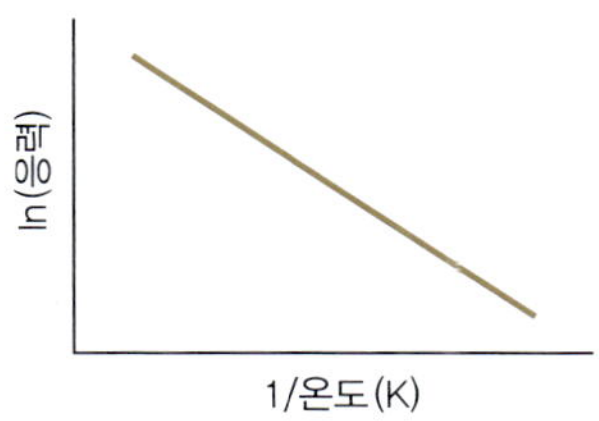

4. 다음과 같은 형태의 아레니우스 식(Arrhenius equation)을 이용하여 ln A와 E_a를 구한다.

$$\ln(\text{응력}) = \ln A - \frac{Ea}{(RT)}$$

5. 아레니우스 유형의 식은 온도에 대한 파손 스트레스 사이의 관계를 잘 나타내고 있는지를 관찰한다.
6. 아레니우스 식은 일반적으로 반응속도론(reaction kinetics)에 사용된다. 본 실험에서 E_a의 의미는 무엇인가?

이론과 실제 Theory and Practice 4

실험 파운드케이크의 관능검사

목적 파운드케이크의 관능적인 면을 비교하기 위함

실험방법 1/2″로 슬라이스한 케이크를 3/4″×3/4″로 자른다.

I. 가. 혀와 입천장(palate) 사이에 시료를 놓고 다음과 같이 측정한다.

1. 표면의 매끄러운(surface smoothness) 정도 : 거침/울퉁불퉁
2. 입자성(graininess) : 표면에 조그마한 입자가 느껴지는 정도(부스러기)
3. 촉촉함(moistness) : 시료가 얼마나 축축한가의 정도

나. 혀와 입천장 사이에 부분적으로 압착을 가한 후 힘을 빼고 다음과 같이 측정한다.

1. 탄력성(springiness) : 원래의 모양으로 얼마나 빨리 복원하는 정도

II. 이빨 사이에 시료를 놓고 한 번 깨문 후 다음과 같이 측정한다.

1. 단단함(hardness) : 시료를 부수는 데 필요한 힘
2. 응집성(cohesiveness) : 시료가 부서지기 전까지 변형되는 정도
3. 촉촉함 : 시료의 축축한 정도
4. 흡습성(moisture absorption) : 시료가 침을 흡수하는 정도
5. 밀집성(denseness) : 시료 단면의 빽빽함(compactness)
6. 점착성(adhesiveness) : 시료가 이빨에 남아 있는 정도
7. 거칠음(coarseness) : 시료의 조그마한 입자(grains)가 느껴지는 정도

III. 이빨 사이에 놓고 씹은 후 다음과 같이 측정한다.

1. 흡습성 : 시료가 침을 흡수하는 정도
2. 점착성 : 시료를 5~7회 씹은 후 입천장에 남아 있는 정도
3. 검성 : 시료가 서로 접착하고 있는 정도
4. 입자성(graininess) : 조그만 입자가 또렷이 느껴지는 정도
5. 붕괴 묘사 : 붕괴된 상태를 묘사

IV. 여러 번 씹고 나서 삼킨 후에 다음과 같이 측정한다.

1. 목넘김(ease of swallow) : 씹은 시료가 완전히 삼키게 된 정도
2. 입안의 코팅(mouth coating) : a. 유형 b. 입자
3. 치아 포장(tooth packing) : 시료가 입안에 남아 있는 정도

관능적인 강도의 등급(Intensity Scale)

		14 points
0	탐지 불가(not detectable)	1
)(	가까스로 탐지(threshold, barely detectable)	2
)(-1		3
)(-1	겨우 탐지(barely detectable to slight)	4
)(-1		5
1	약하게 탐지(slight)	6
1-2		7
1-2	약함에서 적당한 탐지(slight to moderate)	8
1-2		9
2	적당한 탐지(moderate)	10
2-3		11
2-3	적당함에서 강하게 탐지(moderate to strong)	12
2-3		13
3	강하게 탐지(strong)	14

물성 분석(Texture Profile)

-파운드케이크 : 표준 샘플을 기준으로 비교

Sample #

상업적 파운드케이크		
I. 표면(Surface))		
표면의 매끄러움	2	
입자성	)(-1	
촉촉함	1~2	
탄력성	2	
II. 첫압(First Bite)		
단단함	1~2	
응집성	2	
촉촉함	1~2	
단단함	1~2	
점착성	1	
거칠음	)(-1	
III. 저작(Mastication)		
흡습성	2~3	
점착성	)(-1	
검성	1~2	
입자성	)(~1	
붕괴 묘사	5~7번 씹었을 때 빠르게 스화되었드며 침과 케이크의 혼합으로 인해 삼키게 됨	
IV. 삼킨 후(After swallow)		
목넘김	2~3	
입안의 코팅:		
a. 가루성(Chalky)	)(	
b. 기름기(Oily)	)(~1	
치아 포장	)(~1	

실험 소시지 식품의 축하중과 펀치 힘(punch force) 및 TPA 비교

기기 레오미터

이론 1) 실린더형 시료의 축하중

$$E = \frac{응력}{압력} = \frac{[F \cdot L]}{[A \cdot D]}$$

F: 힘,　L: 높이,　A: 단면적,　D: 변형

2) 실린더형 시료의 축 관통(axial penetration)

$$\frac{펀치\ 힘}{플런저\ 지름}$$

3) TPA 시험을 이용한 단단함과 응집성

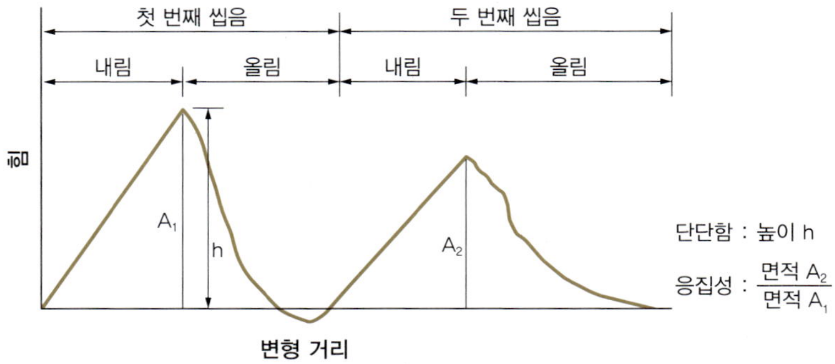

실험방법

1. 10 kgf의 최대 힘의 범위를 가진 레오미터를 이용한다.
   크로스헤드 속도 ________,　차트 속도 ________
2. 시료를 적절한 크기로 자른 후 지름과 높이를 측정한다.
3. 적절한 변형속도를 설정하고 그 속도에서 시료를 압착시킨다.
4. 파손 힘과 변형거리를 측정한 데이터로부터 실린더형 시료의 파손응력과 파손 변형을 계산하도록 한다.
5. 다른 시료를 이용하여 펀치 시험과 TPA 시험을 수행하도록 한다.
6. 다음과 같은 3가지 데이터를 비교한다.

파손응력/파손 변형	힘	응력	변형	영률
펀치 테스트	펀치 힘 (1)	펀치 힘 (2)	펀치 힘 (3)	평균값
TPA	단단함	응집성	단단함	응집성

2. 미생물학적 분석법

1) 세균 등 미생물

세균류는 위해성 미생물#에 있어서 가장 중요하다. 이러한 세균은 흔히 세균성 식중독을 일으키는데, 이는 식중독#을 일으키는 원인균이나 균이 직접 독성물질을 만드는 세균류이기 때문이다. 세균성 식중독에는 섭취된 세균이 장내에서 증식하여 장점막 표면으로 직접 침습하거나 장내에서 생산된 독소를 통해 장점막을 손상시켜 병을 유발하는 감염형과, 오염된 식품 내에서 세균이 독소를 생산하고 독소가 함유된 식품을 섭취함으로써 야기되는 독소형이 있다. 감염형 세균성 식중독은 살모넬라균*Salmonella* spp., 장염비브리오균*Vibrio parahaemolyticus*, 병원성 대장균*Escherichia coli* 등 세균 그 자체에 의해서 일어나며 긴 잠복기를 갖는 것이 특징이며, 두통, 발열, 구역질, 복통, 설사 등의 증상을 보인다. 식품 중에 식

표 4-8 식중독 세균의 분류와 특징 및 식중독을 유발하는 균량(발병 균량)

<table>
<tr><th rowspan="3">식중독 세균의 분류와 특징</th><th>분류</th><th>특징</th><th colspan="2">대표적 균의 종류와 잠복기</th></tr>
<tr><td>감염형</td><td>섭취된 후에도 체내에서 세균이 증식해야 하므로 잠복기가 길다.
가열 조리가 유효하다.
위장염 증상과 함께 발열이 따르는 경우가 많다.</td><td colspan="2">Vibrio parahaemolyticus (8~20시간)
Salmonella spp. (12~36시간)
Campylobacter (3~5일)</td></tr>
<tr><td>독소형</td><td>잠복기가 짧다.
균체 외 독소를 생성한다.
독소가 내열성인 경우에는 가열 조리 효과가 없다.
발열이 별로 따르지 않는다.</td><td colspan="2">Staphylococcus aureus (0.5~6시간)
Clostridium botulinum (12~36시간)
Bacillus cereus (0.5~5시간)</td></tr>
<tr><th rowspan="9">식중독을 유발하는 균량</th><th>분류</th><th>원인균</th><th>특징</th><th>발병 균량
(LOG CFU/g)</th></tr>
<tr><td rowspan="6">감염형</td><td>Campylobacter jejuni</td><td rowspan="6">살아 있는 균의
경구 섭취</td><td>2~6</td></tr>
<tr><td>E. coli O157:H7</td><td>1~2</td></tr>
<tr><td>Enteropathogenic E. coli</td><td>6~9</td></tr>
<tr><td>Listeria monocytogenes</td><td>< 1</td></tr>
<tr><td>Salmonella spp.</td><td>5~7</td></tr>
<tr><td>Vibrio parahaemolyticus</td><td>4~7</td></tr>
<tr><td rowspan="2">독소형</td><td>Staphylococcus aureus</td><td rowspan="2">세균이 생산한
독소 섭취</td><td>6~7</td></tr>
<tr><td>Bacillus cereus</td><td>6~7</td></tr>
</table>

미생물microorganism 현미경으로나 볼 수 있는 작은 생물. 세균, 진균(효모, 곰팡이 등), 조류, 바이러스 및 원생동물의 총칭

식중독food poisoning 식품의 섭취와 연관 있는 인체에 유해한 미생물 또는 유독물질에 의해 발생했거나 발생한 것으로 판단되는 감염성 또는 독소형 질환

중독균이 증식할 때 생기는 독소형 세균은 황색포도상구균*Staphylococcus aureus*, 보툴리누스균*Clostridium botulinum*, 곰팡이류 등으로 잠복기가 짧은 것이 특징이며, 복통, 구토, 변비, 백혈구 및 적혈구 파괴, 복부 팽만, 안면신경 마비, 간장 장애 등이 주요 증상이다(표 4-8).

세균성 식중독을 일으키는 세균은 주로 식품의 원료, 가공 공정, 저장 및 유통 등의 과정에서 오염되며, 이들의 오염 경로를 알기 위해서 각 부문별 세균검사를 실시한다. 이러한 검사들은 병원성 미생물이 원·부재료 또는 제품에 감염되어 있는지 정확하게 판단할 수 있다.

2) 미생물 생육에 영향을 미치는 요인

미생물이 식품에서 잘 증식하기 위해서는 여러 요소들이 충족되어야 하며 그 대분류에는 주로 물리적, 화학적 및 미생물학적 요인이 있다. 물리적 요인으로는 일부 곰팡이#를 제외한 미생물들이 어두운 곳에서 잘 자라는 광선 요인, 대기압하에서 생육하는 압력 요인 및 온도 요인 등을 예로 들 수 있다. 표 4-9는 각종 세균의 생육온도별 분류이다. 극저온성에서 극고온성까지, 생육온도 최저부터 최대까지 생육이 가능한 세균 종류를 확인할 수 있다.

이에 반해 미생물 생육에 영향을 미치는 화학적 요인으로는 수분 활성도에 따라 다양하게 분포되는 수분, 생명현상 유지를 위해 최적의 pH, 산소, 영양소, 미생물 생육 억제를 위한 화학물질 첨가 등이 있다. 각종 미생물의 산소 요구성을 표 4-10에 나타내었으며, 이는

표 4-9 각종 세균의 생육온도별 분류

온도 분류	생육온도(℃)			세균 종류
	최저	최적	최대	
극저온성 세균	-10	10	20	*Flacobacterium*, *Arthrobacter glacialis* 등
저온성 세균	-10	20~30	42	*Pseudomonas fragii*, *Pseudomonas fluorescens*, *Aeromonas* spp., *Psychrobacter enterococcus* 등
중온성 세균	5	28~43	52	*Escherichia coli*, *Bacillus subtilis*, *Salmonella*, *Staphylococcus* 등
고온성 세균	30	50~65	70	*Bacillus coagulans*, *Bacillus stearothermophilus*, *Clostridium thermosaccharolyticum*, *Thermus thermophilus* 등
극고온성 세균	65	80~90	100	*Thermotogae*, *Thermococcus*, *Pyrococcus* 등

곰팡이mold 진균류 중에서 효모와 버섯을 제외한 균사체와 포자를 만드는 균의 총칭으로, 접합균류, 편모균류, 자낭균류, 담자균류, 불완전균류를 포함

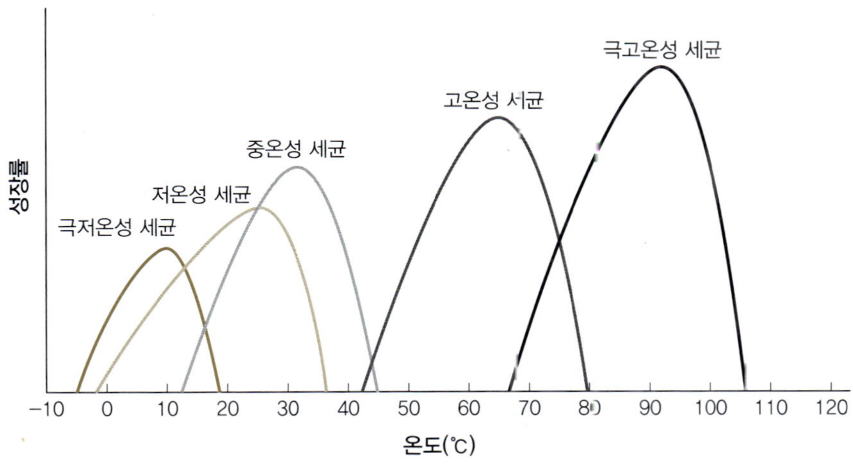

그림 4-11 **미생물의 최적 생장온도**

표 4-10 각종 미생물의 산소 요구성

분류	세균 종류
편성호기성 미생물	*Pseudomonas fluorescens*, *Bacillus* spp., *Penicillium* spp., *Pichia* spp., *Hansenula* spp. 등 대부분의 균 곰팡이 및 효모류
미호기성 미생물	*Campylobacter* spp. 등
통성호기성 미생물	*Leuconostoc*, *Proteus vulgaris*, *Staphylococcus aureus*, *Saccharomyces cerevisiae*, *Escherichia coli*, *Salmonella* spp. 등
내성혐기성 미생물	*Saccharomyces* spp., *Clostridium perfringens* 등
편성혐기성 미생물	*Clostridium* spp., *Bilidobacterium*, *Methanobacterium* 등

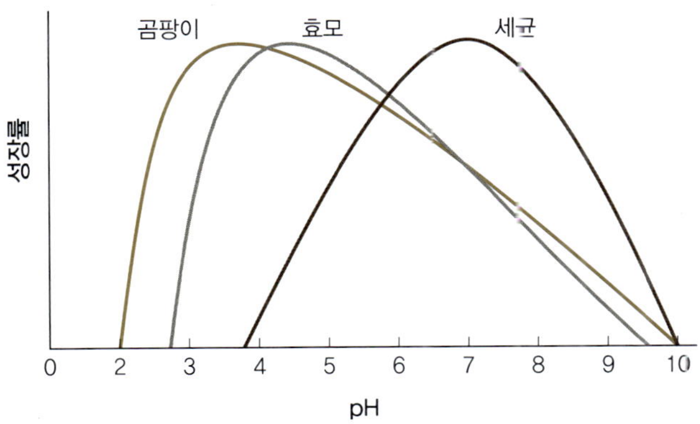

그림 4-12 **미생물의 pH에 따른 성장률**

편성호기성, 미호기성, 통성호기성, 내성혐기성 및 편성혐기성에 따라 각각 생장 가능한 세균을 보여 주고 있다. 그림 4-12는 식품의 pH 변화량에 따른 미생물의 성장률을 나타낸 것이다. 식품의 pH에 따라 생육이 가능한 미생물의 종류와 정도가 다른 것을 알 수 있다. 일반적으로 세균의 증식 pH 범위는 4.0~9.0, 효모 증식의 pH 범위는 2.0~8.5이고, 곰팡이의 증식 pH 범위는 1.5~9.0이다.

또한 미생물학적 요인으로는 여러 다른 미생물들과 함께 존재하므로 미생물 상호간의 도움 관계, 한 종류의 미생물이 다른 균의 생육을 저해하는 것, 또한 생육에 필요한 요소들을 얻고자 경쟁하는 등 균 상호간의 관계를 고려해야 한다.

3) 식품 미생물 분석법

식품의 미생물 분석은 식품의 제조 가공 및 식품 품질관리에 없어서는 안 될 중요한 작업이다. 정확한 미생물 분석을 위해서는 제품의 종류, 특성, 포장 및 저장 조건 등에 대한 정보를 바탕으로 알맞은 분석법을 선택해야 하며, 검출#하고자 하는 미생물에 알맞은 배지#를 선택해야 한다. 식품의 품질관리를 위한 미생물학적 분석법은 비교적 정확하며 생산현장에서 빨리 실시해야 한다. 그러나 미생물 분석은 특수 환경이나 시설 등이 요구되고 집락(colony)#이 형성되는 결과를 산출하는 데는 1일 또는 2~5일이 필요하다.

식품의 미생물 분석, 특히 배양#을 통한 검증은 어떤 식품의 균 수를 알려 주어 그 식품의 미생물학적 품질 및 안전성을 알 수 있다. 이를 위해 여러 가지 배양방법을 통하여 미생물균을 정성 및 정량적으로 분석할 수 있다. 이는 식품의 물리적, 화학적 특성 및 기술적 가공 과정을 고려한 적절한 평가 기준과의 조합으로 제품들의 유효한 평가를 가능하게 하며, 이전의 취급 과정에서 나타날 수 있는 이상 여부를 유추해 낼 수 있다. 이와 같은 배양을 통한 생균 수 측정은 화학적·물리적 방법 또는 관능검사를 통해서 대체될 수 없다.

최근에는 어떤 병원균이나 부패균 존재 유무의 선별시험이 4~5시간 이내에 끝낼 수 있는 단계에 이르러 단시간 내에 미생물의 생체 수를 카운트하고 동정해 낼 수 있는 방법이

검출detection 화학 분석에서 시료 속에 화학종이나 미생물 따위의 존재 유무를 나타내는 것

배지medium 동식물 조직, 세포나 미생물의 인공배양에 필요한 영양분이 들어 있는 액체 또는 고체 혼합물

집락colony 세균이나 곰팡이 따위의 미생물이 고체 배지에서 증식하여 생긴 집단

배양culture 미생물이나 식물, 동물의 알(또는 배) 또는 동식물의 조직 일부를, 외적 조건(영양조건 포함)을 제어하여 인공적으로 생활, 발육 및 증식시키는 조작 또는 수단

개발되고 있으며, 짧은 시간 내에 샘플에 존재하는 세균의 집락 수를 계수하여 확인할 수도 있다. 그러나 특정 미생물의 존재 등을 확인하고 그 생균 수를 카운트하는 확인시험은 『식품공전』에 의한 미생물 분석방법을 따르는 것이 바람직하다.

미생물시험에서 검체[#]에 포함되어 있는 미생물은 종류나 조건 또는 시험 중 조작방법에 의해 생장하거나 사멸할 수가 있으므로 미생물시험의 오염 방지와 측정의 정확성을 유지하기 위하여 조작하는 데 매우 유의해야 한다.

(1) 미생물 실험실의 시설

미생물 분석을 위해서는 환기와 조명이 잘 되는 방이 필요하며 작업을 수행할 수 있는 작업대와 시설물 배치에 필요한 벤치(bench)가 있어야 한다. 작업대 또는 벤치 윗부분의 재료는 물이 스며들지 않도록 만들어야 위생관리와 청소에 편리하다.

실험실에서 필요한 시설이나 집기로는 무균대(clean bench), 초자기구나 캐비닛(cabinet), 유리 슬라이드(slides)와 커버(cover), 슬립(slips), 배양기(incubator), 현미경, 고압멸균기(autoclave), 초자기구의 살균에 필요한 열풍 살균기, 온도 조절이 가능한 수조, 전기 블렌더(blender) 또는 스토마커(stomacher) 혐기성 균을 배양하는 데 필요한 병 1 케이스, 90% 질소가스-10% 이산화탄소, 분젠 버너(Bunsen burner), 싱크대 1조 등이다. 기타 필요한 기구로는 시험관, 페트리접시(petri dishes)[#], 스크루 캡(screw cap), 스패튤러(spatulas), 스푼, 칼,

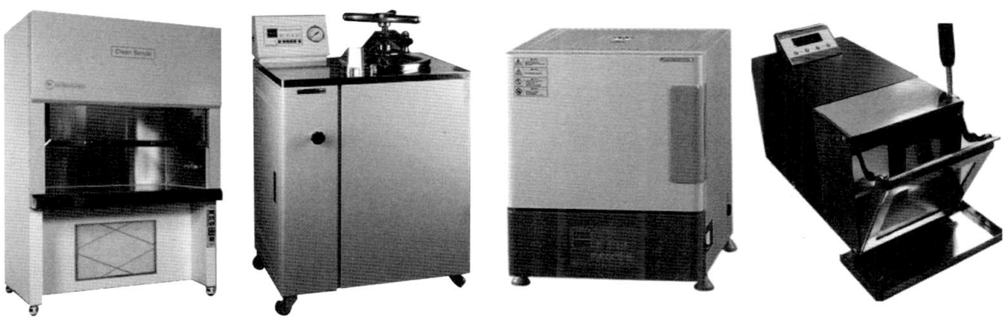

무균대　고압멸균기　배양기　스토마커

그림 4-13 **미생물 실험실 장비**

검체clinical specimen　시료를 뜻하며, 검사, 분석 따위에 쓰는 물질이나 생물

페트리접시petridish　독일어로 샬레라고도 하며, 곡판 구조를 갖는 둥글고 낮은 유리 용기

피펫(pipettes), 비커, 삼각플라스크, 온도계, 눈금이 있는 실린더, 천칭 등을 들 수 있다. 초자기구나 소도구는 사용하기 전에 170°C에서 1~2시간 살균해야 하며, 미생물 배지는 증류수에 희석하여 살균해야 한다.

(2) 시료 채취와 시료 준비

분석자는 미생물시험을 시작하기 전에 비누로 손을 깨끗이 씻은 후 멸균장갑을 끼거나 알코올로 세척해야 한다. 살균된 초자기구와 소도구를 사용하여 전체를 대변할 수 있는 시료를 채취해야 한다.

① 시료 채취 및 관리

a. 시료 채취의 의의

시료 채취자가 시료를 채취하여 분석 장소로 신속히 이송하여 분석을 실시한다. 시료의 채취, 시험, 취급 및 행정 조치에 일관성을 유지한다.

b. 시료 채취방법

- 시료량 : 검사 대상 전체를 대표할 수 있는 최소한도의 양을 채취한다.
- 포장된 시료 : 소형 : 용기 각각 하나씩을 최저 검사 단위로 채취한다.
  대형 : 균질화#한 내용물 일부만을 채취한다.
- 주방 기구류(도마, 칼 및 식기류) : 멸균#된 탈지면(면봉)을 멸균 식염수에 적신 후 검체 표면 부분 중 일정 면적을 닦아 내어 무균 용기에 넣어 채취한다.

c. 채취 시료의 취급방법

- 표시 기재 : 시료명, 채취 일시, 채취 장소, 수량 및 채취자를 기재한다.

d. 미생물적 검사용 시료의 운반

- 변질 및 부패의 우려가 있는 시료는 반드시 10°C 이하를 유지하면서 4시간 이내에 검사기관으로 운반한다.
- 변질 및 부패의 우려가 없는 것은 저온을 유지할 필요는 없으나 2차 오염을 방지하기 위해 멸균된 용기에 담아 밀봉하여 이동 중 미생물의 증식을 억제한다. 이를 위해 가급

균질화homogenization　불균질한 혼합물의 각 성분을 미세한 입자상 혹은 분자상으로까지 분산시켜 전체를 균질하게 하는 것
멸균sterilization　미생물의 영양세포와 포자를 모두 죽여 무균 상태인 것

적 아이스박스에 담아 운반하는 것이 바람직하다.

② 시료 준비

a. 액체식품(우유, 음료 등)

멸균된 샘플링 도구로 시료를 저어준 후 시료를 취하여 멸균 백에 담는다. 액체 시료가 병에 들어 있을 때는 병을 깨끗이 세척한 후 병마개를 열고 시료를 취하기 전에 병의 입구를 불꽃으로 짧은 시간 살균한다. 그리고 살균된 피펫으로 시료 병에서 시료를 11 mL 취하여 멸균된 희석병에 들어 있는 99 mL의 증류수에 첨가한다. 희석병을 약 20번 잘 흔들어 주면 1:10 희석액이다.

b. 신선한 채소, 과실 및 육류

시료의 2~3부분에서 살균된 칼로 시료를 취한다. 살균된 비커에 무균적으로 샘플 11 g를 칭량하여, 살균된 블렌더에 99 mL의 증류수와 함께 시료를 넣어 분쇄한 후 시료병에 옮기면 1:10으로 희석된 시료이다.

c. 건조제품

시료를 무균적으로 11 g을 칭량하여 99 mL의 증류수가 담겨 있는 살균된 희석병에 첨가한다. 이 병을 20~30번 잘 흔들어 주거나 희석액을 블렌더로 분쇄하면 1:10 희석된 시료이다.

d. 냉동식품

시료를 실온에서 2~3시간 동안 녹인 후 포장을 열고 시료를 2~3곳에서 무균적으로 11 g을 칭량하여 살균된 희석병에 옮긴 후 블렌더로 분쇄한다. 이것이 1:10으로 희석된 시료이다.

e. 통조림식품

관의 표면을 세척한 후 95% 알코올을 가하여 불을 붙인다. 관을 열고 살균된 피펫이나 스푼으로 시료를 취한 후 무균적으로 11 g을 칭량한다. 시료를 희석병에 넣고 잘 흔들어 블렌더로 분쇄하여 1:10 희석 시료를 만든다. 희석 시료는 바로 사용하지 않을 경우 냉장 또는 냉동 보관해야 한다.

희석액diluent 증량제 또는 희석제를 의미

③ **배지 제조**

a. 액체배지의 제조

• 배지의 적량을 칭량하여 비커에 넣은 후 증류수로 용해한다.
• 용해한 배지를 삼각플라스크나 튜브에 분주한 후 고압멸균기를 이용하여 121°C에서 15분 멸균시킨다.

b. 고체배지의 제조

ⓐ 평판배지

• 표준 한천배지(plate count agar)를 칭량하여 삼각플라스크에 담아 증류수를 넣고 끓여서 완전히 용해시킨 후 121°C로 15분간 멸균한다.
• 멸균된 페트리접시에 약 25 mL 분주한 후 배지를 응고# 시킨다.

ⓑ 사면, 고층 배지

• 표준 한천배지 적정량을 칭량하여 삼각플라스크에 담아 증류수를 넣고 끓여서 완전히 용해시킨다. 그리고 121°C로 15분간 멸균한 후 시험관에 분주한다.

④ **집락 수 계산 및 기재**

a. 배지당 집락 수가 25~250개인 경우, 그 배지를 선택하여 집락 수를 계산한다.
b. 배지에 250개 이상의 집락이 생성되면 1 cm^2 내의 평균 집락 수에 20을 곱한 후 그 값을 산출한다.
c. 배지에 25개 이하의 집락이 생성되면 최저 희석 배수로 측정(몇 개 이하로 보고)한다.
d. 집락 수 표시는 상당 희석 배수로 곱하여, 수(CFU)/1 mL 또는 1 g으로 기재한다. 그리고 숫자의 경우 높은 단위로부터 3단계를 반올림하여 유효숫자를 2단계로 하고 그 이하는 0으로 한다. 그 예를 표 4-11, 표 4-12에 나타내었다.

(3) 미생물 시험방법

보건복지부에서는 식품의 미생물검사를 효율적으로 수행하기 위하여 『식품공전』에 미생물 시험방법을 규정하여 시행하고 있다. 일반적으로 수행되고 있는 방법들의 주요 내용은 다음과 같다.

응고solidification 유체를 고체 또는 반고체 상태로 변하도록 하며, 콜로이드 입자들은 뭉쳐 젤이 됨
계열 희석serial dilution 희석 조작의 일종으로, 혈청 등의 검체 농도를 단계적으로 옅어지도록 연속적으로 희석하는 것

표 4-11 축산물 기준 규격 집락 수의 기재방법 예

사례	각 희석 배수의 집락 수		집락 수 계산방법	일반 세균 수 (CFU/mL)
	10^{-2}	10^{-3}		
1	232 244	33 28	$N=(232+244+33+28)/[(1\times2)+(0.1\times2)]\times10^{-2}$ $=537/0.022=24,409 ≒ 24,000$	24,000 또는 2.4×10^4
2	TNTC TNTC	630 650	$(650+630)/2\times10^3=640,000$ EAPC/mL	640,000 또는 6.4×10^5

EAPC : Estimated aerobic plate count(균 수 측정 추정값)
TNTC : Too numbers to count(균 수가 측정 불가능할 정도로 많은 경우)
N : 식육 g 또는 mL당 세균 집락 수

표 4-12 집락 수의 기재방법 예

사례	각 희석 배수의 집락 수			집락 수 계산방법	일반 세균 수 (CFU/mL)
	10^{-2}	10^{-3}	10^{-4}		
1	TNTC TNTC	180 205	12 18	하나의 희석 배수에 25 내지 250개의 집락 수가 있는 경우 $(180+205)/2\times10^3=192,500 ≒ 192,200$	190,000 또는 1.9×10^5
2	TNTC TNTC	245 230	32 30	두 개의 희석 배수에 25 내지 250개의 집락 수가 있는 경우(2배 이하) $[\{(245+230)/2\times10^3\}+\{(32+30)/2\times10^4\}]/2$ $=273,750 ≒ 270,000$	270,000 또는 2.7×10^5
3	TNTC TNTC	145 101	58 61	두 개의 희석 배수에 25~250개의 집락 수가 있는 경우(2배 이상) $(145+101)/2\times10^3=123,000 ≒ 120,000$	120,000 또는 1.2×10^5
4	20 18	3 0	0 0	배지에 250개 이하의 집락 수가 있는 경우 $3\times10^3=3,000 \rightarrow <3,000$	$<3,000$ 또는 $<3.0\times10^3$
5	TNTC TNTC	TNTC TNTC	520 430	배지에 250개 이상의 집락 수가 있는 경우 $(520+430)/2\times10^4=4,750,000 \rightarrow >4,800,000$	$>4,800,000$ 또는 $>4.8\times10^6$
6	0 0	0 0	0 0	배지에 집락 수가 없는 경우	<100 또는 $<1.0\times10^2$

TNTC : Too numbers to count(균 수가 측정 불가능할 정도로 많은 경우)

가. 일반 세균 수(Aerobic bacteria)

시료 10 g에 멸균한 0.85% 생리식염수 용액 90 mL를 혼합한 후 약 2분간 균질화한다. 그리고 멸균한 9 mL짜리 0.85% 생리식염수 용액에 시료 혼합액을 1 mL씩 분주하여 계열 희석(serial dilution)한다. 여기에 사용되는 희석 시료는 그림 4-14와 같이 준비한다.

a. 건조 필름법은 희석한 배수마다 희석 용액 1 mL씩을 건조 필름배지에 분주한 후 35±1°C에 24~48시간 배양하여 발생한 빨간색 집락 수로부터 일반 세균 수를 산출하는

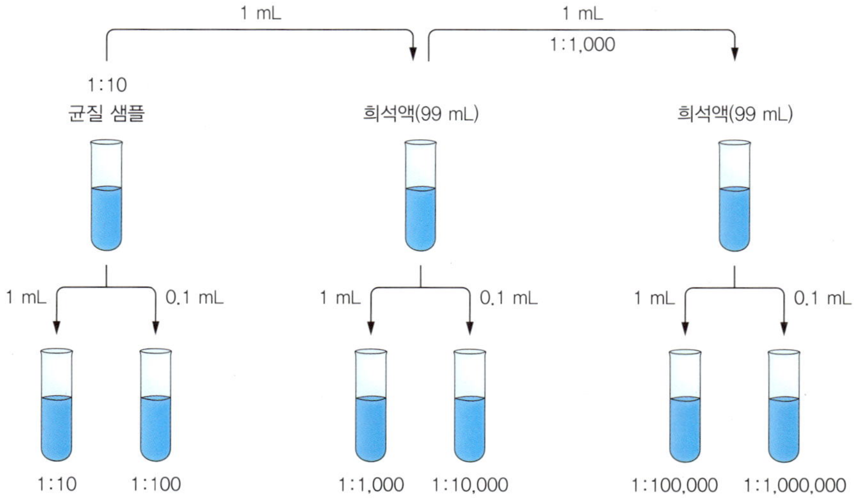

그림 4-14 **10배 희석 샘플 준비 요령**

세균 수 건조 필름배지 배양기에 넣기 표준 한천배지 집락 수

그림 4-15 **건조 필름배지, 배양 및 집락 수**

방법이다.

b. 표준 평판 균 수는 검체 중에 존재하는 세균 중 표준 한천배지 내에서 발육할 수 있는 중온 세균 수를 말한다. 이 방법은 희석한 배수마다 희석용액 1 mL씩을 표준 한천배지에 혼합, 응고시킨 후 페트리접시의 위치를 거꾸로 뒤집어 배양기에 넣어 35±1°C에서 24~48시간 배양한 후 발생한 세균의 집락 수로부터 검체의 세균 수를 산출하는 방법이며, 그림 4-15에 이를 나타내었다. 예를 들면, 건조 멸치 샘플의 일반 세균 수를 측정할 때 희석 배수가 1:1,000이고 집락 수가 70이면 건조 멸치 1 g당 호기성

중온 세균mesophilic bacteria 중온 세균의 최적 발육온도는 20~45°C이며 인체에 기생하는 대장균이나 병원균 등은 중온 세균에 속한다. 발효나 양조에 이용되는 미생물도 중온성임

중온균 수는 70,000(70×1,000, 7.0×10^4)이 된다.

나. 저온 세균 수

저온 세균 수는 시험용액 1 mL 및 각 단계 생리식염수 희석액 1 mL를 멸균 페트리접시에 넣는다. 그리고 표준 한천배지에 넣은 후 혼합, 응고시켜 배양온도 25±1°C와 짧은 시간인 72±3시간 생장하는 세균을 포함시키고 있다.

다. 내열성 세균 수(세균 아포 수)

내열성 세균 수는 시험 조제액을 끓는 물속에 10분간 가열 후 1 mL를 취하여 열처리한 용액 및 10배 단계별 생리식염수 희석액을 페트리접시에 넣는다. 그리고 44±1°C로 유지한 표준 한천배지를 넣고 잘 섞어 굳힌 후 배양온도 36±1°C, 48±3시간 배양하여 집락 수를 산출하는 방법이다.

라. 대장균군

대장균군(Coliform)은 그람음성, 무아포성 간균으로 유당을 분해하여 가스를 발생하는 호기성 또는 통성혐기성 세균을 말한다. 대장균군의 유무를 확인하는 정성시험법에는 유당배지법과 BGLB(brilliant green lactose bile broth)배지법 및 데스옥시콜레이트 유당한천(Desoxycholate lactose Agar)배지법이 있다. 대장균군의 수를 산출하는 정량시험법에는 최확수법, 건조 필름법, BGLB배지에 의한 정량법 및 데스옥시콜레이트 유당한천배지에 의한 정량법 등이 있다.

① 정성시험

a. 유당배지법

제조법에 따른 시험용액 1 mL 및 0.1 mL를 2배 농도의 유당배지에 각각 접종한다.

ⓐ 추정시험

시험용액을 접종한 유당배지를 36±1°C에서 24±2시간 배양한 후 그림 4-16과 같이 발효관 내에 가스가 발생하면 추정시험 양성이다. 만약 24±2시간까지 가스가 발생하지 않으면 48±3시간까지 계속 배양하면서 관찰한다. 그럼에도 가스가 발생하지 않으면 음성이고, 가스 발생이 있을 경우 양성이며 그 다음 확정시험을 실시한다.

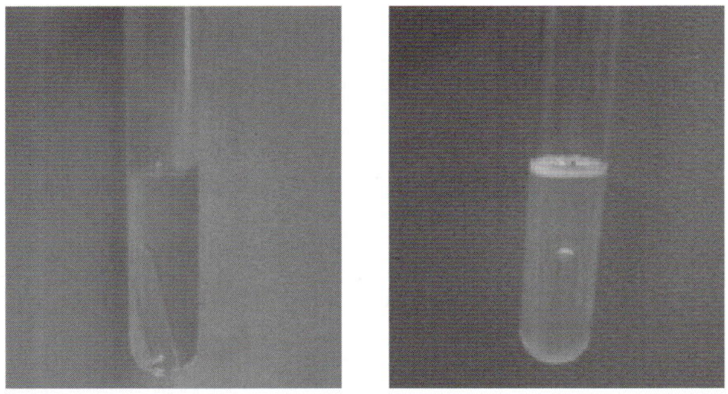

가스 발생 없음(음성) 가스 발생(양성)

그림 4-16 **대장균군 추정시험 가스 발생 유무**

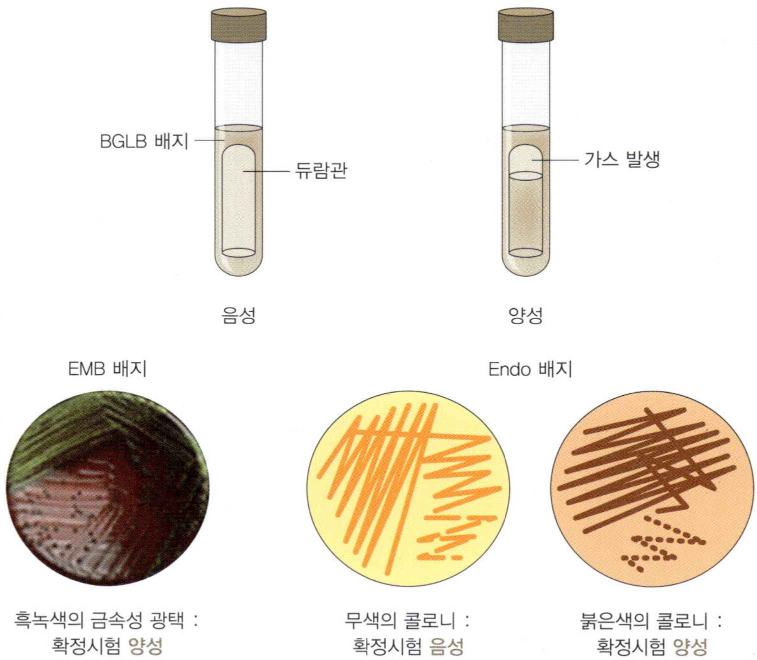

그림 4-17 **대장균군 확정시험 결과**

ⓑ 확정시험

추정시험에서 가스가 발생한 유당배지 발효관으로부터 BGLB배지에 접종한 후 36±1°C에서 24±2시간 동안 배양하여 가스 발생 여부를 확인하고, 가스가 발생하지 않을 경우 배양을 계속하여 48±3시간까지 관찰한다. 가스 발생을 보인 BGLB배지로부터 EMB(eosine methylene blue) 한천배지 또는 Endo 한천배지에 분리 배양한다. 그리고 36±1°C에서 24±2

시간 배양한 후 전형적인 집락이 생성되면 확정시험 양성으로 한다. BGLB배지에서 36±1°C로 48±3시간 동안 배양할 때, 배지 색이 갈색으로 확인되면 반드시 완전시험을 실시한다(그림 4-17).

ⓒ 완전시험

대장균군의 존재를 완전히 확인하기 위하여 확정시험의 EMB 한천배지 또는 Endo 한천배지에서 전형적인 집락 또는 비전형적인 집락을 각각 보통한천배지(nutrient agar) 및 유당배지 발효관에 접종하여 36±1°C에서 48±3시간 동안 배양한다. 이때 그람음성 간균 및 무아포성 간균이 확인되면 완전시험은 양성이며, 대장균군 양성으로 판정한다.

b. BGLB배지법

제조법에 따른 시험용액 1 mL 내지 0.1 mL를 BGLB배지에 접종한다. 시험용액을 넣은 BGLB배지를 36±1°C에서 48±3시간 배양 후 가스 발생을 확인하였을 때에는 Endo 한천배지 또는 EMB 한천배지에 분리 배양한다. 이러한 조작은 유당배지법의 확정시험 또는 완전시험 때와 같이 수행하여 대장균군의 존재 여부를 확인한다.

c. 데스옥시콜레이트 유당한천배지법

제조법에 따른 시험용액 1 mL와 10배 희석액 1 mL씩을 멸균된 페트리접시에 넣고 44±1°C로 유지한 데스옥시콜레이트 유당한천배지를 분주한 후 조심히 회전하여 검체와 배지를 잘 혼합한다. 그 표면에 동일한 배지나 보통한천배지를 3~5 mL를 가한 후 중첩시킨다. 이것을 36±1°C에서 24±2시간 동안 배양한 후 암적색의 집락을 확인하였을 때 1개 이상의 집락을, 또는 의심스러운 집락을 확인하였을 때에는 2개 이상의 집락을 EMB 한천배지 또는 Endo 한천배지에서 분리 배양한다. 이러한 조작은 유당배지법의 확정시험이나 완전시험 때와 같이 수행하고 대장균군의 유무를 시험한다.

② 정량시험

a. 최확수법

최확수란 이론상 가장 가능한 수치를 의미하며 동일한 희석 배수의 시험용액을 배지에

분리 배양isolation culture 순수 배양을 얻기 위하여 수행하는 것으로서, 불순한 재료로부터 특정한 미생물을 찾아내기 위하여 또는 재료 중의 모든 세균을 조사하기 위하여 사용

그람음성 간균gram negative bacillia 그람 염색으로, 크리스탈 바이오레트에 의해 음성인 홍색으로 염색되는 볏짚 모양의 염색이 탈색된 세균의 총칭

최확수most probable number 시료 100 mL 또는 100 g 중에 있는 대장균 균 수의 이론상 가장 가능성이 있는 수이며, 최확수 표를 써서 확률적으로 구함

접종하여 대장균군의 유무를 확인시험하고, 그 결과로부터 확률론적인 대장균군의 수치를 계산하여 이것을 최확수(most probable number, MPN)로 표시하는 방법이다. 최확수는 시험용액 10 mL, 1 mL 및 0.1 mL를 연속해서 3단계 이상을 각각 3개씩 또는 5개씩 발효관에 넣고 배양한 후 얻은 결과에 따라 검체 100 mL 또는 100 g 중에 존재하는 대장균군 수를 나타내는 것이다. 예를 들어 검체 또는 희석 검체의 발효관을 각각 5개씩 사용하여 표 4-13과 같은 결과를 나타내었다면 최확수 표에 의하여 시험 검체 100 mL 중의 최확수는 94가 된다.

표 4-13 최확수 표시방법

시험용액 접종량	10 mL	1 mL	0.1 mL	최확수
가스 발생 양성관 수	5개	2개	2개	94

b. 유당배지법

제조법에 따른 시험용액 10 mL, 1 mL 및 0.1 mL를 연속해서 3단계 이상을 3개 또는 5개씩의 유당배지에 접종한다. 단, 10 mL 접종할 때는 두 배 농도의 유당배지를 사용하며 0.1 mL 이하를 접종할 때에는 10배씩 희석한 희석액을 각각 1 mL씩 사용한다. 가스가 발생한 발효관 각각에 대하여 추정, 확정 및 완전 시험을 실시하고 대장균군의 존재 여부를 확인한 후 최확수 표에 의하여 검체 100 mL나 100 g 중의 대장균군 수를 산출한다. 이때 시험용액을 가한 배지의 대부분 또는 전부에서 가스 발생 여부가 확인되거나 또 최소량을 가한 배지의 대부분 또는 전부에서 가스가 발생되지 않도록 접종량 및 희석도를 고려해야 한다.

c. BGLB배지법

제조법에 따른 시험용액 10 mL, 1 mL 또는 0.1 mL를 3개 또는 5개씩 BGLB배지에 각각 접종한다. 단, 10 mL를 접종할 때는 두 배 농도의 BGLB배지를 사용하고 0.1 mL 이하를 접종할 때에는 10배씩 희석한 단계액을 각각 1 mL씩 사용한다. 이때 시험용액을 가한 배지의 대부분 또는 전부에서 가스 발생이 인정 또는 확인되거나 최소량을 가한 배지의 대부분 또는 전부에서 가스가 발생되지 않도록 접종량 또는 희석도를 고려해야 한다. 이하의 조작은 각각 발효관에 대해 BGLB배지에 의한 정성시험법에 따라 실시하고, 대장균군의 존재 여부를 확인한 다음 최확수 표에 의하여 검체 100 mL 또는 100 g 중의 대장균군 수를 계산한다.

d. 데스옥시콜레이트 유당한천배지법

제조법에 따른 시험용액 1 mL 및 10배씩 희석한 단계 희석액 1 mL에 대하여 정성시험법과 같은 조작으로 36±1°C에서 24±2시간 배양한 후 생성된 집락 중 전형적인 집락이나 의심스러운 집락에 대하여 정성시험과 같은 조작으로 대장균군의 존재 여부를 결정한다. 균수 산출은 일반 세균 수 계산방법에 따라 실시한다.

e. 건조 필름법

제조법에 의한 시험용액 1 mL와 각 10배 단계의 희석액 1 mL를 취하여 대장균군 건조 필름배지 I 또는 건조 필름배지 II에 접종하여 36±1°C에서 24±2시간 배양한다. 대장균군 건조 필름배지 I에서는 붉은 집락 중 주위에 기포가 형성된 집락 수를 계산하며, 대장균군 건조 필름배지 II에서는 청색 및 청록색 집락 수를 계산한 후 그 집락 수 평균 결괏값에 희석 배수를 곱하여 대장균군 수를 산출한다.

마. 총균 수

총균 수(total plate count)는 주로 생유 중에서 오염된 세균 수를 측정하기 위하여 일정량의 생유를 취한 후 슬라이드글라스 위에 도말, 건조 및 염색한 후 현미경으로 검경하여 염색된 세균 수를 측정한다. 검체 중에 존재하는 측정된 세균 수를 현미경 시야 면적과의 관계에 따라 측정하는 방법이다.

바. 유산균 수

유산균 수는 유산균 수 또는 발효유(fermented milk)의 세균 수 측정방법에 의하여 실시한다. 배지는 BCP(bromocresol purple)가 첨가된 평판 측정용 배지를 사용하며, 검체의 희

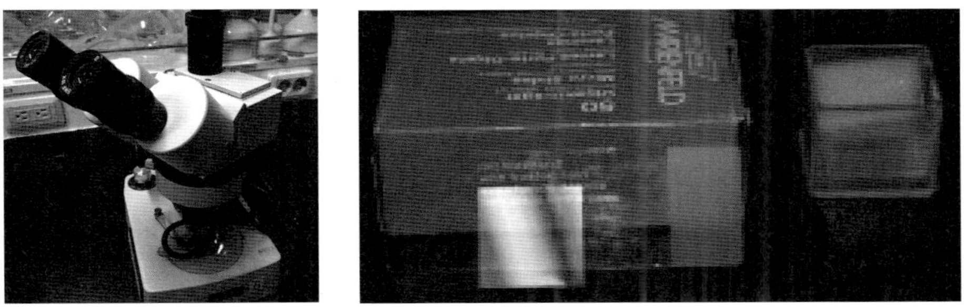

현미경　　　슬라이드글라스와 커버글라스

그림 4-18 **총균 수 측정 장비 및 기구**

석액은 멸균 생리식염수를 사용한다.

① 유산 간균 및 구균 수

시험용액 1 mL 및 10배 단계의 희석액 RST(ringer solution tablets) 또는 BPW(buffered peptone water) 1 mL를 멸균 페트리접시에 넣은 후 제조하여 44±1°C로 유지되는 BCP 첨가 평판 측정용 배지를 넣어 잘 섞어 굳힌 후에 36±1°C에서 72±3시간 배양하여 황색 집락 수를 산출하는 방법이다.

② 비피더스균

멸균 생리식염수 9 mL에 시험용액 1 mL를 가하여 총 10 mL를 만들어 이 용액으로 만든 각 10배 단계의 멸균 생리식염수 희석액을 BL(Blood Liver) 한천배지에 도말하여 36±1°C에서 48~72±3시간 혐기 배양한 후 집락을 계산하여 검체 mL당 균 수를 계산한다.

사. 진균 수(효모 및 사상균 수)

시험용액을 1 mL 및 10배 단계의 멸균 생리식염수 희석액을 페트리접시에 넣는다. 그리고 44±1°C로 유지되는 포테이토 덱스트로스 한천배지(potato dextrose agar)를 넣고 섞어 굳힌 후 25°C에서 5~7일 배양한 후 집락 수를 계산하여 진균 수를 산출하는 방법이다.

아. 살모넬라

① 증균 배양

225 mL의 펩톤 수에 시료 25 g 또는 25 mL를 넣어 균질화한 후 배양기에서 36±1°C, 24±2시간 증균 배양#한 후, 배양액 0.1 mL를 취하여 RV(Rappaport-Vassiliadis)배지에 접종한 후, 42±1°C에서 24±2시간 배양한다.

② 분리 배양

증균 배양액을 desoxycholate citrate 한천배지 또는 XLD(xylose lysine desoxycholate) 한천배지 또는 맥콘키(MacConkey) 한천배지 또는 bismuth sulfite 한천배지에 접종한 후 배양기에서 36±1°C, 24±2시간 배양한다.

증균 배양enrichment culture　여러 가지 균이 혼재하는 검체로부터 균 검색 시 극히 소수가 존재하고 있는 특정한 균을 분리하고자 할 때에는 다른 균의 증식을 억제하고 목적으로 하는 균만을 일방적으로 증식시키기 위한 배양

③ 확인시험

보통한천배지에 분리 배양된 평판배지상의 집락을 옮겨 배양기에서 36±1°C, 18~24시간 배양하여 순수 배양된 집락을 TSI(triple sugar iron) 사면배지의 사면과 고층부에 접종한 후 36±1°C에서 18~24시간 배양하여 살모넬라균으로 의심되는 성상을 보이는지 확인한다. 살모넬라는 서당 비분해(사면부 적색), 유당, 균열(가스 생성) 양성 균에 대하여 그람음성인 간균, 요소분해효소(urease) 음성, 라이신 탈카복실화효소(lysine decarboxylase) 양성의 특성이 확인된다면 살모넬라 양성으로 판정한다. 또한 응집시험의 경우 Spicer-Edwards와 같은 H 혼합혈청 및 O 혼합혈청을 사용하여 응집반응을 확인한다.

자. 황색포도상구균

① 정성시험

a. 증균 배양

시료 25 g 또는 25 mL를 취하여 225 mL의 10%의 NaCl을 첨가한 TSB배지에 가한 후 36±1°C에서 21±3시간 증균 배양한다.

② 분리 배양

증균 배양액을 난황 첨가 만니톨 식염 한천배지, Baird-Parker 한천배지 또는 Baird-Parker (RPF) 한천배지에 접종하여 36±1°C에서 21±3시간 배양한다. 그 결과 난황 첨가 만니톨 식염 한천배지에서 황색 불투명 집락을 나타내고 그 주변에 혼탁한 백색 환이 있는 집락, Baird-Parker 한천배지에서 투명한 띠로 둘러싸인 광택이 있는 검은색 집락 또는 Baird-Parker (RPF) 한천배지에서 불투명한 환으로 둘러싸인 검은색 집락은 확인시험을 실시한다.

③ 확인시험

분리 배양된 평판배지상의 집락을 보통한천배지에 옮겨 36±1°C에서 21±3시간 배양한 후 그람 염색을 실시하여 포도상의 배열을 갖는 그람양성 구균을 확인한 후 응고효소(coagulase)시험을 실시하여 24시간 이내에 응고 여부를 판정한다. Baird-Parker(RPF) 한천배지에서 환을 가진 전형적인 집락으로 확인된 것은 응고효소시험을 생략할 수 있다.

차. 장염비브리오

① 정성시험

a. 증균 배양

시료 25 g 또는 25 mL를 취하여 알칼리 펩톤 수 225 mL를 넣고 균질화한 후 36±1°C에서 21±3시간 증균 배양한다.

b. 분리 배양

증균 배양액을 TCBS(thiosulfate citrate bile salt sucrose) 한천배지에 접종한 후 36±1°C에서 21±3시간 배양한다. 그 결과 장염비브리오로 의심되는 직경이 2~4 mm인 청록색의 서당 비분해 집락에 대하여 확인시험을 실시한다.

c. 확인시험

분리 배양된 평판배지상의 집락을 LIM(lysine indole motility) 반유동배지, TSI 사면배지 또는 2% NaCl을 첨가한 보통한천배지에 각각 접종하여 36±1°C에서 21±3시간 배양한다. 장염비브리오는 TSI 사면배지에서 고층부는 황색, 가스가 없으며, 사면부가 적색이고, LIM 반유동배지에서 라이신 탈카복실화효소 양성, 인돌(indole) 생성, 운동성 양성이다. 장염비브리오로 추정된 균은 0, 3, 8 및 10% NaCl을 가한 알칼리 펩톤 수에 의한 내염성시험, VP(Voges-Proskauer)시험, 만니톨 이용성 시험(purple broth base 및 1% 만니톨 첨가), 아르기닌(arginine) 및 오르니틴(ornithine) 분해시험(moeller basal broth, 1% 아르기닌 또는 1% 오르니틴 첨가), ONPG(*o*-nitrophenyl-*β*-D-galactopyranoside)시험을 실시한다. 장염비브리오는 0% 및 10% NaCl을 가한 배지에서 음성, 3% 및 8% NaCl을 가한 배지에서는 양성, VP시험에서 음성, 만니톨을 이용하여 산 생성 양성, 오르니틴 분해시험에서 양성, 아르기닌 분해시험에서 음성, ONPG 시험에서 음성, 3% NaCl을 가한 보통한천배지를 42°C에서 배양 시 양성이다.

② 정량시험

a. 균 수 측정

시료 25 g 또는 25 mL를 취해서 희석액 225 mL를 가하여 2분간 균질화한 후 시험용액으로 하여 10배 단계 희석액을 만든 다음 TCBS 한천배지에 0.3 mL, 0.4 mL 및 0.3 mL씩 총 접종액이 1 mL가 되도록 도말한다. 사용된 배지는 완전히 건조시켜 접종액이 배지에 완전히 흡수되도록 도말하고 10분간 실온에서 방치시킨 후 36±1°C에서 21±3시간 배양한 다음 청록색의 서당 비분해 집락을 계수한다.

b. 확인시험

계수한 평판에서 5개 이상의 전형적인 집락을 선별하여 2% NaCl을 첨가한 보통한천배지에 접종한 후 36±1°C에서 21±3시간 배양하여 위의 정성시험 또는 확인시험에 따라 시험을 실시한다.

카. 리스테리아 모노사이토제네스

① 증균 배양

우유, 유제품, 가공식품 및 수산물의 시료 25 g 또는 25 mL를 취하여 225 mL의 리스테리아*Listeria* 증균 배지를 가한 후 30°C에서 48시간 배양한다. 식육 및 가금류는 시료 25 g 또는 25 mL를 UVM-modified 리스테리아 증균배지 225 mL에 넣어 균질화한 후 30°C에서 24±2시간 1차 증균 배양한다. 1차 증균 배양액 0.1 mL를 취하여 Fraser 리스테리아 배지 10 mL에 접종하여 36±1°C에서 24±2시간 2차 증균 배양한다.

② 분리 배양

증균 배양액을 멸균된 면봉을 이용하여 LPM(lithium chloride phenylethanol moxalactam) 한천배지, Oxford 한천배지 또는 PALCAM(polymyxin acriflavin LiCl ceftazidime esculin mannitol) 한천배지에 접종하여 30°C에서 24~48시간 배양한다. 리스테리아 모노사이토제네스*Listeria monocytogenes*로 의심 집락이 확인되면 이를 효모 추출액(yeast extract) 0.6% 농도로 첨가한 tryptic soy 한천배지에 접종하여 배양기 30°C에서 24~48시간 배양한다.

③ 확인시험

그람양성 간균이 확인되면 운동성, 용혈(hemolysis), 카탈레이스(catalase) 및 CAMP(Christie Atkins Munch Peter son) 시험과 람노스(rhamnose), 만니톨 및 자일로스(xylose)의 당분해시험을 실시한다. 이 결과 β-hemolysis를 나타내고 운동성 양성 및 카탈레이스 양성을 보여주며, CAMP시험 결과 황색포도상구균(ATCC 25923)에서 양성, ***Rhodococcus equi***(ATCC 6939)에서 음성으로 나타나는 동시에 당분해시험 결과 람노스 분해, 만니톨 비분해, 자일로스 비분해의 결과를 확인하였을 때에는 리스테리아 모노사이토제네스 양성으로 판정한다.

타. 보툴리누스균

① 증균 배양

고형 또는 반고형 시료는 젤라틴 인산 완충용액을 넣어 균질화하고, 액상 시료는 그대로 사용한다. 1~2 g 또는 1~2 mL의 시료를 가죽 고기(cooked meat)배지 15 mL에 접종하여 36±1°C에서 7일간 배양하고, 또 TPGY배지에 동일한 방법으로 접종하여 26°C에서 7일간 배양한다.

② 분리 배양

증균 배양액 1~2 mL와 동량의 알코올을 잘 혼합하여 실내에서 1시간 방치 후, 혐기성 난황 한천배지에 또는 리버빌(liver-veal) 난황 한천배지에 접종하여 36±1°C에서 48±3시간 혐기적으로 배양한다. 배양 후 평평하거나 융기되고 표면이 매끈하거나 거친 집락으로, 약간 퍼져 있거나 불규칙한 집락을 선택하여 약 10개 정도 취하여 확인시험을 한다.

③ 확인시험

분리균에 대하여 그람양성 간균과 아포가 형성되는 것을 관찰하고, 호기성 조건으로 36±1°C에서 2~3일간 배양 시 균이 발육되지 않는 것을 확인한다. 글루코스(glucose) 0.1%를 첨가한 GAM배지에 접종하여 36±1°C에서 1 내지 4일간 배양하여 양성은 운동성이 있는 것으로 판정하며, 질산염 환원능이 없으므로 글루코스 0.1% 및 KNO_3 0.3%를 가한 GAM배지에 접종하여 36±1°C에서 2일간 배양 후 아질산염(nitrite) 지시약을 가하였을 때에 색의 변화가 없어야 한다.

④ 독소 확인시험

a. 시험방법

시험용액을 20분간 원심 분리하여 그 상징액을 pH 6.0으로 조정한 후, 동량의 2%의 트립신(trypsin) 용액을 가하여 36±1°C에서 30~60분간 반응시킨 후, 이 용액 1 mL 당 페니실린(penicillin)과 클로람페니콜(chloramphenicol)을 첨가해 준비한다. 중량 15~20 g의 ICR계 마우스 5군에 위의 검체액을 아래의 5가지 방법으로 복강 내 주사한다.

- 1군 : 시험용액 0.5 mL를 그대로 주사한다.
- 2군 : 시험용액을 100°C에서 10분간 가열 후 0.5 mL씩 주사한다.
- 3군 : 시험용액에 A형 항독소혈청을 시험관 내에서 동량으로 혼합하여 36±1°C에서

15분간 반응시킨 후 0.5 mL씩 주사한다.

- 4군: 3군과 동일한 방법으로 B형 항독소혈청을 혼합, 반응시킨 후 0.5 mL씩 주사한다.
- 5군: 3군과 동일한 방법으로 E형 항독소혈청을 혼합, 반응시킨 후, 0.5 mL씩 주사한다.

b. 판정

5군의 마우스를 1주 동안 관찰한 후 다음에 의해서 판정한다.

ⓐ 1군의 마우스가 사망하지 않으면 음성으로 판정한다.

ⓑ 1군 마우스가 특정한 중독증상(복벽 함몰, 호흡 곤란 및 사지 마비)을 보이면서 사망하고 2군은 마우스가 생존 시,

- 3~5군 중 한 군이 생존하였을 경우, 생존 군에 이용한 항혈청유형인 독소를 양성으로 판정한다.
- 3~5군 모두가 사망하거나 또는 각 군의 일부가 사망하였을 경우 시험용액을 희석하여 재시험하고 기타 유형의 항독소혈청을 사용하여 중화시험을 실시한다.

파. 대장균 O157 : H7

시료 25 mL 또는 25 g을 mEC배지(EC broth + novobiocin supplement) 225 mL에 넣어 균질화한 후 36±1°C에서 24±2시간 증균 배양한다. 그리고 배양액을 아텔루륨산칼륨(potassium tellurite)과 세픽심(cefixime)을 첨가한 맥콘키 솔비톨(MacConkey sorbitol) 한천배지에 접종하여 36±1°C에서 18시간 배양한다. *E. coli* O157로 의심되는 집락을 확인한 후 전형적인 집락을 골라 EMB 한천배지에 접종하여 36±1°C의 온도에서 24±2시간 배양한다. 대장균으로 추정되는 보라색 집락을 보통한천배지에 36±1°C의 온도에서 18~24시간 순수 배양한다. 따라서 보통한천배지에서 배양된 집락을 취하여 그람염색을 하여 그람음성 및 무아포성 간균을 확인한 후 생화학시험을 실시하여 대장균 양성으로 판정한다.

하. 브루셀라

① 배양 및 균 분리

시료 25 g 또는 25 mL을 암포테리신 B(amphotericin B) 1 μg/mL 및 반코마이신(vancomycin) 20 μg/mL가 첨가된 TSB배지, serum dextrose배지, 또는 *Brucella*배지 225 mL에 넣은 후 균질화한 후 CO_2 가스 주입이 5~10% 정도 되는 37°C 배양기에서 6주 동안 배양하면서 매주 배지에 도말하여 확인한다(그림 4-19). 다만, 검체가 매우 심하게 오염되었거나

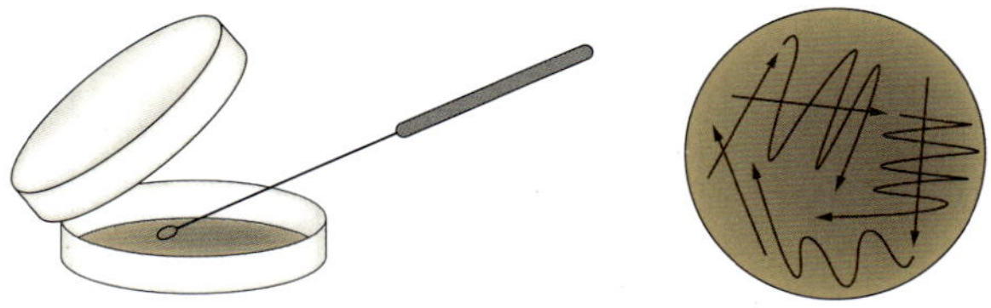

그림 4-19 **획선 평판법**#

브루셀라균*Brucella*이 낮은 농도로 오염되었을 때에는 동물실험을 할 수 있다.

② 동물실험

우유일 경우는 25 mL를 원심 분리하여 유지부와 침전물을 직접 도말 배양하고 기니피그(체중 250~300 g)의 피하 또는 찰과상을 입은 피부에 3~5 mL씩을, 마우스(체중 12~15 g)의 정맥이나 복강 내에 0.25~0.5 mL씩을 주사한다.

고체 시료일 경우 25 g에 희석액 225 mL를 넣어 유제액을 조제한 후 도말 배양하고, 유제액을 멸균 거즈로 여과시킨 여액을 실험동물에 접종한다. 실험동물을 3주 동안 접종한 후 채취한 혈청에서 브루셀라 항체가 형성되었는지 여부를 확인 및 검사하고 비장에서 브루셀라균을 분리 배양한다.

③ 확인검사

브루셀라균의 분리용 배지는 serum dextrose 한천배지, liver 한천배지 또는 *Brucella* 한천배지를 사용하며 5~10%를 함유한 이산화탄소 조건하에 37°C에서 3~5일간 배양한다. 이때 형성된 집락은 착색되지 않고 투명한 빛깔이 있으나 시일이 경과된 집락은 약간 불투명하고 회백색을 보인다. 이 균은 당류를 거의 분해하지 않고 운동성도 없으며 혈액배지에서 용혈성이 없다. 맥콘키 한천배지에서 발육하지 않으며, 요소분해효소 양성, 카탈레이스 양성, 산화효소(oxidase) 양성 등 생화학적 시험 결과로 최종 판정한다.

위의 미생물 시험방법 외에도 탄저균*Bacillus anthracis*, 결핵균, 캠필로박터 제주니/콜리*Campylobacter jejuni/coli*, 엔테로박터 사카자키*Enterobacter sakazakii(Cronobacter spp.)* 등의 시험방법이 있다. 아울러 검체 채취, 시험용액, 멸균 생리식염수 조제방법 및 멸균 완충 희석,

획선 평판법streak plate 배지 표면에서 미생물 군집을 분리하기 위해 백금이를 이용하여 한천배지 표면에 미생물을 획선으로 도말하는 방법

미생물별 시험 조작방법은 『식품공전』 일반시험법 또는 미생물시험법을 참고하면 된다.

4) 미생물의 신속한 검출 및 평가 방법

식품에서의 미생물 분석은 전통적 방법들이 오랫동안 사용되어 왔고 훌륭하게 수행되고 있지만 아직도 여러 가지 불편한 점들은 있다. 이러한 문제점을 해결하기 위해 새로운 미생물 신속 검출방법과 미생물을 계수하기 위한 평가방법들이 다양하게 개발되고 있다. 미생물의 신속 검출 기술을 새로 개발하는 것은 편리함을 제공하고 시간을 단축시켜, 식품의 품질관리에 있어서는 매우 효율적인 일이다.

배양방법은 미생물의 수와 특성에 관하여 정성적 또는 정량적 정보를 제공할 수 있으며 상대적으로 비용이 적게 들어 지금도 많이 사용되고 있다. 그러나 노동 집약적이며 시간이 많이 소요되는 단점이 있다. 따라서 이를 극복하기 위해 각각 다른 종류의 속성 방법들이 개발되었다. 이 방법들은 미생물 부하 및 식품 유래 병원균이나 이들의 독소 검출이 가능하며, 많은 부분이 자동화되어 있다. 이들은 속도가 빠르고, 민감하며 매우 구체적이고, 상대적으로 정확하며 덜 노동 집약적이다. 또한 식품 내 미생물의 수를 계수하는 데 주로 기존의 전통적인 방법을 사용하였는데 이는 시간이 오래 걸리는 단점은 여전하다.

그러므로 미생물의 신속한 평가 기술을 개발하고 사용함으로써 미생물 분석시간을 줄일 수 있다. 여기에서는 미생물의 신속 검출방법과 식품 산업에서 식품 내 미생물의 집락 수를 평가하는 데 사용할 수 있는 신속 정량방법을 간략하게 소개하고자 한다.

(1) 미생물의 신속 검출방법

① 물질대사 지문법

세균, 곰팡이나 효모들은 각기 생장 또는 생존에 필요한 독특한 탄소나 질소 요구성을 갖는다. 적절한 양의 질소 공급원(아미노산)이나 탄소 공급원(당)이 제공되면 미생물은 물질대사를 하게 되고, 테트라졸륨 등 무색의 지시물질을 보라색의 독특한 물질대사 지문물질로 전환시켜 산성 혹은 이온성 부산물을 생성한다. 더욱 향상된 물질대사 지문(fingerprinting) 시스템에서는, 아미노산이나 설탕을 갖고 있는 96-well plate가 이용되는데 마이크로그(MicroLog) 시스템을 이용, 기질* 이용 패턴을 분석한 뒤 미생물 동정을 위한 데

기질substrate 효소가 촉매하는 특정한 반응 분자나 분자 그룹을 말하며, 소화작용은 인간의 몸속에서 일어나는 효소와 기질의 반응과 관련된 대표적인 예

이터베이스와 비교하여 실시한다.

② 면역검사법

a. 효소-결합 면역흡착 분석법

효소-결합 면역흡착 분석법(enzyme-linked immunosorbent assay, ELISA)#은 *Escherichia coli* O157:H7, 살모넬라, *Listeria monocytogenes*, *Campylobacter jejuni*와 같은 병원균이나 이들의 독소를 검출하는 데 있어서 가장 많이 사용되는 방법이다. 일반적으로 사용되는 효소는 과산화효소(peroxidase)수소, 겨자무(horse radish), 알칼리성 인산가수분해효소(alkaline phosphatase)이다. *o*-페닐레디아민이나 tetramethyl benzidine과 같은 기질을 첨가하면 두 가지 모두 과산화효소 및 *p*-nitrophenyl-phosphate 기질이 되며 이들 반응을 정량적으로 확인하려면 분광광도계#를 이용하여 발색 강도를 측정하면 된다.

b. 면역 형광검사

면역 형광검사(immunofluorescence assay, IF)는 ELISA와 비슷한 방법으로 마이크로타이터 플레이트 또는 유리 슬라이드 위에 항원#이 있는 복합물질을 형성한 뒤 형광물질의 발산에 의해 형광 결합된 검출 항체#를 이용하여 형광현미경#, 분광형광계 및 디지털 카메라로 분석할 수 있다.

c. 면역크로마토그래피 측면 유동 분석법

면역크로마토그래피 측면 유동 분석(immunochromatographic lateral flow assay)은 단백뇨검사라고도 하는데 앞에서 언급한 ELISA나 IF에서 마이크로타이터 플레이트 또는 유리 슬라이드를 이용하는 대신 위쪽은 막 위에서 포획된 항체를 고정하고 아래쪽은 조립된 패키지 스트립과 컨트롤 라인으로 구성되어 실행하는 샌드위치 검사라고 할 수 있다. 이 분석법은 약 5~10분 소요되며 경제적이고 쉽게 실행할 수 있어서 초기 검사에 적합하다.

효소-결합 면역흡착 분석법enzyme-linked immunosorbent assay 항체(또는 항원)에 효소를 표지하고 효소 활성을 지표로 하여 항원-항체반응의 강도를 확인하고 이를 통해 항원(또는 항체)을 정량적으로 측정하는 방법

분광광도계spectrophotometer 광원에서의 빛을 모노크로미터에 의해 단색화하여 시료용액에 투과시켜 투과광의 강도를 전기 신호로 변환하여 시료의 흡광도를 측정하는 장치로, 단색광을 얻는 장치와 이 단색광의 세기를 정량적으로 측정하는 장치로 이루어짐

항원antigen 몸 안에서 항체 생산을 유도하는 독소 또는 외부 물질이며 항체 또는 T-세포 수용기관과 특이적으로 반응할 수 있는 물질

항체antibody 바이러스, 세균 등 항원을 비활성화시키고 신체에 침입한 미생물에 대항하여 세포 외부 자극을 유도하는 당단백질

형광현미경fluorescent microscope 자외선에 의한 형광현상을 이용하는 현미경으로, 세균학을 비롯하여 식료품이나 법의학 등에서 이용

d. 역수동 라텍스 응집법

역수동 라텍스 응집법(Reverse Passive Latex Agglutination RPLA)은 몇 가지 식품에 의해 전염되는 황색포도상구균, 가스괴저균*Clostridium perfringens*, 세레우스균*Bacillus cereus*, 콜레라균*Vibrio cholerae* 및 병원성 대장균과 같은 병원균의 독소 유무를 검출하기 위해 사용된다. 특이 독소의 항체를 미세 적정 평판의 공극에 항원인 독소가 있는 것으로 생각되는 표본 시료와 섞은 라텍스 입자에 고정화시킨다. 표본에 특이 독소가 존재할 때는 바닥에서 회석 형태가 나타나고, 없을 때에는 둥근 형태로 나타난다.

e. 면역자성 분리법

면역자성 분리법(immunomagnetic separation, IMS)#은 항체 분자를 입힌 크기가 작은 자성 입자이다. 이는 처리 과정을 통해 혼합물로부터 목표 병원체를 농축 및 포획하는 데 이용된다. 면역자성 분리법은 다양한 식품 매트릭스로부터 살모넬라, *Escherichia coli* O157:H7, 리스테리아 등을 포획하는 데 효과적이다. 그러나 목표한 세균이 아닌 특이성이 없는 포획과 목표 병원체나 항체에 따라 포획 비율이 10~70% 정도로 큰 차이를 보이는 단점이 있다.

f. 유동 세포분석기

유동 세포분석기(flow cytometry)#는 형태, 확산 및 표면 항원성 등 여러 인자를 이용해 빠르게 세포 개체의 특성 분석이 가능하다. 각기 다른 형광단으로 표지된 세포의 현탁액# 이 터널을 통해 신속하게 통과하면서 레이저 광선에 의해 검출된다. 또한 형광 표지 항체는 유동 세포분석기를 이용하면 직접 세균을 검출할 수 있다. 그러나 죽은 세포와 살아 있는 세포의 구별이 어렵고 식품 매트릭스에 의해 반응이 방해된다는 점은 식품 미생물학에서 활용하는 데 단점으로 작용한다.

③ 생물발광방법

생물발광방법(bioluminescence method)#은 표본 내의 ATP 함량을 측정하여 미생물 부하

면역자성 분리법immunomagnetic separation 효율적으로 체액 또는 배양된 세포에서 세포를 분리할 수 있는 실험 도구. 또한 식품, 혈액이나 대변의 병원성을 정량화하는 데 이용 가능

유동 세포분석기flow cytometry 형태, 확산 및 표면 항원성 등 여러 인자를 이용해 빠르게 세포 개체의 특성을 분석

현탁액suspension 콜로이드 입자보다 큰 고체 입자(직경 약 0.1 μm 이상)가 분산되어 였는 액

생물발광방법bioluminescence method 어떤 유기화합물이 효소의 작용으로 산화되면서 그때 방출되는 에너지가 빛에너지의 형태로 체외로 나오는 현상으로 일종의 광화학반응

를 간접적으로 조사하는 방법이다. 식품 속의 약 10^2~10^3 되는 수의 살아 있는 세균과 g 또는 mL당 10개 정도의 효모세포를 검출할 수 있다. 이 방법은 신속하게 장비 표면의 미생물 수를 확인할 수 있어서 현재 이를 이용한 다수의 자동화된 시스템이 상업적으로 이용되고 있다.

④ 핵산을 기반으로 하는 방법

a. 혼성화 방법

혼성화 방법(hybridization method)에서는 20~4,000 뉴클레오티드(nucleotide)# 염기 서열로 이루어진 DNA 탐침을 준비한다. 사전 증균 배양과 목적하는 세균의 성장을 촉진하는 증균 배양이 이어지고, 세포의 용균, 세포 DNA 또는 rRNA 및 DNA 탐침의 혼성화, 탐침이 포함되어 혼성화된 DNA 포획, 탐침에 따라 방사성 또는 발색을 측정하는 단계로 이루어진다. 이러한 혼성화 방법은 기존의 방법보다 신속하며 특이적 특징을 갖는다.

b. 중합효소연쇄반응

중합효소연쇄반응(polymerase chain reaction, PCR)#은 미생물을 신속히 검출하기 위해 현재 가장 널리 쓰이고 있는 방법이다. 병원체에 특이 반응을 나타내는 유전자(염기서열) 단편은 특정한 프라이머(primer)# 쌍을 이용해 대량으로 증폭할 수 있다. 이 방법은 이중가닥 DNA 변성, 프라이머 결합, 열 안정적 *Taq* 중합효소를 이용한 가닥의 신장과 증폭의 단계를 거친다. 다중 PCR(multiplex PCR)은 단일반응 튜브 내 다수의 유전자 검출을 목적으로 검사의 특수성을 증가시키기 위해 개발되었다. 이 방법은 병원성 대장균, *Salmonella euterica*, 보툴리누스균, 리스테리아 모노사이토제네스, 캠필로박터, 세레우스균, *Yersinia enterocolitica*, 황색포도상구균, *Vibrio vulnificus* 등의 병원체를 신속히 검출할 수 있다. 실시간 정량 PCR(quantitative PCR, Q-PCR)은 자동화되어 이용되고 있다. 그러나 기존 PCR방법이 살아 있는 세포와 죽은 세포의 구별이 안 된다는 단점이 있어서 역전사효소(reverse transcriptase, RT)-PCR법이 개발되었다. 이 RT-PCR은 노로바이러스, 로터바이러스 및 식중독을 일으키는 장내 바이러스와 같은 RNA 바이러스를 검출하는 데 이용되고 있다.

뉴클레오티드nucleotide 염기, 당, 인산의 세 가지 요소로 구성된 화학적 단량체로서, DNA 사슬의 기본 구성단위

중합효소연쇄반응polymerase chain reaction 생명공학적 기술로, 특정 DNA 서열을 짧은 시간 안에 수만~수십만 배로 증폭할 수 있는 기법

프라이머primer 특정 유전자 서열에 대하여 상보적인 짧은 단선의 유전자 서열, 즉 oligonucleotide로 PCR 진단, DNA sequencing 등에 이용할 목적으로 합성된 것. DNA 중합효소에 의해 상보적 유전자 서열이 합성될 때 전체 유전자 서열 중에서 프라이머에서부터 합성이 시작되는 기시점이 됨. 일반적으로 20~30 염기쌍의 길이로 합성하여 사용함

c. DNA 지문법

DNA 지문법(DNA Fingerprinting) 역시 병원체 검출과 확인에 사용되어 왔다. 보통 유전체 지문법은 세포에서 DNA 분리, 제한효소 분해, 적절한 프라이머나 탐침을 이용해 단편 증폭 또는 혼성화 형성 등의 단계가 필요한데 이를 위해서는 적어도 5~7일이 필요하다. 하지만 현재 자동화된 소형 로봇장치인 RiboPrinter 시스템을 이용해 8시간 내로 분석을 완료할 수 있다. 분석 후 DNA 지문 패턴들을 가지고 있는 데이터베이스와 비교하여 세균을 확인할 수 있다. 그 외에도 지문 분석 기술에 이용되는 기술로는 다형성법(random amplified polymorphic DNA, RAPD), 증폭 단편 길이 다형성법(amplified fragment length polymorphism, AFLP), 제한효소 단편 길이 다형성법(restriction fragment length polymorphism, RFLP) 및 rep-PCR 등이 있다.

(2) 미생물 수의 신속한 평가방법

① ATP photometry

이 방법은 루시페린(luciferin)이라는 기질과 루시퍼레이스(luciferase)가 ATP와 함께 혼합했을 경우 빛을 발생시키는 원리를 이용한 것이다. ATP 농도에 비례하여 빛의 발생량이 증가하는데 이 반응을 이용하여 살아 있는 세포 내의 ATP 양을 측정할 수 있다. 만약에 세포가 사멸하면 ATP는 세포 내의 ATPase에 의해 급격히 파괴되며 발광된 빛은 빛의 신호를 증폭하여 광도계를 이용하여 측정된다.

② Direct epifluorescent filter technique(DEFT)

DEFT는 식품에 존재하는 미생물을 계수하기 위해 세포관찰법 및 막여과법을 같이 사용하는 방법이다. 이 방법은 먼저 폴리카보네이트(polycarbonate) 막의 필터를 이용하여 알려진 부피의 액체를 여과한 뒤 막 필터 표면에 존재하는 미생물을 염색하기 위해 형광을 나타내는 시약인 아크리딘오렌지(acridine orange)를 더한다. 마지막으로 필터 위에 커버글라스를 덮고 에피플루오레슨트(epifluorescent) 현미경을 이용해 염색된 세포의 수를 관찰한 후 식품 중에 존재하는 미생물 수를 계산하면 된다. 이 방법은 미생물을 증식하는 데 필요한 배양시간이 소요되지 않기 때문에 막여과법보다 빨리 분석할 수 있어 약 45분 정도 소요된다.

③ Electrical Impedance Methods

임피던스(impedance)[#]는 교류 전류가 미생물 배양액과 같은 전도체를 통하여 흐를 때 저항을 나타내는데, 배양액 내에서 미생물의 성장에 따라 변화하는 임피던스를 관찰하기 위해 박토미터(bactometer)와 같은 기기를 이용하여 측정할 수 있다. 박토미터는 임피던스의 변화를 관찰하여 배양기 역할을 하는 BPU(Bactometer Processing Unit) 및 BPU에 의해 얻은 정보들을 분석, 기록하여 제시할 수 있는 소프트웨어를 가진 컴퓨터로 구성되어 있다.

④ 지표 미생물 신속분석법

식품에 존재하는 *Escherichia coli*는 기존 방법으로 계수할 경우 시간이 많이 소요되어 새로운 방법이 필요한데, 지표 미생물 신속분석법(rapid methods for indicators)으로 식품을 배양액에 넣고 균질화한 다음 접종하여 24시간 배양하여 형광을 측정한다. 가스를 생성하고 형광을 나타내는 튜브는 *E. Coli*가 성장한 것으로 생각할 수 있으나 글루쿠로니데이스(glucuronidase)를 생성하지 못하는 *E. Coli*의 경우 음성을 나타낼 수도 있고 더 적은 양의 다른 미생물이 형광을 나타낼 수도 있다. 따라서 이 방법의 결과를 완전히 신뢰할 수는 없다.

⑤ Spiral Plating Method

전통적인 방법으로 미생물의 수를 계수하면 작업시간 또는 데이터를 수합하는 데 시간이 많이 걸린다. 작업의 효율성을 높이기 위해 표준방법인 생세포 계수방법을 시도하려는 많은 노력이 있었는데, spiral plating 방법은 plating 시스템으로 기존에 한천배지 사용법을 단순화 및 자동화시켰다. 이 방법은 액체 시료를 한천배지의 중앙에서부터 동심원을 그리면서 분주하는 것으로 일련의 희석작업을 없앴다. 배양한 후에는 원의 간격을 늘려가며 동심원을 따라 표시되는 집락 수를 계수하는 것인데 특별히 제작된 그리드스캐너(grid scanner)와 특수 소프트웨어(special software)를 이용하여 자동으로 균 수를 계수하는 레이저 카운터(laser counter)로 센다.

⑥ Hydrophobic Grid Membrane Filter(HGMF)

기존의 평판법을 많이 변형시켰으며 ISO-GRID 시스템을 사용한다. 이러한 시스템은 hydrophobic grid가 100개의 사각형으로 이루어졌으며 인쇄된 사각형 필터로 구성

임피던스impedance 교류회로에서 전압과 전류의 비

되어 있다. 우선 시료를 칭량하여 스토마커나 블렌더로 균질화시킨 후 효소를 처리하여 hydrophobic grid를 갖고 있는 멤브레인 필터(membrane filter)*로 여과한다. 이 필터는 각각 세균, 효모 및 곰팡이의 성장에 적합한 한천배지 위에 놓고 배양한다. 따라서 사각형 내에서만 자란 집락 수를 수동 또는 전자동으로 세면 된다.

그 외에도 비캠(Vicam) 사가 개발한 immunomagnetic beads kit가 있으며 주로 살모넬라, 리스테리아 등 몇 가지 마이코톡신(mycotoxin)에 이용되고 immunomagnetic separation kit가 Dynal사에서 개발되어 살모넬라와 *Escherichia coli* O157:H7 측정에 이용되고 있다. 또한 병원체 검출을 위한 바이오센서로는 광섬유 바이오센서, 표면 플라스마 공명 센서, 전기화학적 면역 센서, 압전 바이오센서, 임피던스 기반의 바이오칩 센서, 푸리에 변환 적외선 분광법, 빛 산란 및 세포 기반의 센서* 등의 방법이 개발되었다. 이들 중 일부는 신속하고 민감한 특징이 있으며 현장에서의 검사작업에 필요한 휴대용 기기로도 제작 가능한 장점이 있다.

3. 식품 품질관리를 위한 식품 관능검사

1) 서론

식품 품질관리란 원·부재료, 제조, 저장, 유통 중에 식품의 품질이 일정하도록 관리하는 제반 행위를 의미한다. 또한 식품 관능검사는 식품 품질관리, 유통기한 설정, 불량품 검출, 신제품 개발 등을 위하여 전문 패널 또는 소비자 그룹이 식품의 관능적 성질인 저작 시 맛, 풍미, 냄새, 텍스처, 외관, 소리를 검사하는 방법이다. 이와 함께 이화학적 분석을 병행하면 관능검사 결과의 객관성과 정확성을 더 높일 수 있다.

식품 품질이란 기호성, 위해 안전성, 보관 중 안정성을 포함하는데, 식품 품질관리는 제조, 저장 등의 과정 중에 품질의 변화를 모니터링하고 그 가능성을 미리 예측하여 품질을 일정하게 유지하도록 하는 기술이다. 따라서 식품 관능검사로 품질관리를 하기 위해서는 선행적으로 기준 제품 또는 규격의 설정이 필요하다. 설정된 기준 제품과 비교함으로써 항상 식품의 품질이 일정하게 유지되는지의 여부를 알 수 있다.

멤브레인 필터membrane filter 콜로이드 등 분자 사이즈 수준의 여과에 사용되는 고분자 박막으로, 10^{-2} μm 정도까지의 입자 제거 가능

센서sensor 열, 빛, 온도, 압력, 소리 등의 물리적인 양이나 그 변화를 감지하거나 구분 및 계측하여 일정한 신호로 알려 주는 부품이나 기구, 또는 계측기를 의미

품질 비교를 위한 기준 대상을 제품 대조구(product standard)로 직접 설정하는 것이 가장 이상적이다. 그러나 원·부재료로부터 유통까지 각 단계에 대한 기준 제품을 정하는 데는 큰 어려움이 따른다. 식품 재료 고유의 특성인 불균일성, 보관 중 품질 변화 및 부패 등에 의하여 기준 제품을 항상 일정한 성질로 보관하며 사용하는 것은 현실적으로 제한점이 많다. 따라서 실용성이 있는 수준으로는 식품의 색과 외관을 사진이나 플라스틱으로 복제품을 만들어 품질 비교에 사용하고 있다. 이러한 제약점을 극복하기 위하여 전문 패널에게 기준 제품의 상태를 훈련을 통하여 개념적 대조구(mental standard)로 형성하도록 하여 대상 제품이 같은지를 평가하도록 한다. 이 방법의 유효성은 패널의 능력 및 훈련의 신뢰성에 의하여 결정된다. 또 다른 방안은 기준 제품의 규격을 문서화한 문서 대조구(written standard)를 사용할 수 있다.

일단 기준 대조구가 정해지면 경우에 따른 적절한 관능검사방법의 선택이 중요하다. 품질관리에 사용되어 온 방법으로 차이 분석(difference test from control), 묘사 분석(descriptive test), 선호도 분석(affective or preference test), 품질 등급화(quality grading) 등을 들 수 있다. 제품 간의 차이가 기준 대조구와의 차이와 비슷하거나, 선호도 분석 시 패널이 소비자군을 대변하지 못할 때 기준 대조구와의 차이를 측정할 수 있는 방법의 선택이 필요하다. 이들 방법 각각의 장단점에도 불구하고 보편적으로는 차이 분석, 선호도 분석, 묘사 분석이 적용된다. 최종적으로 관능검사방법이 결정되면 그 결과는 올바르게 통계적으로 처리되어야 한다.

2) 기준 대조구의 설정

기준 대조구의 설정은 품질관리에 매우 중요하다. 현장에서는 바람직한 품질의 기준을 정하고 그에 맞는 대조구를 정의해야 한다. 품질을 관리하는 동안 지속적으로 변하지 않는 관능적 품질을 유지하는 대조구 제품을 확보하기에는 현실적 어려움이 따른다. 다행스럽게도 색이나 외관과 같은 품질 속성에 대해서는 실제 제품을 대조구로 사용할 수 없을 경우 사진이나 플라스틱 또는 세라믹으로 만든 위조품(imitation)을 대조구로 사용할 수 있다. 이와 같은 애로점을 해결하기 위하여 제품 대조구와 더불어 개념적 대조구, 문서 대조구가 함께 적용된다.

(1) 제품 대조구

식품 품질평가에 같은 실제 제품을 대조구로 사용하는 데는 항상 어려움이 따른다. 그러나 식품 원재료의 관리에는 제품 대조구가 사용되고 있다. 제품 대조구는 필수적으로 쉽게 얻을 수 있어야 하고 안정하게 보존되며 다시 제조가 용이해야 한다. 단, 최적의 품질을 요구하지는 않는다. 모든 경우에 있어 제품 대조구를 설정하기 전에는 제품 변이성(product variability)과 변이가 최종제품의 관능적 품질이 발현될 가능성에 대한 충분한 정보를 확보해야 한다. 즉, 대상이 되는 원재료의 관능적 속성을 묘사 기법(descriptive techniques; profiles, QDA, spectrum)을 통하여 정성적, 정량적으로 규명하고 최종제품의 품질평가에 영향을 미치는 속성을 소비자검사를 통하여 결정해야 한다. 각 속성에 대해서는 허용될 수 있는 수준의 범위 또한 설정되어야 한다. 실제 제품을 대조구로 사용할 경우에는 필요할 때마다 대조구를 다시 준비할 수 있는 분명한 방법론을 설정해야 한다. 이미 만들어 놓았던 제품 대조구가 소진되거나 사용기간을 넘겼을 때가 해당된다. 새로 만든 대조구는 기존의 것과 동일한 관능적 성질을 가져야 한다. 이러한 동질성은 차이 식별검사(difference tests; triangle test 등)로 확인할 수 있다. 이때 관능검사의 목표는 차이보다 동질성 유무의 검증에 맞춰져야 하는 것이 중요하다. 이런 경우에는 차이를 보이는 대상을 선별하고 동질성 검사를 해서 베타 위험도(beta-risk)로부터 유의적 동질성 여부를 판정한다.

(2) 개념적 대조구

개념적 대조구란 실제 제품의 품질 수준에 대한 전문 패널의 지식적 판단 척도를 의미하며, 그 판단 척도를 패널의 지식으로 확고히 하기까지는 철저한 과정과 세심한 주의가 따른다. 개념적 대조구를 적용하는 데는 두 가지 가정이 따른다. 먼저 개념적 대조구에 대한 패널 간 이견이 없어야 하고, 패널의 의견이 소비자를 대변할 수 있어야 한다. 따라서 패널의 엄격한 훈련이 전제된다. 일단 훈련에 의하여 개념적 대조구의 유효성(validity)와 신뢰성(reliability)이 보장되면 매우 유용한 수단이 될 수 있다. 개념적 대조구가 일단 형성되더라도 정기적으로 실제 제품과 품질 기준을 고찰하여 개념적 대조구에 대한 원칙이나 신뢰

제품 대조구product standard 불량품을 모니터링하기 위하여 제품과 비교하여 사용되는 대조구의 한 형태로, 실제 제품으로 주어지는 대조구

제품 변이성product variability 제품이 기준 성질에서 벗어날 때를 의미하며 그 정도에 따라 불량품으로 분류됨

베타 위험도beta-risk 유의적 차이가 있다는 가설이 틀릴 확률인 알파 위험도에 반하여 유의적 차이가 없다는 가설이 틀릴 확률

개념적 대조구mental standard 불량품을 모니터링하기 위하여 제품과 비교하여 사용되는 대조구의 한 형태로, 전문가가 이미 숙지하고 있는 지식적 판단 척도

성을 강화해야 한다.

소비자의 의견은 식품 자체 및 외부 요인(브랜드, 가격 등)에 의하여 영향을 받는다. 이에 비해 전문 패널은 해당 제품에 대한 관능적 성질, 자세한 기술 정보를 인지하고 평가할 수 있는 능력을 지닌다. 대부분의 전문 패널은 관능검사 수행에 있어서 매우 성공적이며 관능평가 초기 단계부터 관여한다.

전문 패널의 활용에는 그 자격이 중요한데, 만약 개개의 의견이 개념적 대조구와 항상 동일하다면 이상적이다. 이를 위한 교육이나 훈련은 분명히 규정되어 있지 않으며, 전문 패널의 선발 기준도 경우마다 다양할 수 있다. 결과적으로 전문 패널마다 개념적 대조구에 해당되는 품질의 개념이 다를 수 있다. 일반적으로 능력이 일정하지 않은 패널 개개인을 그에 맞는 맞춤형으로 훈련하는 데는 어려움이 있다. 따라서 먼저 전문 패널을 명확히 정의하고 그에 맞는 최소한의 교육과 훈련 과정을 설정해야 한다. 이에 대한 국제 표준인 국제표준화기구 기준(ISO standard)을 참고할 필요가 있다. 이 표준에 따르면 전문 패널도 세 가지 수준(selected assessor, expert assessor, specialized expert assessor)으로 나누며 그에 맞는 선발 기준을 정의하고 있다(표 4-14).

이에 따라 패널의 지식과 능력을 더 높은 수준으로 향상시킬 수 있는 원칙이나 과정을 파악할 수 있게 된다. 또한 이 표준으로 알 수 있는 사실은 전문 패널이 제품, 제조공정, 마케팅에 대한 경험뿐 아니라 뚜렷한 생리적 감성(physiological sensitivity)과 관능검사기법에 대한 폭넓은 지식을 가져야 한다는 점이다. 이런 자질을 갖춘 전문 패널은 더 균일한 품질 척도를 가지고 더 적합한 용어로 품질을 표현할 수 있게 된다. 그러나 이런 장점도 패널 또는 소비자 간의 불일치 문제점을 해결하지는 못한다. 실제에서 불일치의 문제는 제품의 형

표 4-14 전문 패널의 정의와 특징

유형	정의	특성
선발된 패널 (selected assessor)	관능검사를 수행할 수 있는 능력을 갖춘 패널	
전문가 패널 (expert assessor)	감각이 우수하고 관능검사의 경험이 있는 패널, 관능검사 결과에 일관성과 재현성을 갖춘 패널	관능검사 반복에도 일관된 판단을 보임, 검사 중 관능적 기억이 오래감
특수 전문가 패널 (specialized expert assessor)	제품 및 공정 개발, 마케팅의 경험이 있는 전문가 패널, 원·부재료, 배합 비율, 공정, 저장, 숙성 등이 제품에 미치는 효과를 알 수 있는 패널	관련 전문 분야의 광범위한 경험, 고도의 관능검사 능력, 대조구의 성질을 오랫동안 기억함, 관능 용어의 인식 능력, 문제 해결에 필요한 추리 능력

태 및 평가하는 품질 수준에 따라 달라진다. 광범위하게 소비되는 제품 수준(acceptable or not, good or better)의 결정을 개념적 대조구에 의지하는 것은 여전히 위험성이 따른다. 현재 와인이나 커피와 같은 제품에는, 배제되어야 하는 품질을 구분하는 데 전문 패널에 의한 개념적 대조구가 활용되고 있다.

(3) 문서 대조구

대조구의 성질을 문서화하여 사용하는 방법으로 두 가지 속성을 먼저 정의해야 한다. 첫 번째는 식품 원재료와 가공 공정에 따라 변화하는 속성이며, 두 번째는 소비자의 기호도를 결정하는 속성이다. 대조구의 형태는 관리되어야 하는 품질의 수준, 관리의 목적 및 제품의 형태에 따라 결정된다. 여기서 품질의 수준이란 적격과 부적격 제품의 구분부터 모두 적격제품이라 하더라도 더 나은 제품을 구별하는 범위까지 모두 포함한다. 제품의 수준이 높아질수록 주요 속성의 수가 더 증가하여 그 선택 및 판단에 어려움 또한 커진다. 좋은 품질, 탁월한 품질과 같은 차이가 작은 경우를 구분하기가 쉽지 않기 때문이다. 아직 뚜렷한 보완책은 없지만 지속적으로 발전되고 있다. 또한 관능적 성질과 식품 기호도 간의 관계는 관능검사로 규명된다.

문서 대조구를 개발함에 있어 품질관리의 목적을 고려해야 한다. 먼저 i) 가장 일반적으로 관리부서 내 관능적 품질관리를 계획할 때, ii) 특별한 출처를 갖는 제품의 품질을 관리할 때, iii) 산업체가 시장에서 다른 제품과 경쟁을 위하여 관리할 때가 대상이 된다.

첫 번째 경우에는 잘못된 제품은 판매되지 않도록 하는 것이 관리 목적이다. 여기서 품질이란 부적격제품 또는 불량품의 여부를 뜻한다. 품질의 제어 수준은 적격제품에 대한 최소로 받아들여질 수 있는 품질 수준을 반영하는 것으로 대조구를 개발하는 데 필요한 기초가 된다. 적합한 대조구란 제품의 가장 공통적인 결함인 잘못된 식품 원재료나 제조공정, 제조 후에 잘못된 저장 및 유통에 의하여 발생하는 결함을 모두 포함해야 한다.

어류의 품질관리를 예로 들면 다음과 같다. 품질관리의 목적은 식품 안전성으로, 최소한의 품질관리 수준의 대상은 측정이 가능한 세 가지 속성인 청결(taint), 부패(decomposition), 불건전함(unwholesomeness)으로 정하였다. 한편 소비자는 제품의 외관, 어종, 가공조건(냉동,

문서 대조구written standard 불량품을 모니터링하기 위하여 제품과 비교하여 사용되는 대조구의 한 형태로, 대조구의 성질을 문서로 잘 정리하여 검사지에 제시하며 가장 일반적으로 사용

냉장 등)과 같은 다른 품질을 더 생각할 수 있다. 또한 직접 어류의 신선도를 품질 대상으로 하여 객관적으로 측정할 수 있는 관능적 방법을 정립하여 적용하였다(표 4-15).

또 다른 예로 올리브유의 품질관리를 들 수 있다. 대조구의 목적은 제품의 향미 특성을

표 4-15 문서 대조구의 속성 및 세기(점수)의 예

품질 인자		상태	점수
외관	표면	빛이 남, 무지개 색소	0
		다소 흐릿함	1
		흐릿함	2
	단단함	경직됨	0
		탄력적임	1
		부드러움	2
		매우 부드러움	3
눈	각막	맑음	0
		유백색	1
		우유 같이 보임	2
	형태	볼록함	0
		평평함	1
		오목함	2
	눈동자 색	검은색	0
		불투명함	1
		회색	2
아가미	색	빛이 남	0
		다소 흐릿함	1
		흐릿하고 갈색 반점	2
		갈색	3
	냄새	신선함, 해초 냄새	0
		무취, 풀 냄새	1
		효모 냄새, 상한 우유 냄새	2
		매우 신 냄새, 식초 냄새	3
	점액	맑음	0
		우유 같이 보임	1
		어두움, 불투명	2
살코기	색	투명함, 푸른빛을 띰	0
		우유 같이 보임	1
		불투명, 누런 갈색 반점	2
혈액	색	적색	0
		암적색	1
		갈색	2
품질 지수			0~23

평가하며 부적격의 세기에 따라 분류할 수 있는 방법 개발에 두었다. 향미 프로필(profile)의 부적격 또는 적격의 속성과, 그 세기에 대한 척도를 포함하여 개발하였다(그림 4-20).

만약 목적이 특별한 출처를 갖는 제품의 품질을 관리할 때는 접근법이 더 어려워진다. 제품이 만들어진 지리적 출처에 따른 고유한 제조공정과 제품의 특성이 있는 경우이다. 이런 맥락에서 다른 지역에서 제조된 모조품과 구별할 수 있는 방법이 준비되어야 한다. 흔히 주기적으로 나오는 부적격제품의 개념과는 달리 이 경우의 대조구는 관능적 프로필로 묘사되며 기호도를 결정하는 속성을 포함한다. 추가적으로 다른 출처로부터 제조된 유사한 제품과 차이를 나타내는 속성도 포함해야 한다. 단, 후자의 속성은 꼭 추가될 필요 없이 종종 같은 속성에 대하여 그 세기가 다를 수 있다. 이를 충족하는 대조구의 개발은 수많은 과정을 통하여 이루어진다. 즉, 다양한 시료를 수집하고 선발하는 과정이 필요한데 그 시료는 대상 제품의 변이성을 대변할 수 있어야 한다. 또한 속성을 나타내는 단어를 결정해야 한다. 묘사 분석으로부터 대조구의 관능적 프로필이 최종적으로 정의된다. 예를 들어 경질 및 연질 치즈의 텍스처 관리를 위한 대조구를 들 수 있다. 치즈의 물리적, 관능적 속성이 정의되었고 7점 척도에서 대조구에 해당하는 점수가 부가되었다. 그림 4-21은 품질

부적격 속성

곰팡내 남	______________ ➡
다소 곰팡내 남	______________ ➡
신 냄새	______________ ➡
진흙과 같은 퇴적물	______________ ➡
금속 냄새	______________ ➡
산패 냄새	______________ ➡
기타(서술할 것)	______________ ➡

적격 속성

과일 냄새	______________ ➡
쓴 냄새	______________ ➡
자극성 냄새	______________ ➡

패널 성명 : 시료 코드 :

날짜 :

그림 4-20 **문서 대조구의 속성 및 세기(선 척도)의 예**

물리적 정의 쉽게 조각나는 물질의 특성

관능적 정의 씹을 때 초기부터 산산조각이 나는 시료의 성질

관능검사방법 시료를 2~4회 정도 어금니로 씹은 후 침에 녹기 전 느껴지는 조각나는 정도를 측정함

없거나 매우 낮음			보통			높음
1	2	3	4	5	6	7
달걀흰자위 (완숙)			유지방이 많은 과자			쇼트브래드 (shortbread)

그림 4-21 **문서 대조구 속성의 정의, 평가방법 및 세기(7점)의 예**

관리에 사용된 검사지를 나타낸다.

최종적으로 품질 대조구를 개발할 때는 마케팅 목적, 제품의 변이성, 기호도를 결정하는 속성, 제조조건 및 원재료의 유용성 등이 모두 폭넓게 고려되어야 한다.

3) 관능적 규격

관능적 규격(sensory specifications) 설정은 제품과 대조구 사이에 관능적 속성 세기가 차이 날 때 그 허용 가능한 범위를 정하는 것이다. 규격은 제조관리상의 기준이나 또는 소비자 반응에 근거하여야 한다. 소비자 반응에 대해서는 상황이 더 복잡해지는데, 즉 소비자의 기호도에 대한 제품의 변이와 고려되는 속성의 영향이 반영되어야 한다.

관능적 규격 설정을 위한 제품 테스트는 다음을 포함한다. i) 다른 관능적 성질을 보이거나 시장에서 실제 변이를 대표하는 제품군(부적격제품 포함)을 선택한다. ii) 제품과 대조구 간 차이를 분석한다. 부적격제품에 대한 속성의 세기를 평가한다. iii) 다수의 소비자 패널이 제품의 기호도를 평가한다. iv) 속성 세기의 변이와 기호도 변이의 관계를 분석한다.

이렇게 얻은 정보로 기호도에 영향을 많이 끼치는 속성을 선발할 수 있고, 그 세기의 허용 범위를 알 수 있게 된다. 즉, 모든 속성이 품질관리의 대상으로 고려되어야 할 필요가 없음을 의미한다. 관능적 규격은 이렇게 기호도와 관련된 속성에 대하여 정해지는데, 실질적으로는 관련된 식품을 전문적으로 다루는 공인 기관이 이미 설정해 놓은 규격을 따를 수도 있다.

어떤 경우라도 대조구와 규격을 개발하는 일은 결코 쉽지 않다. 첫 번째 시도한 결과가 성공적이지 않더라도 지속적으로 수정 보완해 나아가야 한다. 설상가상으로 소비자의 기호도 및 습관, 기타 의외의 외부 환경의 변화에 따라 추구하는 품질 목표가 바뀔 경우도 대조구와 규격이 새로이 수정되어야 한다.

4) 관능검사법

일단 대조구가 결정되면 적절한 관능검사법이 선정되어야 한다. 관능검사법에는 차이 분석#, 묘사 분석#, 선호도 분석#, 품질 등급화 등이 있지만, 대조구를 사용하여 적용하는 전형적인 방법은 차이 분석이다. 관능검사 결과는 관련 회사 부서의 패널, 선발되거나 훈련된 패널에 따라 설정된 품질에 대한 기준에 차이가 날 수 있어서 주의가 필요하다. 차이 분석에는 용어와 실험조건의 결정, 검사지(score card)의 디자인, 패널의 훈련, 검사 결과 데이터 분석법의 선정이 모두 포함된다.

(1) 제품 대조구와의 차이 분석

제품 대조구와 차이 분석은 여러 가지 방법이 가능하다. 가장 단순한 방법은 차이 없음(no difference)과 확실한 차이(extreme difference)를 갖는 단일 척도를 사용하여 평가하는 것이다. 여기서 척도는 점수(rating), 분류(category), 선(line, unstructured)으로 나타낸다. 이 방법은 관리 대상 제품의 관능적 특성이 단순할 때 매우 유용하며 쉽고 신속하게 적용할 수 있다. 그 목적은 관능적 품질에 대하여 대조구와 허용 가능한 차이(tolerable difference)를 갖는 제품과 그렇지 않은 제품을 구별하기 위함이다. 최종적인 결정은 패널의 결과에 대하여 품질관리 담당자가 책임지는 것이 바람직하다. 패널은 인지할 수 있는 차이의 크기에 집중해야 하는데 책임에 대한 부담이 그 결과에 영향을 미칠 수 있기 때문이다. 패널은 품질관리 대상에 대한 사전 지식이 많아야 올바른 결과를 낼 수 있다. 이를 보충하기 위하여 두 개의 대조구 중 하나는 가리고 비교하는 실습을 통하여 그 특성에 익숙해지도록 한다. 이 방법의 단점은 대조구와의 차이는 알 수 있지만 그 차이의 속성에 대한 정보는 알

차이 분석difference test from control 대조구와 제품의 차이를 분석하는 관능검사법

묘사 분석descriptive test 활용 가능한 대조구가 없을 때 불량품을 모니터링하는 관능검사법. 실제는 기준 시료를 제품과 함께 묘사 분석하여 비교하여 판정함

선호도 분석affective or preference test 관능적 속성에 대한 세기가 아닌 좋아하는 정도를 측정하는 기호도검사. 속성의 세기 또는 강도는 차이 식별검사로 분석

수 없다는 것이다. 이러한 정보는 차이가 있을 때 원인 규명이나 그에 따른 조치를 마련하는 데 필요하다.

더 진보된 방법은 제품의 중요한 관능 속성을 선발하고 이에 대한 대조구와의 차이를 검사하는 것이다(그림 4-22). 각 속성에 대하여 한계 허용치 이상의 차이를 보이는 제품은 규격 미달로 판정된다. 여전히 이 수준의 방법으로는 대조구와 각 속성의 차이는 알 수 있지만 그 향방은 알 수 없다. 이를 보완하기 위한 방법은 차이를 나타냄에 있어 대조구를 그 중앙에 두어 차이의 양(+)과 음(−)을 수치화하는 것이다. 이는 제품 배합비의 변화가 관능적 성질에 영향을 줄 때 더 효과적으로 관리할 수 있는 방법이다.

언급한 바와 같이 패널의 훈련 상태, 사전 지식의 유무, 여러 척도로 표현된 데이터의 올바른 분석 여부에 따라 그 결과가 달라질 수 있다. 단지 대조구와의 차이를 보는 데는 30

가) 대조구와 차이 나는 정도를 선에 표시하세요.

차이 없음 ———————————————— 차이 심함

나) 각 속성에 대하여 대조구와 차이 나는 정도를 선에 표시하세요.

단맛
차이 없음 ———————————————— 차이 심함

신맛
차이 없음 ———————————————— 차이 심함

점성
차이 없음 ———————————————— 차이 심함

다) 각 속성에 대하여 대조구와 차이 나는 정도와 방향을 선에 표시하세요.

단맛
차이 없음 ———————— C ———————— 차이 심함

신맛
차이 없음 ———————— C ———————— 차이 심함

점성
차이 없음 ———————— C ———————— 차이 심함

그림 4-22 **제품 대조구와의 차이 분석에 사용된 여러 척도의 예**

내지 40인의 다수 패널이 적당하며, 그 이상 수준의 검사에 대해서는 소수의 고도로 훈련된 패널이 적합하다.

(2) 개념적 대조구와의 차이 분석

소수 전문가에 의하여 사용될 수 있는 개념적 대조구에 의한 관능검사는 크게 두 가지 문제점이 있다. 대조구에 대한 전문가 간의 차이가 있을 수 있고, 전문가가 갖는 개념이 소비자의 통념을 대변할 수 없다는 가능성이다. 따라서 근본적으로 이 방법의 적용에는 큰 주의가 따른다. 그럼에도 이 방법의 적용이 불가피한 경우는 다음과 같다. 먼저 전문가 그룹은 뛰어난 차이 식별 능력이나 제품과 제조공정에 대한 깊은 지식을 갖추었다는 가정하에 소비자 수준의 패널에 의하여 직접 제품의 특성 분석이 불가능한 경우이다. 원재료를 대상으로 할 때 가공된 후 제품을 접하는 소비자 패널로는 불가능하다. 원료 배합비, 제조공정, 저장조건이 제품 품질의 변이를 일으킬 때 그 품질관리에는 전문가 집단 패널이 적합하다. 특히 차이 식별이 예외적으로 고도로 필요한 경우인데, 예를 들어 포도주, 커피, 또는 올리브유와 같은 제품처럼 품질에 대한 요구치가 높아서 작은 차이에 의해서 가격이 결정되는 민감한 대상에 대해서는 소비자 수준의 패널 적용은 불가능하다. 전문가 패널에 의한 개념적 대조구를 사용한 차이 분석의 구체적인 내용은 다음과 같다.

① In/out 방법#

가장 단순한 방법이다. 분명한 변이(이질성, off-notes)를 브이는 부적격제품을 구별해 내는 수준의 방법이다. 주로 원재료나 상대적으로 간단한 최종제품의 관리에 적합하다. 이 방법의 장점은 단순성과 결과를 직접 사용할 수 있다는 것이다. 반면에 단점으로는 묘사적인 정보를 제공하지 않아 부적합제품의 발현 시 문제 해결 및 조치가 미흡하다. 분석 결과의 타당성은 패널의 전문성에 의존한다. 만약 전문가가 아님에도 불구하고 회사 직원이라 패널로 기용한다면 각자의 경험 및 제품에 대한 지식으로 판단하므로 일관성이 낮고 주관적인 결과를 제공하게 된다.

② 전체적 품질 등급화(overall quality rating) 방법

이 방법은 이미 설정된 기준에 근거하여 제품의 품질을 평가하는 것이다. 제품은 '매우

---

in/out 방법in/out method 개념적 대조구와의 차이 분석방법으로 불량품이 명확한 변이 또는 차이를 보일 때 쓰는 가장 간단한 방법

불량(very poor)' 및 '우수(excellent)'를 최대 범위로 하는 단일 품질 척도로 평가된다. 품질 점수가 낮을 때는 부적격제품으로 처리된다. 초기에 이 방법은 정서적이고 묘사적인 성질을 대변한다고 간주되어, 근본적으로 품질 점수는 정신물리학(psychophysical) 측정에 근거하지 않았다고 지적되었다. 식품의 품질은 식품을 소비할 때 느끼는 기호도나 즐거움과 같은 통합적 인상(integrated impression)으로 그 기준을 정하였는데, 이는 품질이 오로지 관능적 성격의 개념만은 아니라는 점을 시사한다. 감정적 경험도 포함되는 등 결국 기호도는 관능적 성질에 대한 감정의 표출이라 할 수 있다. 따라서 공통적인 개념적 대조구를 공유하는 전문가 집단은 성공적으로 품질을 평가할 수 있다. 품질관리의 관점에서 이 방법은 통합적 판단에 근거하므로 문제점 파악 및 조치 마련에 직접 활용하기 힘든 단점이 있다.

위의 문제점을 극복하고자 여러 방법이 제안되었다. 전체적인 품질과 함께 개개의 관능 속성에 대한 품질을 같은 검사지 내에서 질의한다. 이런 경우는 개념적 대조구와 제품 대조구와의 차이검사 간에는 서로 다른 상황이 존재한다. 개념적 대조구에 의한 차이검사에서는 전문가가 아무리 개념적 대조구를 분명히 인식하고 있어도 동일한 테스트에서 동시에 전체적 품질과 각 관능의 속성을 함께 인지해야 하므로 큰 어려움이 따른다.

(3) 문서 대조구와의 차이 분석

현장에서 가장 자주 사용하는 방법이다. 근본적으로 검사지 상에 관능적 품질에 관하여 잘 정의해 놓고 그 기준에 따라 제품을 평가한다. 검사지는 숫자로 평가 척도가 나타나 있고 특징에 대한 구체적인 설명을 포함한다. 일반적으로 3, 6 또는 9점 척도가 사용된다. 상위 1/3 점수 그룹은 상급 수준(high level)의 품질에 해당하는데 각 속성의 세기가 구체적으로 설명된다. 중위 1/3 점수 그룹은 중급 수준(acceptable)의 품질로 간주되고, 하위 1/3 점수 그룹은 하급 수준(rejectable)으로 평가된다. 보통 외관, 색, 풍미, 텍스처 등의 일반적 속성이 고려된다. 이 방법은 매우 신속히 실행할 수 있으며 부적격제품 발생 시 그 원인 분석이 용이한 장점을 갖는다. 그러나 잘 훈련된 패널이 필요하며, 이에 따라 검사지에 묘사된 속성의 정의나 점수화 기준을 정확하게 이해할 수 있어야 한다. 이 방법도 패널이 동시에 여러 가지를 수행해야 하는 데 따른 어려움이 수반된다. 검사지의 설명을 정확히 분석해야 하는 동시에 검사 결과를 점수화해야 하는 부담감이 뒤따른다. 이 방법에 의한 결과는 서수(ordinal)의 성격을 갖기 때문에 그에 맞는 통계(non-parametric statics)와 데이터 분석을 사용해야 한다.

(4) 대조구가 없을 때 분석

① 묘사 분석

이 방법은 잘 훈련된 패널이 품질관리에 고려할 관능 속성을 결정하고 스스로 대조구를 설정하며, 결과적으로 선택된 관능 속성의 세기와 비교하여 부적격제품을 판별한다. 문서 대조구가 있는 차이 분석과 유사하지만 묘사 분석은 전 단계에서 정해진 대조구가 관능검사에 사용되는 것이 아니라 검사에 참여하는 패널이 대조구 설정까지 포함하는 점이 다르다. 따라서 품질관리의 성능 면에서는 매우 우수하지만 실행함에 있어서 시간이나 비용이 더 드는 단점이 있다.

먼저 제품의 관능 속성 데이터를 제공할 수 있을 정도로 잘 훈련된 패널이 필요하다. 대조구를 처음에 설정하면서 가능한 한 모든 관능 속성이 채택된다. 소비자의 기호도에 영향을 주는 속성이나 제조회사 차원에서 시장에 내놓았을 때 제품의 바람직한 이미지 등에 영향을 줄 수 있는 속성은 모두 포함된다. 패널이 일단 전체 프로필(10~15개 정도의 속성)에 대해 훈련이 되면 그중 소수의 정예 패널 그룹이 가장 중요한 프로필(4~5개 정도의 속성)을 평가하도록 선발한다. 각 속성에 대한 한계 허용치 역시 정해진다. 묘사 분석은 근본적으로 훈련된 패널에 의한 각 속성의 세기를 표현하는 묘사 프로필로 나타낸다. 품질관리 책임자는 통계 처리된 묘사 프로필과 관능 규격을 바탕으로 부적격 여부를 최종 결정한다. 이때 규격은 각 속성의 세기에 대한 한계 허용치의 범위로 주어진다.

② 기타

품질관리에 관능검사를 적용할 때 빈번하게 지적되는 문제로 적합한 대조구와 규격의 부재를 들 수 있다. 따라서 관능검사의 결과에 유효성이 떨어지게 된다. 또한 제품의 관능 속성의 변이와 소비자 기호도와의 관계를 정확히 알지 못하고 준비한 검사지로 평가된 점수는 그 실용성이 문제될 수 있다. 단지 10~20명 정도의 실험실 수준에서 훈련된 패널을 정립된 대조구나 규격 없이 사용할 경우에도 그 결과를 신뢰할 수 없게 된다.

검사지에는 여러 가지 성격의 속성(광범위한 속성인 외관, 풍미, 텍스처 등과 특수한 속성인 신맛, 점도 등)과 그에 대한 세기가 함께 제시되어 최종 합산한 점수로 평가된다. 또는 각 속성이 품질에 기여하는 정도에 따라 서로 다른 가중치를 부여하여 합산할 때 가중치를 곱하여 차등적으로 합산한다. 그러나 후자의 방법에는 가중치의 합리적 산정에 항상 의구심이 따른다. 또한 각 속성의 세기를 합산할 때 과연 각 세기 값이 관능적으로 동등한 크기로 간주될 수 있는지의 문제도 제기될 수 있다. 이러한 경우에는 비록 가중치가 합리적으로 주어지더라도 여전히 그 결과의 신뢰성이 문제될 수 있다. 이러한 이유로 여러 속성을 합산하여 품질을 결정하는 방법은 제한적으로 적용되고 있다.

5) 관능검사법의 선택 기준

원칙적으로 적합한 관능검사법은 제품과 대조구의 차이를 측정할 수 있어야 한다. 단순히 시각적 차이검사는 그 차이를 유의적으로 보여 줄 수 없으며, 또한 상대적으로 소수의 패널을 사용하여 다수의 소비자군을 대표할 수 없다는 제한점을 갖는다. 실제는 관능검사법의 선택은 주어진 여건에 따라 최적으로 이루어진다. 즉, 만약 고려되는 관능 속성의 수가 5~10개로 제한된다면 묘사 분석이 바람직하다. 반면에 제품의 변이가 쉽게 특정한 속성에 의하여 정의될 수는 없지만 광범위한 속성(외관, 풍미, 텍스처 등)으로 쉽게 반영될 수 있을 경우에는 품질 등급화와 같은 차이검사가 더 적합할 수 있다. 만약 제품의 변이가 관능 속성에 의하여 정의될 수 없지만 부적격제품이 관능적으로 다르게 느껴질 수 있을 경우에는 in/out 방법과 같은 차이검사가 추천된다.

관능검사법을 선택함에 있어 i) 품질관리의 목적, ii) 대조구의 형태, iii) 인지되는 제품의 변이가 관능 속성에 의하여 정의되는지의 여부, iv) 감지되어야 하는 변이의 크기 등의 기준을 고려하면 바람직하다. 이에 따라서 적기 및 저비용으로 적용할 수 있는 관능검사법을 선택할 수 있다.

6) 관능검사법의 실시 및 데이터 분석

관능검사 결과 데이터에 대한 통계 처리는 그 방법에 따라 다르게 적용된다. 대조구를 사용하는 차이검사에는 종합적 차이검사(단순 차이검사, 일-이점 검사, 삼점 검사)와 속성 차이검사(이점 비교 검사)가 적용되며, 대조구가 없는 경우에는 특성 차이검사(평점법), 정량적 묘사 분석이 적용된다. 단, 대조구가 없더라도 기준 시료를 측정하고 정량화하여 비교할 수 있다.

(1) 종합적 차이검사

① 단순 차이검사

이점대비법(simple paired comparison)이라고도 한다. 한 패널이 여러 번 반복 비교할 경우 또는 많은 수의 패널이 검사할 때 사용한다. 평가방법이 매우 간단하며 많은 수의 훈련 또는 비훈련 패널을 사용할 수 있다(20~50명 정도). 검사방법은 두 개의 시료 A, B를 동일 시료의 쌍(AA, BB)과 이질 시료의 쌍(AB, BA) 4가지를 같은 비율로 준비하여 제시한다. 검사지에는 차이의 유무를 답한다. 시료 간 차이의 유의성을 x^2 검정으로 통계 분석한다(정답 확률 50%).

② 일-이점 검사

검사방법으로 3개의 시료를 동시에 검사하는데 그중 1개는 기준 시료이고 나머지 2개 중 1개가 역시 기준 시료이다. 시료 제시는 동일 기준 시료의 쌍[(A, AB), (A, BA)]과 균형 기준시료의 쌍[(A, AB), (A, BA), (B, AB), (B, BA)]으로 준비한다. 훈련된 패널은 10명 이상으로 반복 평가를 할 수 있게 한다. 비훈련 패널은 24명 이상으로 하고 일반적으로 반복 평가는 하지 않는다. 검사지에는 기준 시료와 같은 시료를 선택하여 답한다. 시료 간 차이의 유의성을 x^2 검정으로 통계 분석한다(정답 확률 50%).

③ 삼점 검사

대조구와의 차이를 비교적 예민하게 식별할 수 있는 방법이다. 검사방법으로 3개의 시료를 제시하는데 기준 시료가 없이 2개는 같고 1개는 다른 구성으로 한다. 시료의 제시는 6가지 쌍(AAB, ABA, ABB, BBA, BAA, BAB)이 가능하다. 제시된 시료의 쌍은 왼쪽부터 평가하게 한다. 패널은 보통 20~40명으로 하며 만약 차이가 클 경우 12명도 가능하다. 훈련된 패널은 반복 평가가 가능하다. 유의성 검토는 x^2 검정으로 통계 분석한다(정답 확률 1/3).

(2) 속성 차이검사(이점 비교검사)

식품의 어떤 속성(attribute)에 대하여 대조구와 차이가 있는지, 있다면 얼마나 있는지 통계적으로 유의성 검토를 하는 방법이다. 종합적인 단순 차이검사와 동일하게 두 개의 시료(A, B)를 제시하고 검사지에 어떤 특정한 속성이 더 강한지를 선택하게 한다. 검사방법과 유의성 검토는 종합적 단순 차이검사와 동일하지만, 차이점은 시료 간 차이 여부와 함께 속성 세기의 방향을 제시한다.

(3) 속성 차이검사(평점법)

척도법(scaling test)이라고도 하는 방법으로, 주어진 시료의 어떤 속성의 세기가 얼마나 다른지 조사할 때 사용한다. 기준 시료 없이 속성의 강도를 정해진 척도에 따라 평가한다. 속성 세기의 강한 정도(척도)의 수량적 인지와 속성 간의 영향 오차를 줄이기 위하여 강도 높은 훈련이 필요하다. 척도의 종류로는 항목 척도(7점법, 9점법)와 선 척도를 사용한다. 검사방법은 어떤 속성의 세기를 척도에 따라 평가하도록 한다. 유의성 검토는 분산 분석(ANOVA)을 바탕으로 비교 대상이 2개일 경우에는 t 검정, 3개 이상일 때는 다중 비교(multiple comparison)를 적용한다.

(4) 정량적 묘사 분석

정량적 묘사 분석(quantitative descriptive analysis, QDA)은 풍미(향미), 텍스처, 색 그리고 전체적인 맛과 냄새의 세기 등 전반적인 관능적 특성을 한눈에 파악할 수 있게 한 방법이다. 이 방법은 패널 요원 선정 및 훈련이 특히 중요한 필수조건으로 전제되므로 구체적인 내용을 알아보기로 한다. 패널의 자격 요건으로 특정 시료의 차이를 잘 식별할 수 있는 능력이 있어야 한다. 정량적 묘사 분석의 훈련 및 수행에 대한 흥미도가 있어야 한다. 그룹 활동을 할 수 있는 능력과 대인 관계가 좋아야 한다. 패널의 수는 최종 선발 요원의 2~3배를 모집하여 상기 자격 요건을 갖춘 12~14명을 선발한다. 패널 리더의 영향력을 가능한 한 최소화하도록 한다. 리더는 시료의 묘사 용어 개발에 직접적으로 참여하지 않는다. 리더의 역할은 시료를 준비하고 각 교육시간에 필요한 물품을 준비하고 교육 과정을 관리한다.

패널 훈련은 오리엔테이션을 통하여 인사 및 훈련, 검사 목적을 설명하고, 시료의 제시와 기호에 대해 숙달시키며, 검사지의 내용과 양식에 대한 적응력을 향상시키고, 시료 간의 세기 차이를 중점적으로 훈련하며, 각자 또는 그룹 간의 토론을 통한 용어 개발 및 특성을 묘사할 수 있도록 한다. 실습 훈련을 통해서는 여러 가지 속성 및 품질에 대한 숙달 훈련을 주목적으로 하고, 겉모양 및 색을 훈련하고(1일), 향미를 훈련하고(2일), 텍스처를 훈련한다(1~2일). 그 과정에 제품의 관능적 특성을 나타낼 수 있는 여러 속성과 용어를 개발한다.

패널 요원 선정 및 훈련 과정이 끝나면 프로필을 수행한다. 프로필 수행은 개별 부스에서 수행하고, 시료는 무작위 제시 및 시료 제시 간격을 고려한다. 데이터 분석으로 패널이 평가를 마친 후 패널 리더는 검사지를 수집하고 분석을 위하여 데이터를 정리한다. 각 척도상의 표시는 왼쪽 끝에서부터 거리를 측정하여 길이 또는 숫자로 환산한다(0~15점 또는 1~60점). 분산 분석은 반복된 실험 결과에 대하여 평균 간의 유의성을 검정한다. 더 나아가 주성분 분석, 요인 분석, 군집 분석 등을 적용할 수 있다. 결과 제시는 표 또는 그림(cobweb 또는 spider diagram)으로 나타낸다(그림 4-23).

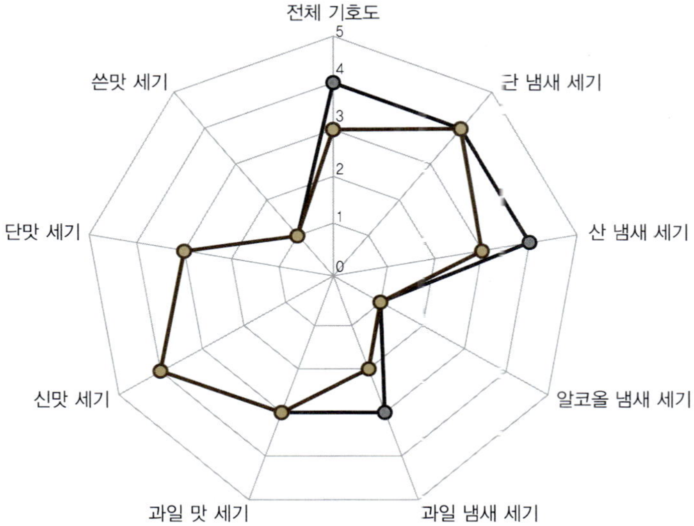

그림 4-23 **정량적 묘사 분석의 결과인 거미줄 도표의 예**

7) 결론

식품 품질관리의 근본 목표는 불량품 또는 부적격제품의 발생을 최소화하는 것이다. 이를 위해서는 먼저 부적격제품 발생 여부를 효과적으로 모니터링할 수 있어야 하고 만약 발생했다면 그 원인을 분석하고 올바른 조치를 실시하여 불량품 발생을 방지할 수 있어야 한다.

식품 품질관리의 선행 단계인 모니터링에 기기 분석과 관능검사가 적용된다. 기기 분석은 그 장점으로 분석 데이터의 일관성을 들 수 있지만 제품의 품질을 포괄적으로 대변할 수 있는 속성의 파악이 전제되어야 한다. 관능검사는 제품의 품질을 직접 측정할 수 있는 장점은 있지만 수행하는 데 패널을 측정의 수단으로 활용하기 때문에 일관성이 떨어질 수 있고 주관적 판단에 의한 오류가 발생할 수 있다. 그러나 패널의 선정 및 훈련, 올바른 관능검사방법의 선택 및 실시가 가능하다면 실질적인 모니터링 수단으로 활용될 수 있다.

품질관리를 위한 관능검사를 수행함에 있어 가장 먼저 전제되어야 하는 대상은 대조구 및 규격의 마련이다. 대조구란 기준이 되는 품질을 갖는 대상으로서 실제 제품뿐만 아니라 개념적이거나 문서로 마련된 형태로 제공할 수 있다. 관능검사에 의하여 일관적이고 신뢰성이 높은 품질관리를 하기 위해서는 제품 품질의 기준을 나타내는 대조구의 설정은 필수적이다.

제품과 대조구를 비교함에 있어서 여러 속성을 관능검사할 수 있는데 품질관리의 목적에 따라 대상이 되는 속성은 다를 수 있다. 즉, 제조 및 유통 중 관리를 위한 속성과 소비자 반응(기호도 및 안전성)을 위한 속성이 있다. 전자에는 관능검사와 더불어 기기 분석 또한 효과적일 수 있다. 후자는 관능검사를 실시할 관능 속성은 소비자의 반응과 밀접한 관계가 있어야 한다. 또한 관능 속성의 세기에 있어서 대조구와 얼마나 차이가 나야 불량품으로 평가할지에 대한 규격이 마련되어 있어야 한다. 만약 관련된 속성이 2개 이상이라면 그 결과를 어떻게 취합할지가 문제가 되는데, 단순히 합산할 것인지 또는 가중치를 각 속성에 다르게 부여하여 합할 것이지를 합리적으로 결정해야 한다. 이를 위해서는 각 속성의 중요도 또는 기여도를 철저하게 분석해야만 한다. 또한 공인된 기관에서 이미 정해 놓은 관련 자료가 있다면 이를 활용할 수도 있을 것이다.

결론적으로 관능검사에 의한 품질관리에는 패널의 신뢰성이 가장 중요하며, 품질관리의 대조구 및 규격의 합리적 설정, 그리고 올바른 관능검사법 및 데이터 분석이 필수조건이라 할 수 있다.

참고문헌

김덕웅 · 정수현 · 염동민 · 신성균 · 여생규, 2012, 21C 식품위생학, 수학사

민경찬 · 전정일 · 박상기 · 조남철 · 정수현 · 유현주, 2013, 필수 식품 미생물학, 광문각

변유량, 2014, 현대 식품공학, 지구문화사

식품의약품안전처, 2015, 식품공전 -미생물 시험법

은종방, 1996, 식품미생물의 신속한 검색 방법 및 항미생물제를 이용한 미생물의 저해, 식품과학과 산업. 29(1), 15-21

이영춘, 1999, 식품공업의 품질관리, 동아출판사

이철호 · 채수규 · 이진근 · 박봉상, 1982, 식품공업품질관리론, 유림문화사

한국식품과학회 관능검사 분과위원회, 2005, 산업체에서의 관능검사의 응용, 2005년도 식품관능검사 workshop 교재, 한국식품과학회

A.M. Munoz, 2002, Sensory evaluation in quality control: an overview, new developments and future opportunities, Food Quality and Preference 13: 329-339

Bhunia A.K., 1997, Antibodies to Listeria monocytogenes, Crit. Rev. Microbiol, 23(2), 77,

Bhunia A.K., 2006, Detection of significant bacterial pathogens and toxins of interest in homeland security. In The Science of Homeland Security, Amass S.F., Bhunia A.K., Chaturvedi A.R., Dolk D.R., Peeta S., and Atallah M.J., Purdue University Press, West Lafayette, p. 109.

Bourne MC., 1982, Food texture and viscosity. Academic Press. New York, NY USA

Churchill R.L.T., Lee H., and Hall J.C., 2006, Detection of Listeria monocytogenes and the toxin listeriolysin O in food, J. Microbiol. Methods, 64(2), 141

E. Costell, 2002, A comparison of sensory methods in quality control, Food Quality and Preference 13: 341-353

Figura LO.· Teixeira AA., 2007, Food physics; physical properties-measurement and application. Springer. Berlin, Germany

Fratamico P. and Bayles D.O., 2005, Molecular approaches for detection, identification, and analysis of foodbome pathogens. In Foodbome Pathogens: Microbiology and Molecular Biology, Fratamico P., Bhunia A.K., and Smith J.L. Caister Academic Press, Norfolk p.1.

Gasanov U., Hughes D., and Hansbro P.M., 2005, Methods for the isolation and identification of Listeria spp. and Listeria monocytogenes: a review, FEMS Microbiol. Rev, 29(5) 851

Hahm B.K., Maldonado Y., Schreiber E., Bhunia, A.K., and Nakatsu C.H., 2003, Subtyping of foodbome and environmental isolates of Eschericaia coli by multiplex-PCR, rep-PCR, PFGE, ribotyping and AFLP, J. Microbiol. Methods, 53(3), 387

Lazcka O., Campo F.J.D., and Munoz F.X., 2007, Pathogen detection: A perspective of traditional methods and biosensors, Biosens. Bioelectron, 22(7), 1205-17

Maciorowski K.G., Herrera P., Jones F.T., Pillai S.D., and Ricke S.C., 2006, Cultural and immunological detection methods for Salmonella spp. In animal feeds- A review, Vet. Res. Comm, 30(2), 127

Mohsenin NN., 1986, Physical properties of plant and animal materials. Gordon and Breach Science Pub. New York, NY USA

M.R. Aumatell, 2011, Sensory analysis in quality control: The gin as an example. In: Wide Spectra of Quality Control, Ed. I. Akyar, InTech open access publisher

Pagotto F., Comeau N., Scherf C., Leopold P., Clerk C.G., and Farber J.M., 2005, Molecular typing and differentiation of foodbome bacterial pathogens. In Foodbome Pathogen: Microbiology and Molecular Biology, Fratamico P., Bhunia A.K., and Smith J.L. Caister Academic, Norfolk, pp. 51-75

Swaminathan B. and Feng P., 1994, Rapid detection of food-borne pathogenic bacteria, Annu. Rev. Microbiol, 48, 401

단원 정리

식품 품질관리에서 '이화학적 분석'은 원료 및 최종제품의 적합성과 생산공정의 이상 유무를 확인하는 필수 구성 요소이다. 이와 같은 이화학적 분석은 분석 특성에 따라 식품의 물성 및 색도와 같은 물리적 분석, 정량 및 정성 분석과 같은 화학적 분석 및 미생물 오염과 같은 현미경 분석으로 세분되며, 과일 및 채소류, 밀가루류, 유지류나 축산류와 같은 식품의 종류에 따라 다양한 물리·화학적 분석방법이 적용된다.

식품의 관능 특성 및 기호도와 밀접한 연관성을 갖는 색도는 L, a, b 값을 이용한 헌터 색차계가 이용된다. 식품의 유동 특성은 뉴턴성이나 비뉴턴성 유체에 따라 점도식이 달리 적용되며, 모세관점도계와 회전점도계가 사용된다. 또한 유동성 식품을 위해 Bostwick 점조도 측정기와 같은 경험적 측정법이 이용되며 전분류의 유동 특성은 아밀로그래프가 사용된다.

식품의 조직감은 단백질이나 탄수화물 식품의 3차원 네트워크로 표출되며 조직감을 측정하는 방법으로는 물리적 단위로 표기되는 기본적인 방법, 펀치나 절단시험 같이 실용적인 정보를 제공하고 빠른 시간 내에 측정할 수 있는 경험적 방법, TPA와 같은 모방적 방법이 있다. 주관적 방법으로는 관능검사가 사용되며, 구형, 막대형, 실린더형과 같은 식품의 모양이나 특성에 따라 다양한 객관적 측정방법이 사용된다.

'2. 미생물학적 분석법'에서는 다음과 같은 내용을 정리하였다.

1 미생물의 성장에 영향을 미치는 요인은 물리적, 화학적 및 미생물학적 3가지로 나뉘는데 그중에서 물리적 요인으로는 광선 요인, 압력 요인 및 온도 요인을 예로 들 수 있다.

2 미생물검사 중 시료 채취 시 포장된 시료는 소형 및 대형으로 용기 각각 하나씩 또는 일부만을 채취한다. 채취한 시료는 시료명, 채취 일시, 채취장소, 수량 및 채취자를 기재하고, 검사용 시료 운반 시 변질 및 부패의 우려가 있는 시료는 10°C 이하 유지 및 4시간 이내에 운반하고, 변질 및 부패의 우려가 없는 시료는 멸균된 용기에 밀봉하여 아이스박스를 이용한다.

3 미생물검사 시 일반적으로 정성시험, 분리 배양, 확인시험의 과정을 거치며 목적에 따라 정량시험을 시행한다.

4 대장균군의 유무를 확인하는 정성시험법에는 유당배지법과 BGLB배지법 및 데스옥시콜레이트 유당한천배지법이 있으며, 정량시험법으로는 최확수법, 건조 필름법, BGLB배지에 의한 정량법 및 데스옥시콜레이트 유당한천배지에 의한 정량법 등이 있다.

5 총균 수의 시험법은 시료를 슬라이드글라스 위에 취한 후, 도말 건조 및 염색하여 현미경으로 염색된 세균 수를 측정하여 현미경 시야면적과의 관계에 따라 산출하는 방법이다.

6 진균 수의 분석법은 시료액과 멸균 생리식염수를 계열 희석하여 페트리접시에 넣은 후 포테이토 덱스트로스 한천배지를 넣고 응고시켜 배양하여 집락 수를 계산하는 것이다.

7 황색포도상구균 시험법은 시료를 TSB배지에 증균 배양하고 배양액을 난황 첨가 만니톨 식염한천배지, Baird-Parker 한천배지 또는 Baird-Parker(RPF) 한천배지에 접종하여 배양한 후 각각의 배지에서 황색 불투명 집락이나 혼탁한 백색 환 집락 또는 검은색 집락이 나타나면 이 집락을 보통한천

배지에 옮겨 배양한 후 그람염색을 실시하여 구균을 확인하고, 응고효소시험을 실시하여 응고 여부를 판정한다.

8 리스테리아 모노사이토제네스 시험법은 시료를 Fraser 리스테리아 배지에 넣어 2차 증균 배양한 후 이를 LPM, Oxford 또는 PALCAM 한천배지에 접종하여 리스테리아로 의심되는 집락을 tryptic soy 한천배지에 배양한 후 그람양성 간균이 확인되면 당분해시험을 실시하여 양성으로 판정한다.

9 미생물의 신속검출방법에는 주로 물질대사 지문법, 병원체 신속 검출에 필요한 면역검사법, 생물발광방법, 핵산을 기반으로 하는 방법 등이 있다.

10 미생물 수의 신속한 평가방법으로는 주로 ATP photometry, direct epifluorescent filter technique, electrical impedance methods, 지표 미생물의 신속한 분석법, spiral plating method 및 hydrophobic grid membrane filter 등이 있다.

'3. 식품 품질관리를 위한 식품 관능검사'에서는 품질관리에서 관능검사의 활용을 주제로, 먼저 불량품을 가려내는 데 사용할 비교 대조구의 선정, 불량품 판정을 위한 규격, 관능검사법과 선택 기준, 관능검사법의 실시 및 데이터 분석에 대하여 다루었다.

1 대조구는 3가지 형태로 가능하다. 실제 제품 형태의 대조구, 전문가에 의한 개념적 대조구, 문서로 잘 표현된 형태의 대조구를 활용할 수 있다.

2 불량품 판정을 위한 규격은 제조 및 유통 관리, 소비자 반응과 밀접한 관능적 속성에 대하여 제품과 대조구가 차이가 날 때 그 허용 한계 범위로 정해진다. 만약 제품이 이 규격에서 벗어난다면 불량품으로 간주된다.

3 관능검사법은 대조구의 형태에 따라 다르게 적용된다. 그중 가장 일반적으로 사용하는 방법은 문서 대조구에 의한 차이 분석이다. 대조구가 없을 때에는 묘사 분석을 활용할 수 있다. 관능검사법의 선택 기준으로 품질관리의 목적, 대조구의 형태, 불량품 발생을 나타낼 수 있는 관능 속성의 존재 여부를 고려한다.

4 관능검사 결과 데이터에 대한 통계 처리는 방법에 따라 다르게 적용된다. 대조구를 사용하는 차이검사에는 종합적 차이검사(단순 차이검사, 일-이점 검사, 삼점 검사)와 속성 차이검사(이점 비교검사)가 적용되며, 대조구가 없는 경우에는 특성 차이검사(평점법), 정량적 묘사 분석이 적용된다. 유의성 분석으로 차이의 여부는 x^2 검정, 차이의 세기는 t 검정 또는 다중 비교를 적용하여 통계 분석한다.

연습문제

1. 공인염료(certified colorant)와 비공인염료(uncertified colorant)를 비교 설명하고 비공인 염료의 종류와 불이익을 3개 정도 쓰시오. 또한 L, a, b 값은 무엇을 의미하는지 설명하시오.

2. TPA 시험을 설명하고 어떤 변수(parameter)들을 얻을 수 있으며, 그 정의는 무엇인지를 설명하시오.

3. 튜브 점도계를 이용하여 설탕 용액의 고유점도를 측정하고자 한다. 푸아죄유 식($Q=\frac{\pi R^4 \Delta P}{8\eta L}$)으로부터 어떻게 고유점도를 얻는지를 보이시오.

4. 다음 그림을 보고 파손강도(Pa), 파손 변형(breaking strain), 영률(youngs modulus) 값을 계산하시오.

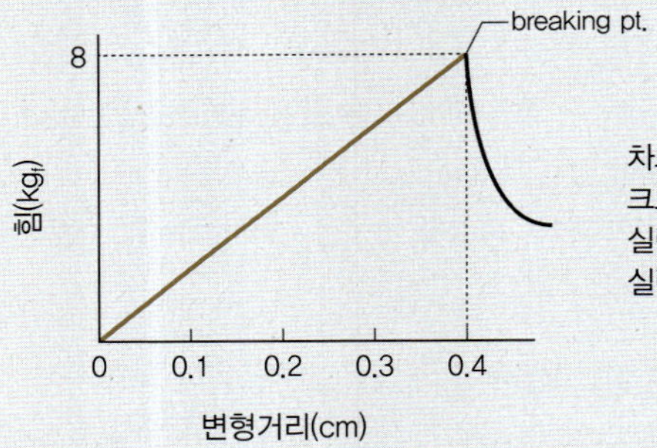

차트 속도 : 200 mm/min
크로스헤드 속도 : 100 mm/min
실린더 시료의 지름 : 2 cm
실린더 시료의 높이 : 4 cm

5. 세균, 효모 및 곰팡이가 식품에서 증식하기 위한 최적 생육 pH를 각각 쓰시오.

6. 일반 세균 수를 측정할 때 사용하는 한천(agar)은 무엇이며, 배양 온도 및 시간을 쓰시오.

7. 대장균군 정량시험법 중 최확수법이란 무엇인지 설명하시오.

8. 황색포도상구균시험법 중 증균 배양 및 분리 배양에 사용되는 배지를 쓰고, 확인시험 수행 시 분리 배양의 배지에 나타나는 집락의 특징을 설명하시오.

9. 식품의 미생물 신속검출방법 중 병원체 신속 검출에 필요한 면역검사법을 각각 쓰시오.

10. 관능적 규격을 정할 때 만약 고려해야 하는 관능적 속성의 수가 다수라면 가장 합리적인 접근 방법을 제시하고 그 타당성을 논하시오.

11. 제품 개발을 위한 관능검사와 품질관리를 위한 관능검사를 비교하여 설명하시오.

12. 품질관리에 적절한 관능검사법의 선정 기준에 관하여 설명하시오.

5

제5장

통계

statistics

5 통계

1. 통계의 기본

통계학이란? 관심을 가지고 있는 현상 또는 대상에서 발생하는 여러 가지 상황을 설명하고, 때로는 어떠한 상황에서 최적의 의사 결정을 할 수 있도록 자료를 수집, 정리하고 분석하여 해석하는 방법 및 이에 관한 이론을 연구하는 학문을 말한다. 통계를 위해 자료를 수집할 경우, 수집 목적을 분명히 하여 목적에 맞는 자료를 수집하여야 한다.

1) 통계의 필요성 및 두 가지 범주

(1) 필요성

- 과거 신호등의 초록불 시간은 평균 일반 성인이 걷는 속도(1.34 m/초)에 맞춰졌다. 그러나 노인들이 걷는 속도(60대 1.16 m/초, 70대 1.04 m/초, 80대 0.93 m/초)는 이보다 훨씬 느리다. 노인 교통사고 절반 이상이 보행 중 발생하자, 2007년 신호등의 초록불 시간은 0.8 m/초에 맞춰 연장되었다(자료: ebs 지식채널e 2010. 9. 6.). 이와 같이 평균값(대푯값)을 구하여 집단을 비교하는 방법이 통계를 이용한 방법이다.
- 비가 잦은 여름철, 내일 비가 올지, 안 올지 일기예보를 보게 된다. 일기예보에서 "내일 비가 올 확률은 90%입니다(확률적 서술)."라고 할 때, 대부분의 사람은 우산을 가지고 외출할 것이다. 일기를 예측하는 방법 또한 통계를 이용한다. (비가 올 확률이 90%임에도 실제로는 비가 오지 않을 수도 있다.)

(2) 두 가지 범주

통계는 크게 두 가지 범주로 분류될 수 있는데, 하나가 기술통계(descriptive statistics)이고 다른 하나는 추측통계(inductive statistics)이다.

① 기술통계

주어진 방대한 자료를 표 또는 그래프 혹은 간단한 수치로 전반적인 내용을 쉽고 빠르게 요약하는 내용을 다루는 통계

- 25.34±3.25 (평균±표준편차)
- 무게 히스토그램

② 추측통계

여러 가지 이유(규모의 방대성 등)로 인해, 관심 대상인 집단 전체(모집단)의 자료를 수집하기 어려워 그중 일부만을 선택(표본)한 후, 관찰한 내용을 바탕으로 전체 집단(모집단)의 특성을 추측(추정)하는 내용을 다루는 통계

- 여론조사
- 일기예보

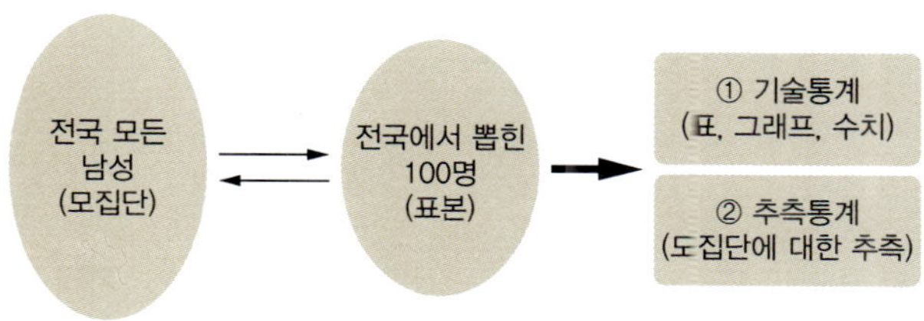

그림 5-1 **100명의 표본조사를 통한 우리나라 성인 남성의 몸무게 조사**

2) 통계에서 사용하는 기본적 단어

- 모집단(population) : 관심을 가지는 대상 전체를 말한다. 모집단을 관찰하여 자료를 수집하는 것은 물리적으로나 경제적으로 불가능에 가깝다.
- 모수(parameter) : 모집단의 특성을 나타내는 값
- 표본(sample) : 모집단에 관한 정보를 얻기 위해 추출한 모집단의 일부로, 이때 얻어진 정보는 모집단의 특성을 완벽하게 갖지 못하여 오차(표본오차)를 갖게 된다(표본이 갖는

정보의 한계).

- 통계량(statistic) : 표본의 특성을 나타내는 값
- 대푯값(representative value) : 관심을 가지는 집단 전체를 대표하는 값으로, 산술평균, 중앙값, 최빈값 등이 있다.

  예 한국 성인 남자 전체(모집단)의 키(모수)를 알기 위해, 전국에서 성인 남자 100명(표본)을 뽑아 각각의 키(통계량)를 조사하였더니 평균 175 cm(대푯값)였다.

3) 자료(변수)의 형태

질적 자료와 수치 자료 또는 이산형 자료와 연속형 자료로 구분된다.

(1) 질적 자료

질적 자료(qualitative data) 또는 범주형 자료로 표현되는 자료(변수)로, 실수가 아닌 정수로 표현되며 표현되는 숫자는 양적 크기를 나타내는 것이 아니다.

① 순위 자료(변수)(ordinal data) : 등수(1등, 2등, 3등)를 예로 들 수 있는데, 상대적 의미(순위)만을 알 수 있을 뿐 비율적 관계는 알 수 없다.

② 명목 자료(변수)(nominal data) : 성별(남-1, 여-2), 지역(서울-1, 부산-2) 등을 예로 들 수 있으며, 숫자는 양적 크기와 관계가 없다.

(2) 수치 자료

수치 자료(numerical data) 또는 양적 자료로 표현되는 자료(변수)이다.

① 구간 자료(변수)(interval data) : 등간 자료라고도 한다. 차이를 계산할 수 있으며, 간격이 일정하나 비율은 의미가 없는 변수이다. 온도, IQ, 연도 등을 예로 들 수 있다.

  예 5°C가 1°C보다 5배 뜨거운 것은 아니다.

② 비율 자료(변수)(ratio data) : 구간 자료의 특성과 더불어 비율적 의미가 있는 변수로, 길이, 무게, 시간 등을 예로 들 수 있다.

  예 무게 50 kg은 10 kg보다 5배 더 무겁다.

(3) 이산형 자료(변수)

값이 비연속적(정수)인 자료로, 차량 수, 사람 수 등을 예로 들 수 있다.

예 명목 & 서열 자료

(4) 연속형 자료(변수)

값이 연속적인(실수)인 자료로, 길이, 무게 등을 예로 들 수 있다.

예 구간(일부 이산형 자료) & 비율 자료

- 오류값(error) : 변수가 가질 수 없는 값으로, 예를 들어 사람 키가 변수일 경우 5 m는 오류값이다.
- 특이값(outlier) : 정상적이지 않은 값으로 특이값은 오류값일 수도, 아닐 수도 있다. 예를 들어 사람 키가 변수일 때 2.2 m는 특이값이지 오류값은 아니다.
- 결측값(missing) : 통계 자료에서 누락된 값으로, 시험에 결시한 사람의 점수 등을 들 수 있다. 관측값만으로 분석하는 경우와 필요 시 결측값을 보정(최빈값 또는 회귀 대체방법 등)하여 사용할 수 있다.

4) 자료의 표현

(1) 빈도 분포표

빈도 분포표(frequency table)는 관찰값의 빈도(질적 자료)에 대하여 표로 정리한 것으로, 계급 수를 적절히 결정하는 것이 중요하다.

표 5-1 눈동자 색깔에 대한 빈도 분포표

눈동자 색깔	빈도	백분율	누적 빈도	누적 백분율
파란색	56	34.78	56	34.78
갈색	70	43.48	126	78.26
회색	35	21.74	161	100

(2) 히스토그램

빈도 분포표를 막대그래프로 나타낸 것으로, 분포 상태 파악 또는 비교할 때 주로 사용된다. 계급(변량)은 반드시 수치이어야 하며 연속적이다. 히스토그램(histogram)에서 특정 구간의 면적은 빈도와 비례한다.

(3) 산점도

산점도(scatter plot)는 자료가 흩어져 분포하는 상태를 나타내는 그림으로, 자료의 수치가

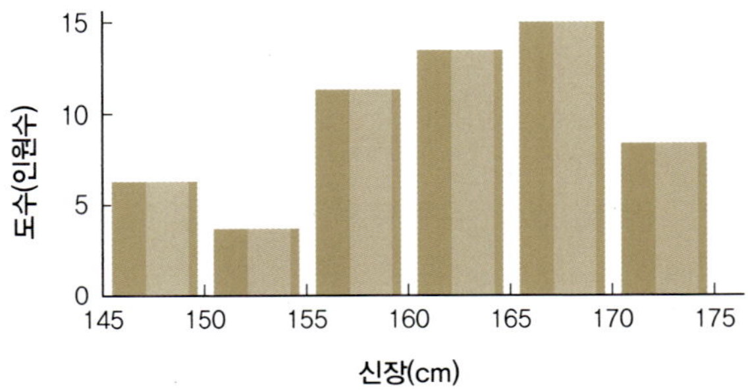

그림 5-2 **키에 대한 히스토그램**

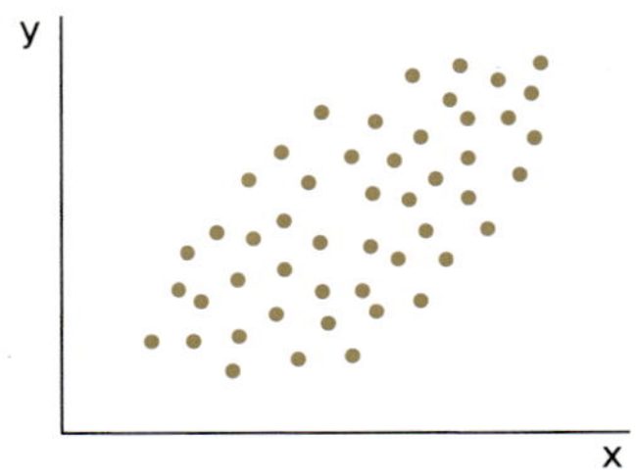

그림 5-3 **산점도**

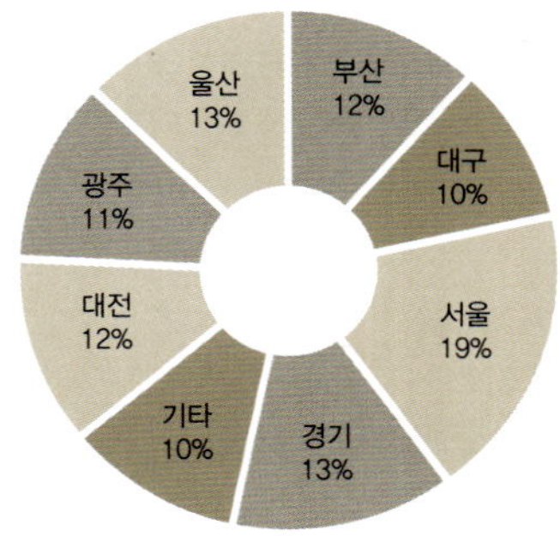

그림 5-4 **지역별 판매량에 대한 원형 그래프**

점으로 표시되어 있으며 자료의 확산이나 편중 등을 보고자 할 때 주로 사용된다.

(4) 원형 그래프

원형 그래프(pie chart)는 전체 통계 수량을 100%로 하여 부분량을 전체 원 면적에서 차지하는 백분율 면적으로 산출하여 분할 표시한다. 자료를 백분율로 나타내고자 할 때 주로 사용된다.

5) 기술통계량

(1) 대푯값

대푯값(representative value)은 어느 집단 전체의 특성을 대표하는 값이다.

① 산술평균(arithmetic mean) : 가장 일반적으로 사용하는 대푯값(representative value)으로 자료의 총합을 총수로 나눈 값이다. 일반적으로 가장 널리 사용되는 대푯값이

며, 실제의 모든 자료를 사용한다.

예 1, 2, 3, 3, 4, 5, 15 → 33/7 = 4.71

② 중앙값(median) : 자료를 크기 순서대로 나열했을 때 중앙에 위치한 값으로, 특이값(이상값)에 민감하지 않은 반면에 실제의 모든 자료를 활용하지는 않는다. 단, 짝수일 경우 가운데 위치한 두 값의 산술평균값이 중앙값이 된다.

예 1, 2, 3, 3, 4, 5, 15 → 3

③ 최빈값(mode) : 자료값들 중에 가장 많이 나타나는 값이다. 단, 가장 많이 나타나는 값이 없을 경우 최빈값은 없다. 중심을 제대로 대변하지 못하는 경우가 많으나, 옷 치수 등은 최빈값이 대푯값일 경우가 일반적이다.

예 1, 2, 3, 3, 4, 5, 15 → 3

(2) 산포도

산포도(degree of scattering)는 자료의 분산(퍼짐) 정도를 나타내는 값이다.

① 범위(range) : 최댓값과 최솟값의 차로 자료의 분포가 대칭일 경우 분산 정도를 파악하는 데 적절하나 극단값에 큰 영향을 받는다.

② 표준편차(standard deviation, S.D.) : 각 자료값과 산술평균과의 차이를 제곱한 다음, 이들 수치의 산술평균값(분산)에 제곱근($\sqrt{\quad}$)을 씌운 값으로, 각 자료값과 산술평균값 사이의 떨어져 있는 정도를 의미한다. 산포도를 알 수 있는 가장 일반적인 값이다.

③ 변동 계수(coefficient of variation, C.V.) : 표준편차를 평균값으로 나눈 값으로, 측정값의 단위가 다르거나 평균값의 차이가 큰 집단을 비교할 때 사용된다. 표준편차의 경우 평균값이 큰 집단의 값이 커지는 경향이 있어 적당하지 않으며, 따라서 이를 보정하기 위해 표준편차를 평균값으로 나눈 변동 계수값을 사용한다.

예 A 집단 : 평균 45, 표준편차 7　　B 집단 : 평균 2.0, 표준편차 0.3

→ C.V.(A) = 7/45 = 0.156,　　C.V.(B) = 0.3/1.5 = 0.2

⇒ 집단 B가 집단 A보다 산포도가 크다.

(3) 분위수

분위수(fractile)는 자료들을 알려진 비율에 의해 집단으로 분리하는 값이다.

① 사분위수(quartile) : 자료값들을 크기순으로 나열하였을 때, 1/4(25%, Q1), 2/4(50%, Q2)

및 3/4(75%, Q3)으로 균등하게 분리(4등분)시켜 주는 기준값

② 십분위수(decile) : 자료값들을 크기순으로 나열하였을 때, 10등분으로 균등하게 분리시켜 주는 기준값

③ 백분위수(percentile) : 자료값들을 크기순으로 나열하였을 때, 100등분으로 균등하게 분리시켜 주는 기준값

(4) 분포

분포(distribution)는 자료의 분포 모양을 말한다.

① 왜도(skewness) : 자료의 대칭성을 알아보기 위한 방법으로, 좌우 대칭(symmetric)의 정규분포 형태는 왜도값이 0, 오른쪽이 긴 꼬리(right-skewed)를 가진 분포 형태는 왜도값이 0보다 크며, 왼쪽으로 긴 꼬리(left-skewed)를 가진 분포 형태는 왜도값이 0보다 작다.

② 첨도(kurtosis) : 정규분포와 비교하여 중심(평균)값의 높이(중심값 부근의 집중도)를 알아

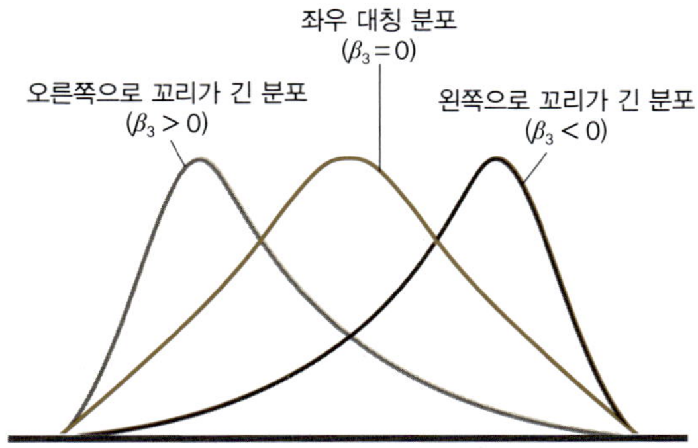

그림 5-5 **왜도**

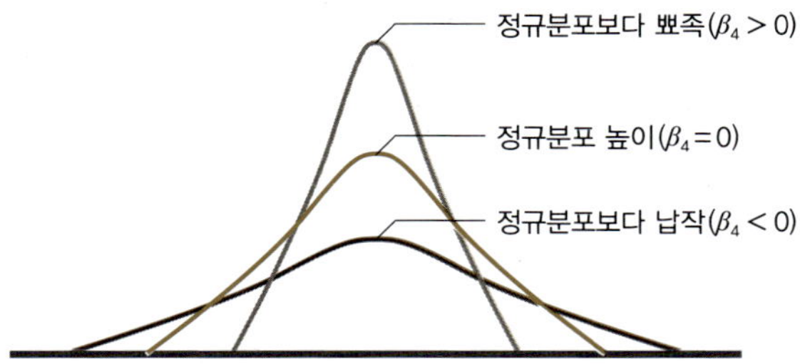

그림 5-6 **첨도**

보기 위한 방법으로, 중심값의 높이가 정규분포에서보다 크면 첨도값이 0보다 크고, 정규분포보다 작으면 첨도값이 0보다 작다.

2. 확률과 확률분포

1) 확률

모든 경우의 수에 대한 어떤 사건이 일어날 경우의 수의 비율을 확률(probability)이라 한다. 즉, 사건을 A라 하고, 그 사건이 일어날 확률을 P(A)라 하면, 확률은 $0 \leq P \leq 1$의 값이다.

(1) 확률 계산

① 덧셈 : 어떠한 일이 동시에 일어나지 않을 때, 예를 들어 A 사건과 B 사건이 동시에 일어나지 않는다면 A 또는 B가 일어날 확률은 확률 A와 확률 B의 합으로 계산한다.

예 한 개의 주사위를 한 번 던질 때, 짝수가 나타날 확률은 1/6(2 나옴)+1/6(4 나옴)+1/6(6 나옴)=1/2이 된다.

② 곱셈 : 어떠한 일이 서로 상관없이(무관계) 발생할 때, 예를 들어 A 사건과 B 사건이 동시에 일어난다면, 이런 일이 발생할 확률은 확률 A와 확률 B의 곱으로 계산된다.

예 두 개의 동전을 동시에 던졌을 때, 둘 다 숫자 면이 나올 확률은 $1/2 \times 1/2 = 1/4$이다.

(2) 확률 변수

확률 변수(random variable)는 어떠한 사건들을 수치적으로 표시한 것으로, 예를 들어 동전을 두 번 던질 때, 앞면이 나타나는 횟수를 0 또는 1 또는 2라 하면 확률변수 X=0, 또는 X=1, 또는 X=2로 표시한다.

(3) 확률분포

확률분포(probability distribution)는 확률 변수의 발생 가능성에 대해 나타낸 것으로, 예

표 5-2 동전을 두 번 던질 때 앞면이 나타날 확률분포

X(확률 변수) : 동전 앞면이 나타나는 횟수	0	1	2
P(X)(확률분포)	1/4	1/2	1/4

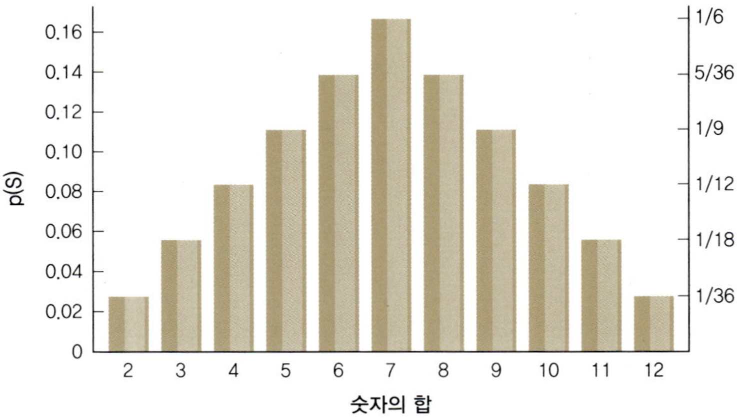

그림 5-7 **주사위 두 개를 동시에 던졌을 때의 숫자 합(S)에 대한 이산 확률분포**

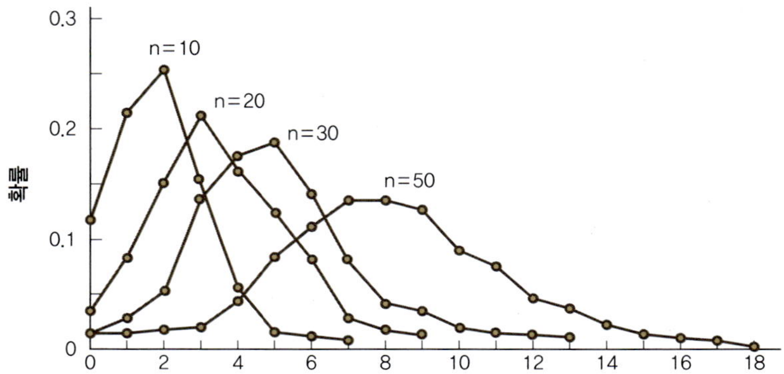

그림 5-8 **이항분포**

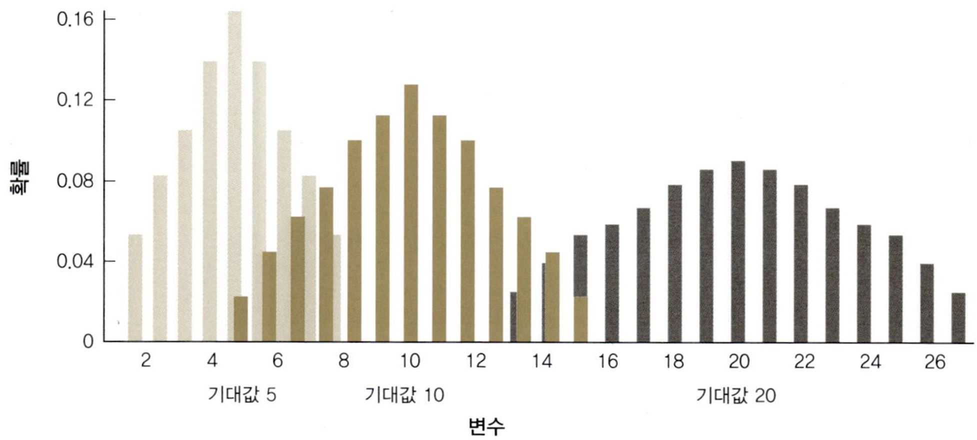

그림 5-9 **푸아송 분포**

를 들어 동전을 두 번 던질 때, 앞면이 나타나는 횟수를 0 또는 1 또는 2라고 하면 각각의 확률분포는 1/4, 1/2, 1/4이다.

① 이산 확률분포(discrete probability distribution) : 확률 변수 X가 유한개의 값을 갖고 있을 때의 확률분포

a. 이항분포(binominal distribution) : 모집단이 가지는 이상적 분포로, 정규분포가 연속형인 데 반해 이항분포는 이산형이다. 사건(수행) 수가 충분하면 정규분포에 가까워진다.

b. 푸아송 분포(poisson distribution) : 발생 가능성이 매우 낮은 확률 변수(어떤 강도 이상의 지진 발생 수 등)가 가지는 분포로, 일정 시간 또는 공간에서 발생하는 사건의 횟수를 표현한다.

② 연속 확률분포(continuous probability distribution) : 확률 변수 X가 무한개의 값을 갖고 있을 때의 확률분포

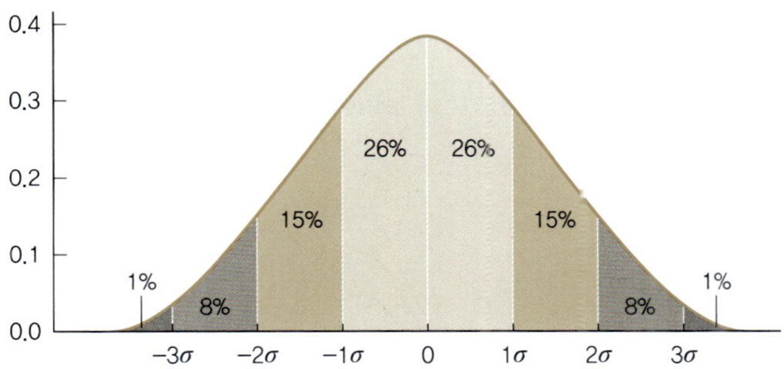

그림 5-10 **대표적 연속 확률분포인 정규분포**

a. 정규분포(normal distribution) : 자료의 분포가 평균값을 중심으로 좌우 대칭의 종 모양을 하는 분포로 연속 확률분포 중 가장 일반적으로 사용되는 분포이다.

> 표준정규분포(standard normal distribution)
> 평균값이 0이고, 분산이 1인 정규분포로, 모든 대상을 하나의 수치로 비교하는 경우에 주로 사용된다(표준화 점수, 빅맥 지수 등).

b. χ^2분포(chi-square distribution) : 표본 분산의 분포로, 주로 관측 자료와 설정 모형 간의 차이(가설 검정), 상호 관련성, 신뢰 구간 등에 대한 분포(모델)로 사용된다.

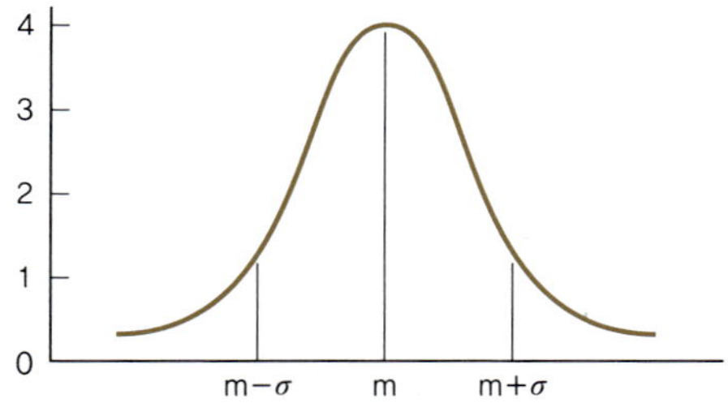

그림 5-11 **정규분포(m : 평균, σ : 표준편차)**

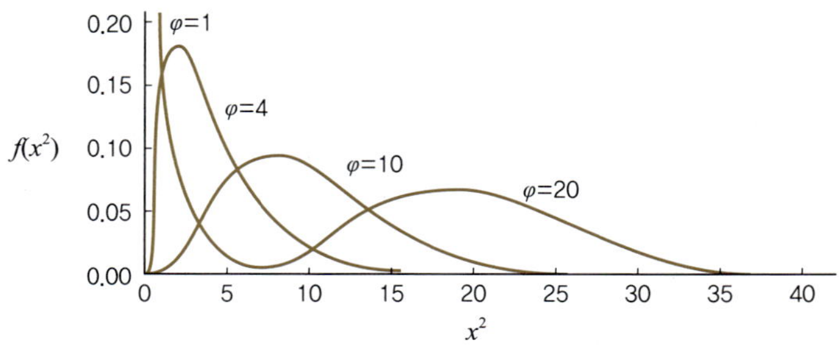

그림 5-12 **x^2 분포(φ : 자유도)**

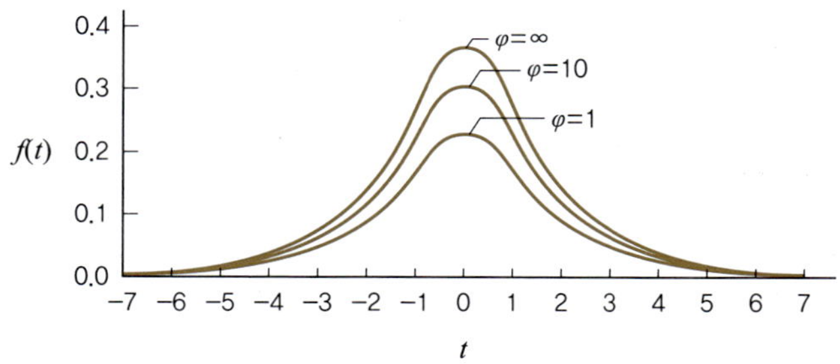

그림 5-13 **t분포(φ : 자유도)**

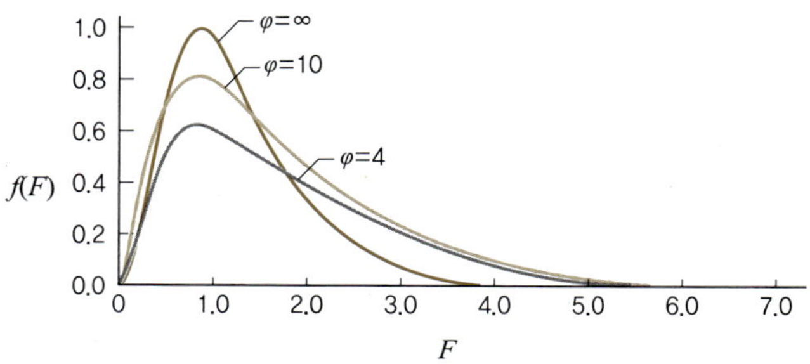

그림 5-14 **F분포(φ: 자유도)**

c. t분포 : 표준화된 표본 평균의 분포로, 정규분포의 평균(두 그룹 간 평균 차이)을 측정할 때 주로 사용하며, 자유도가 커질수록 정규분포에 가까워진다.

d. F분포 : 표본 분산의 비(율)에 대한 분포로, 2개 또는 여러 개의 모집단 분산이 같다는 가설의 검정(여러 표본 평균의 동일성 검정)에 쓰이며, F검정과 분산 분석 등에서 주로 사용된다.

3. 가설과 검정

1) 가설

가설(hypothesis)은 모집단에 관한 추측(가정) 또는 주장으로, 이 가설이 맞는지 또는 맞지 않는지에 대한 조사(검정)를 하게 된다. 귀무가설, 대립가설로 구분된다.

(1) 귀무가설

귀무가설(null hypothesis)은 추측 또는 주장에 대한 부정적 가설을 말하며, 예를 들어 "차이가 없다.", "효과가 없다.", "상관이 없다." 등이다.

(2) 대립가설

대립가설(alternative hypothesis)은 추측 또는 주장에 대한 긍정적 가설로, 예를 들어 "차이가 있다.", "효과가 있다.", "상관이 있다." 등이다.

2) 오류

가설을 채택(맞음) 또는 기각(맞지 않음)하는 과정 중 일어나는 것으로, 1종 오류와 2종 오류로 구분된다.

(1) 1종 오류

1종 오류(type I error)는 상정된 귀무가설이 실제로는 참이지만 이를 기각하는 오류이다. 일반적으로 참인데도 불구하고 기각될 경우에 심각성(위험성)이 더 커지기 때문에 주로 1종 오류를 고려한다. 예를 들어 '무죄를 유죄로 판정'하는 것 등이다.

(2) 2종 오류

2종 오류(type II error)는 상정된 귀무가설이 실제로는 거짓임에도 불구하고 이를 채택하는 오류로, 예를 들어 '유죄를 무죄로 판정'하는 것 등이다.

3) 가설 검정

가설 검정(hypothesis test)은 주어진 가설(주로 귀무가설)에 대해 채택할 것인지 기각할 것인지를 결정하는 절차를 말하며, 유의 수준은 이 결정의 기준을 제공한다.

(1) 유의 수준

유의 수준(significance level)은 1종 오류의 위험성을 부담(허용)할 최대 확률(기준)로 오차 가능성을 의미하며, 일반적으로 5%(0.05)를 많이 사용하고, α로 표시한다.

예를 들어 유의 수준(α) = 5%라는 의미는 100번 중 5번은 귀무가설이 참임에도 불구하고 이를 기각하는 오류를 범할 수도 있음(확률적 언급)을 "허용(용인)한다."는 의미로, 유의 수준이 낮을수록(1%, 0.1% 등) 1종 오류의 가능성은 낮아지나 2종 오류의 가능성이 높아진다.

(2) 유의확률

유의확률(significant probability, p-value)은 관찰된 자료의 검정 통계량 값이 귀무가설이 참임에도 불구하고 기각하는 것으로 나타날 확률로, 관찰된 자료를 통계식 또는 통계 프로그램을 이용하여 실제로 계산해야 하는 값이며, 유의확률값이 작을수록 대립가설이 참이라는 강력한 증거이다. 주로 p로 표시한다.

(3) 검정 통계량

검정 통계량(test statistic)은 가설검정(주로 귀무가설)을 위해 모집단에서 뽑은 통계량(표본평균, 표본분산 등)이다.

① 양측 검정(two-sided test) : 차이 유무를 판단할 때 주로 사용한다. 방향성(+ 혹은 −)이 없고, 귀무가설이 적게 기각(차이가 없다는 판정)되도록 하는 보수적 검정 시 사용된다.

② 단측 검정(one-sided test) : 우열 또는 증가 유무를 판단할 때 주로 사용한다. 방향성이 있고, 귀무가설을 비교적 쉽게 기각(차이가 있다는 판정)하는 상대적으로 덜 보수적

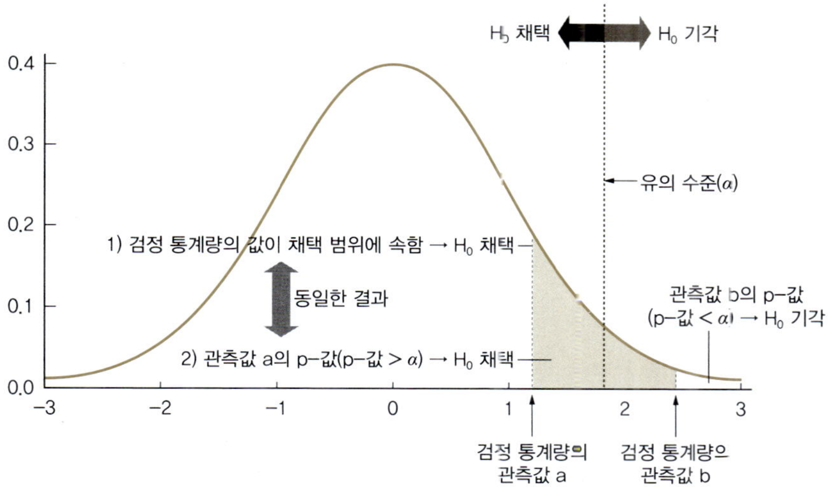

그림 5-15 **검정 통계량, 유의 수준 및 유의확률**

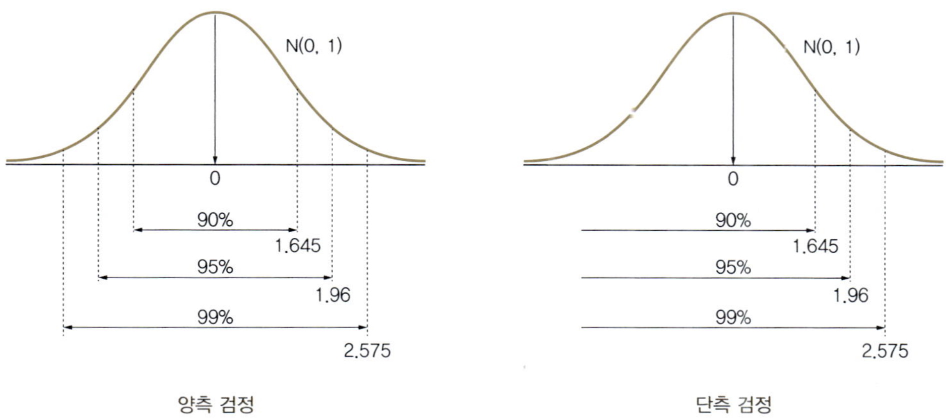

그림 5-16 **양측 검정과 단측 검정의 기각 영역**

인 검정 시 사용된다.

4) 유의성 검정 단계

첫째, 가설(보통 귀무가설, 또는 대립가설)을 세움

둘째, 유의 수준(α)을 정함(보통 0.05, 또는 0.01 또는 0.1 등)

셋째, 검정 통계량 결정(T, F, χ^2 등)

넷째, 유의확률(p)값 계산 → 유의 수준(α)과 유의확률(p)값 비교 및 결론

다섯째, ① p값 < α일 경우, 귀무가설 기각 → 결론 : 차이가 있다.

② p값 > α일 경우, 귀무가설 채택 → 결론 : 차이가 없다.

4. T-검정

T-검정(T-test)은 모집단을 대표하는 표본을 이용하여, 두 집단의 평균값 차이가 오차에 의한 것인지(무의미한 차이) 혹은 속성에 의한 것인지(유의미한 차이)를 밝히는 검정이다. T분포를 사용하며, 독립표본 t-test, 쌍 t-test와 단일표본 t-test 등으로 구분한다.

(1) 독립 표본 t-검정

독립 표본 t-검정(independent sample t-test)은 일반적인 두 집단 간의 평균값 차이 유무를 비교한다.

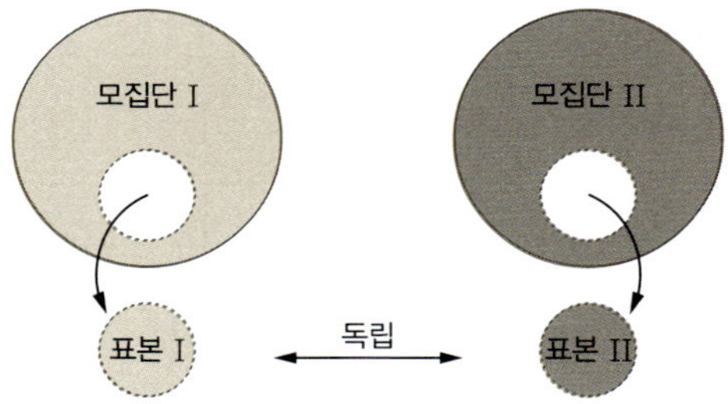

그림 5-17 **독립된 두 집단의 평균 비교**

① T-test 절차

모집단이 정규분포라는 가정하에(비정규분포라면 비모수 검정을 해야 함)

a. 가설(귀무가설 또는 대립가설)을 세운다.

b. 유의 수준을 정한다. (보통 $\alpha = 0.05$)

c. 검정 통계량을 결정한다. (등분산 또는 이분산 검정)

> **등분산 또는 이분산 검정**
> 비교 집단이 통계적으로 같은 집단인지 혹은 다른 집단인지를 확인하는 것으로 등분산일 경우(F값 > 0.05) 등분산 t값의 p값을 확인하며, 등분산이 아닐 경우(F값 < 0.05) 이분산 t값의 p값을 확인하여 가설을 채택하거나 기각하게 된다.

d. 자료에 대한 p값을 계산한다.

e. p값과 α값을 비교하여 가설 채택 또는 기각하여 결론을 내린다.

(2) 쌍으로 된 t-검정

쌍으로 된 t-검정(paired t-test)은 실험 전과 실험 후의 집단 간(전후) 평균값 차이의 유무를 비교한다.

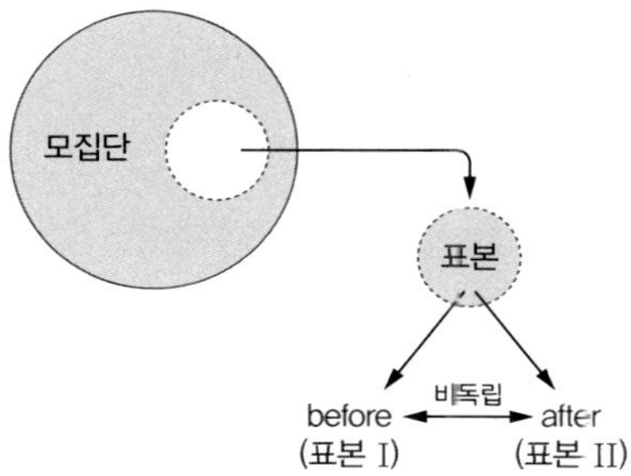

그림 5-18 **쌍 집단(표본 I과 표본 II)의 평균 비교**

① T-test 절차

모집단이 정규분포라는 가정하에(비정규분포라면 비모수 검정을 해야 함)

a. 가설(귀무가설 또는 대립가설)을 세운다.

b. 유의 수준을 정한다. (보통 $\alpha = 0.05$)

c. 검정 통계량을 결정한다.

d. 자료에 대한 p값을 계산한다.

e. p값과 α값을 비교하여 가설 채택 또는 기각하여 결론을 내린다.

(3) 단일표본 t-검정

단일표본 t-검정(one sample t-test)은 표본이 하나일 경우, 모집단(일반적으로 평균값이 알려져 있음)과 표본 집단의 평균값 차이 유무를 비교한다. 예를 들어 대한민국 전체 남성의 평균 키와 우리 학년 남성의 평균 키에 차이가 있는가?

① T-test 절차

모집단이 정규분포이며 표본 수가 적다(보통 30~40 미만)는 가정하에(비정규분포라면 비모

수 검정을 해야 함)

a. 가설(귀무가설 또는 대립가설)을 세운다.

b. 유의 수준을 정한다. (보통 $\alpha = 0.05$)

c. 검정 통계량을 결정한다.

d. 자료에 대한 p값을 계산한다.

e. p값과 α값을 비교하여 가설 채택 또는 기각하여 결론을 내린다.

5. 상관 분석

두 변수 사이의 상호 관련성을 통계적으로 분석하는 것으로, 선형적(직선적) 관계만을 나타낸다. 변수가 연속형이며, 정규성을 가정할 경우에는 피어슨 상관 분석(Pearson correlation analysis)을 사용하며, 하나 이상의 변수가 서열 척도인 경우 스피어맨 상관 분석(Spearman correlation analysis) 등을 사용한다.

1) 상관계수(correlation coefficient, r)의 성질

① 두 변수 사이의 선형적 관계를 나타냄

② 범위는 $-1 \leq r \leq 1$이며, $r = \pm 1$인 경우는 두 변수 사이가 완전히 선형 관계, $r = 0$은 선형 관계가 전혀 없음을 의미함

③ 일반적으로 $r < 0.2$인 경우 상관관계가 거의 없음을, $0.4 < r < 0.7$인 경우 비교적 높은 상관관계임을, $0.7 < r < 0.9$인 경우 높은 상관관계를 의미함

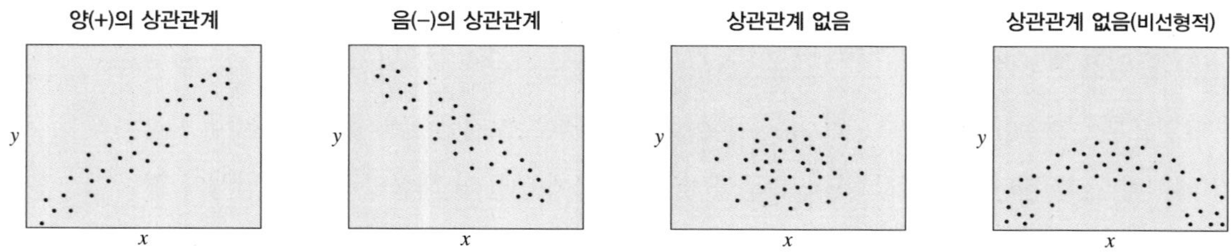

그림 5-19 **두 변수 간의 상관관계**

2) 상관계수의 한계

① 특이한 자료에 민감하게 달라짐

② 두 변수 간의 비선형적 상관성은 반영하지 못함

③ 실제로 상관관계가 없음에도 불구하고 상관관계가 높게 나타나는 경우(의사 상관)가 있음

예 몸무게-연령-지능 ⇒ 편상관관계 분석[특정 변수(연령)를 통제하에 나머지 두 변수(몸무게 & 지능) 사이의 상관관계 분석]

6. χ^2 검정

χ^2 검정(chi-square test)은 독립적(상호 배타적)이며 정상 분포라고 가정할 수 없는 집단에서 추출한 자료를 바탕으로 두 변수 사이의 상호 관련성(혹은 독립성)을 비교하고자 할 때, 기대 빈도와 실제 빈도가 일치하는지의 여부(적합도)를 검증하고자 할 때 사용한다. 명목 척도, 서열 척도 차이 검증 등으로, 예를 들어 성별에 따른 유학생 비율의 차이 유무, 성별에 따른 선호 운동 차이 유무 등이다.

실제

	20대	30대	40대	전체
여당 지지	66(37.7%)	88(47.6%)	121(66.5%)	275명
야당 지지	109(62.3%)	97(52.4%)	61(33.5%)	267명
전체	175(32.3%)	185(34.1%)	182(33.6%)	542명

독립

	20대	30대	40대	전체
여당 지지	88.8(50.7%)	93.9(50.8%)	92.3(50.7%)	275명
야당 지지	86.2(49.3%)	91.1(49.2%)	89.7(49.3%)	267명
전체	175(32.3%)	185(34.1%)	182(33.6%)	542명

나이*정당 교차표

			나이		전체
			1	2	
나이	20대	빈도	66	109	175
		기대 빈도	88.8	86.2	175.0
		나이의 %	37.7%	62.3%	100.0%
	30대	빈도	88	97	185
		기대 빈도	93.9	91.1	185.0
		나이의 %	47.6%	52.4%	100.0%
	40대	빈도	121	61	182
		기대 빈도	92.3	89.7	182.0
		나이의 %	66.5%	33.5%	100.0%
전체		빈도	275	267	542
		기대 빈도	275.0	267.0	542.0
		나이의 %	50.7%	49.3%	100.0%

나이*정당 표에 대한 통계량 값

카이제곱 값	자유도	유의확률(양측 검정)
30.672	2	.000

그림 5-20 **나이별 지지 정당 차이 유무에 대한 χ^2 검정의 예**

7. 회귀 분석

회귀 분석(regression analysis)은 둘 이상의 변수 사이의 (인과)관계를 분석하는 것으로, 특정 변수값(독립변수)의 변화가 다른 변수(종속변수)값의 변화와 어떤 선형(직선) 함수관계가 있는지를 추정하여 독립변수로부터 종속변수의 값을 예측하고자(산포도 자료에서 그 자료를 가장 잘 대표하는 선을 찾고자) 하는 것이 목적이며, 추정된 함수식을 회귀방정식이라 한다(예 : Y=aX+b). 회귀 분석은 인과관계를 분석하는 반면 이와 유사한 상관 분석은 두 변수 간 상호 의존성의 강도만을 분석한다. 독립변수가 하나인 경우를 단순 회귀 분석, 2개 이상인 경우를 다중 회귀 분석이라 한다.

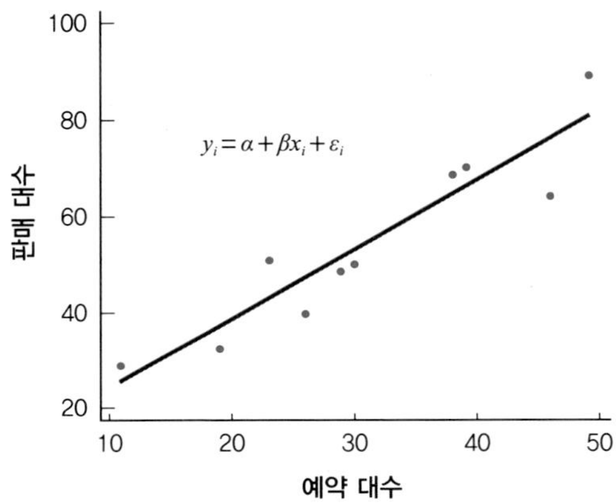

x	y	y (예측값)
12	30	25.62
18	32	34.32
24	49	43.02
27	40	47.37
29	48	50.27
31	49	53.17
39	67	64.77
40	71	66.22
45	62	73.47
48	87	77.82

$y_i = a + bx_i = 8.22 + 1.45x_i$

그림 5-21 **자동차 예약 대수(독립변수)가 실제 판매 대수(종속변수)에 미치는 영향에 대한 단순 회귀 분석**

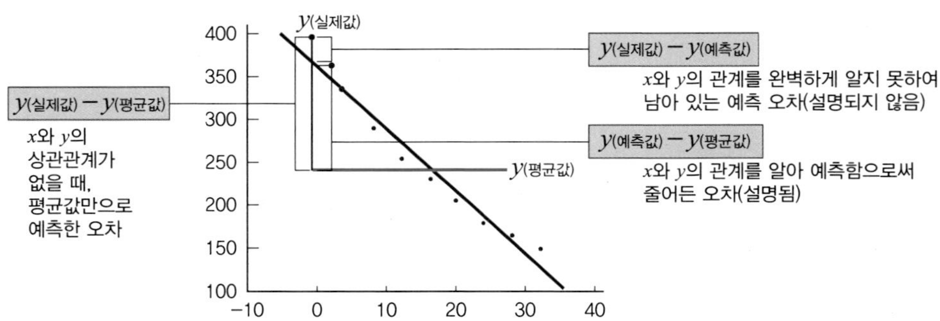

그림 5-22 **회귀방정식의 개념**

1) 결정계수

결정계수(coefficient of determination, R^2)는 독립변수와 종속변수 사이에 함수 관계가 존재할 때, 그 관계의 정도를 수치적으로 나타내는 데 사용되는 값으로, 회귀방정식(모델)이 어느 정도로 적합한지(예측력 또는 설명력)를 의미한다. 0과 1 사이의 값을 갖게 되며, R^2값이 작다는 것은 독립변수와 종속변수의 관계가 직선(선형)이 아님을 나타낸다.

$$R^2 = \frac{\text{회귀제곱합}}{\text{전체 제곱합}}$$

전체 제곱합(평균과 실제값의 차이) = 회귀 제곱합(설명된 오차) + 오차 제곱합(설명 안 된 오차)

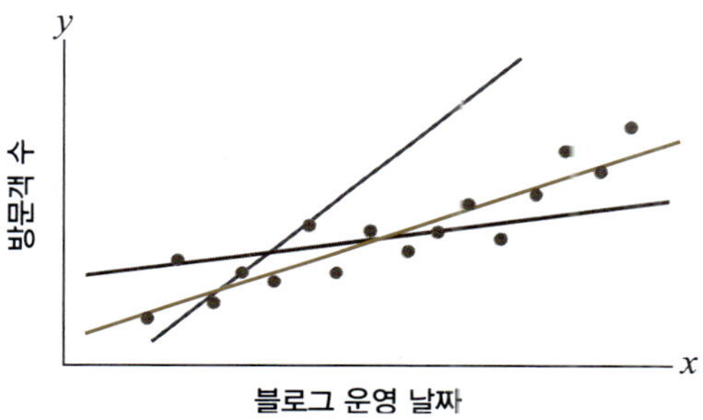

그림 5-23 **R^2의 의미**

8. 분산 분석

분산 분석(analysis of variance)은 "각각의 모집단이 정규분포를 하며, 같은 분산(등분산)

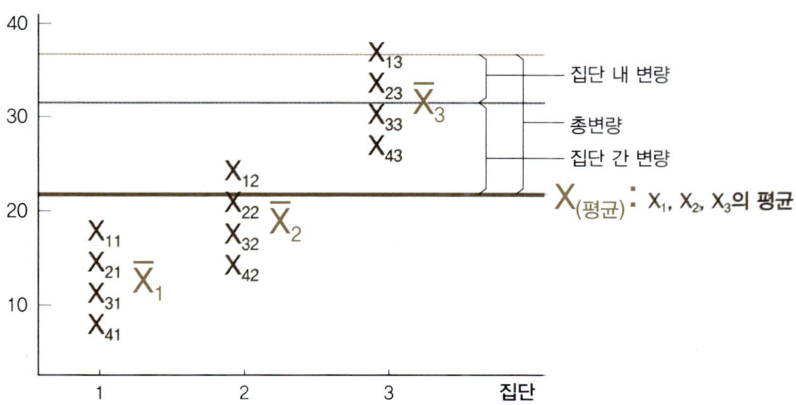

그림 5-24 **집단 내 분산과 집단 간 분산의 개념**

을 가지고 서로 독립적이다."라는 가정하에 세 개 이상의 집단 간 평균 차이를 검증하는 분석방법으로, '집단 간' 분산과 '집단 내' 분산의 비교를 통해 집단 간 평균 차이를 검정한다. 종속변수가 한 개일 때, 독립변수가 한 개일 경우 일원 분산 분석(one-way ANOVA), 두 개 이상일 경우 다원 분산 분석(multi-way ANOVA)이라고 한다.

1) 일원 분산 분석과 사후 분석

점수 평균이 각각 85, 76, 72, 62인 4종류 집단의 평균 점수 차이 유무(집단 간 차이 유무)를 일원 분산 분석하면 집단 간 차이 유무를 확인할 수 있으며(그림 5-25), 더불어 집단 간 차이에 있어서 구체적으로 어느 집단과 어느 집단 사이에 차이가 나는지(차이는 나는데 어떻게 차이가 나는지)에 대해서는 사후 분석(post-hoc analysis)[#]을 통해 확인할 수 있다(그림 5-26). 사후 분석방법으로는 대표적으로 LSD, Duncan, Tukey, Scheffe 등의 방법을 들 수 있다.

분산 분석

시험 결과

	제곱합	자유도	평균 제곱	F	유의확률
집단-간	1620.792	3	540.264	22.998	.000
집단-내	469.833	20	23.492		
합계	2090.626	23			

그림 5-25 **일원 배치 분산 분석**

시험 결과

duncan[a]

교육방법	N	유의 수준=.05에 대한 부집단		
		1	2	3
program D	6	62.33		
program C	6		71.83	
program B	6		76.17	
program A	6			85.17
유의확률		1.000	.137	1.000

동일 집단군에 있는 집단에 대한 평균이 표시됨
a. 조화평균 표본크기=6.000을(를) 사용

그림 5-26 **동일 집단군 내 사후 검정**

2) 공분산 분석

공분산 분석(analysis of covariance)은 분산 분석에 회귀 분석을 첨가시킨 분석방법으로,

분산 분석의 결과가 유의하더라도 그 효과가 단지 처리한 변수의 수준 차에 의한 것이 아니라 공변량(처리 요인이 아니면서도 반응 변수에 영향을 주는 요인)의 효과에 기인하는지 확인이 필요하다(상호작용 여부 검증). 이 경우 공분산 분석에 의해 공변량(covariate)*의 효과를 검출한 후, 이를 제거한 다음 순수한 처리 변수만의 수준 간 차이를 확인해야 한다.

예를 들어 고혈압 약품의 종류별 효과 차이 유무를 판단함에 있어서 환자의 상태(공변량)가 약품 효과에 영향을 미칠 수 있으며, 따라서 환자의 상태를 동일하게 한 후 약품의 효과를 검증해야 한다.

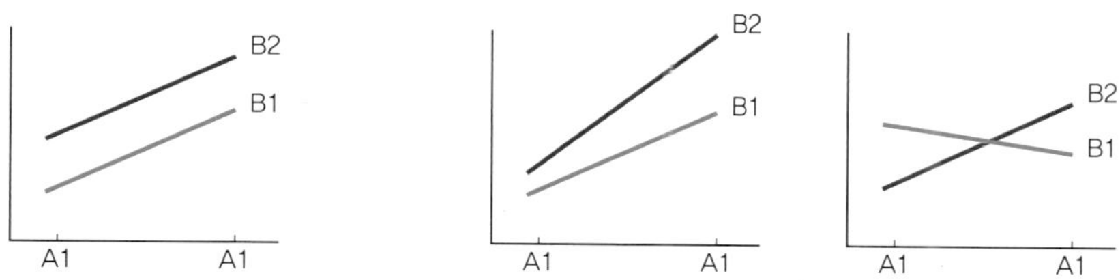

상호작용이 없는 경우 상호작용이 있는 경우

그림 5-27 **종속변수와 공변수 사이의 상호작용 유무 비교**

등분산equal variance 두 개 이상 집단의 평균을 비교하는 경우, 독립성과 정구성 만족과 더불어 "해당 집단의 분산이 동일하다."는 가정이 만족되는지를 검정해야 함

사후 분석post-hoc analysis 다중 집단 사이에 평균에 대한 유의차가 존재 시, 어떤 집단과 어떤 집단의 평균 사이에 유의차가 있는지를 구체적으로 검정하는 과정

공변량covariate 종속변수에 영향을 주는 독립변수 이외의 인자(변수)로, 실험에서 통제하지 못하였기에 조정(보정)해야 할 인자

Dependent Variable: y

Source	DF	Sum of Squares	Mean Square	F Value	Pr > F
Model	2	293.600000	146.800000	3.98	0.0305
Error	27	995.100000	36.855556		
Corrected Total	29	1288.700000			

R-Square	Coeff Var	Root MSE	y Mean
0.227826	76.84655	6.070878	7.900000

Source	DF	Type I SS	Mean Square	F Value	Pr > F
trt	2	293.600000	146.8000000	3.98	0.0305

Source	DF	Type III SS	Mean Square	F Value	Pr > F
trt	2	293.600000	146.8000000	3.98	0.0305

The GLM Procedure

Dependent Variable: y

Source	DF	Sum of Squares	Mean Square	F Value	Pr > F
Model	3	871.497403	290.499134	18.10	<.0001
Error	26	417.202597	16.046254		
Corrected Total	29	1288.700000			

Source	DF	Type III SS	Mean Square	F Value	Pr > F
x	1	577.8974030	577.8974030	36.01	<.0001
trt	2	68.5537106	34.2768553	2.14	0.1384

그림 5-28 **3종류의 처리(trt)방법에 의한 처리 전후의 효과 분산 분석[처리 효과 있음(p = 0.0305) 위 그림] 및 공변량 제거 후 3종류의 처리방법에 의한 처리 전후의 효과 공분산 분석[처리(trt) 효과 없음(p = 0.1384), 아래 그림] 비교**

단원 정리

이 장에서는 식품 분야에서 필요로 하는 기초적 통계에 관하여, 정의와 개념, 그리고 기본적 통계 분석방법에 대하여 설명하였다.

1 통계의 필요성(또는 분류방법)은 방대한 자료의 요약(기술통계학)을 위해서, 또는 표본으로부터 모집단을 추정(추측통계학)하기 위해서라고 할 수 있다.

2 식품 분야에서 통계는 식품 산업 현황 파악 및 식품 제조, 특히 관능검사 분야에서 없어서는 안 될 매우 중요한 도구이다.

3 통계 처리의 기본 과정은 가설과 그 가설에 대한 검정으로, 귀무가설 또는 대립가설을 두고 주어진 가설(주로 귀무가설)에 대해 이 가설을 채택할 것인지 혹은 기각할 것인지를 결정하는 검정 단계를 거치게 된다. 유의 수준(α)은 이 결정을 하는 데 기준을 제공하는 값이다.

4 귀무가설을 세웠을 경우, 유의 수준을 정한 후(일반적 0.05), 일반적으로 통계 프로그램을 통한 검정 통계량 결정 과정을 통해 유의확률(p)값을 계산하고, 유의 수준과 유의확률값을 비교하여 p값<α값일 경우 귀무가설을 기각하여 "차이(효과)가 없다"는 결론을 내린다.

5 t-검정은 두 집단의 평균값 차이가 오차에 의한 무의미한 차이인지 또는 유의미한 차이인지를 밝히는 검정이다.

6 상관 분석은 두 변수 사이의 선형(직선)적 상호 관련성의 정도(강도)를 분석하는 것이다.

7 x^2 검정은 독립변수와 종속변수 모두 질적 자료(명목, 서열 척도)일 때, 집단 사이의 독립성 또는 적합도 유무를 분석하는 것이다.

8 회귀 분석은 두 개 이상의 변수들 사이의 인과관계를 분석하는 것이다.

9 분산 분석은 세 집단 이상의 집단 간 평균 차이 유무를 분석하는 것이다.

연습문제

1. 통계는 요약 및 추정을 위해 매우 유용한 도구임에는 틀림없으나, 이를 맹신해서는 안 된다. 일상에서 발견되는 통계의 오류에 대해서 조사하여 무엇이 잘못인지 확인하시오.

2. 가설 검정방법 중에 양측 검정과 단측 검정이 있다. 어떤 차이가 발생하는지 확인하시오.

3. 90%의 정확도를 가지는 거짓말 탐지기의 사용을 지지할 것인지에 대한 의견을 나누시오. (2,000명 중에 범인이 10명 있는데, 매우 위험한 범인이다. 지금 유일하게 범인을 잡을 수 있는 방법은 거짓말 탐지기를 활용하는 것이라면 여러분은 거짓말 탐지기의 결과를 신뢰하는가?)

4. t-검정을 엑셀프로그램을 활용하여 수행하시오.

5. 상관 분석을 엑셀프로그램을 활용하여 수행하시오.

6. χ^2 검정을 엑셀프로그램을 활용하여 수행하시오.

7. 회귀 분석을 엑셀프로그램을 활용하여 수행하시오.

8. 분산 분석을 엑셀프로그램을 활용하여 수행하시오.

제6장

실무 품질관리

executive quality control

6 실무 품질관리

1. 품목제조보고서 작성

식품 또는 식품첨가물의 제조업, 가공업, 운반업, 판매업 및 보존업의 영업을 하려는 자는 영업 종류별 또는 영업소별로 신고관청#에 등록하여야 하며, 등록한 사항 중 법이 정하는 중요한 사항을 변경할 때에도 같은 방법으로 처리해야 한다(「식품위생법#」 제37조 제5항, 영업 허가 등).

식품 영업#을 하려는 자는 품목제조보고서를 작성하고 관련 서류를 첨부하여 제품 생산 시작 전이나 제품 생산 시작 후 7일 이내에 등록관청#에 제출하여야 한다. 이 경우 식품 제조·가공업자가 식품을 위탁 제조·가공하는 경우에는 위탁자가 보고하여야 한다('식품위생법 시행규칙' 제45조, 품목제조의 보고 등). 또한, 등록한 사항을 변경하려는 경우에도 품목제조보고서와 관련 서류를 첨부하여 등록관청에 제출하여야 한다('식품위생법 시행규칙' 제46조, 품목제조 보고 사항 등의 변경).

신고관청registered office 「식품위생법」에 근거하여 관련 서류를 제출하는 식품의약품안전처, 시·군청

식품위생법food hygiene law, Food Sanitation Law 식품으로 인한 위생상의 위해를 방지하고 식품 영양의 질적 향상을 도모함으로써 국민 보건 증진에 이바지하기 위하여 제정된 법률

식품 영업food sales 식품 또는 식품첨가물의 제조업, 가공업, 운반업, 판매업 및 보존업 등의 영업

등록관청registered office 「식품위생법」에 근거하여 관련 서류를 제출하는 식품의약품안전처, 시·군청

식품공전Korean Food Standards Codex 「식품위생법」에 근거 국민 보건을 확보하기 위해서 판매 목적의 식품 또는 첨가물의 제조, 가공, 조리 및 보존의 방법에 관한 기준과 그 식품 또는 첨가물의 성분에 관한 규칙을 정한 것

1) 품목제조보고서 작성 요령

식품·식품첨가물 품목제조보고서 양식은 '식품위생법 시행규칙' 별지 제43호 서식(부록 1 참고)을 사용한다. 주요 내용으로는 보고인, 영업소, 제품 정보, 원재료명 또는 성분명 및 배합 비율 등을 작성한다.

제품 정보에는 식품의 유형, 제품명, 유통기한, 원재료명 및 배합 비율, 용도·용법, 포장방법, 성상 등이 포함된다.

(1) 식품의 유형

식품 유형(food type)은 식품 등의 기준 및 규격의 최소 분류단위로서 식품 종에서 분류하고 있는 최소 분류로 기재하여야 한다. 그러나 식품 유형이 없는 것은 식품 종을, 식품 유형과 식품 종이 없는 것은 식품군을 식품 유형으로 기재한다.

즉, 『식품공전』(그림 6-1) '제5. 식품별 기준 및 규격(표 6-1)'에 정하는 바에 따라 식품의 유형을 설정하고, 제5에 따른 식품의 유형이 정해지지 아니할 경우에는 '제4. 규격 외 일반가공식품의 기준 규격(표 6-2)'에 따라 식품의 유형을 정한다.

그림 6-1 **식품별 기준 및 규격에 정한 식품 유형 찾아보기(『식품공전』)**
자료 : https://www.foodsafetykorea.go.kr/portal/main.html

표 6-1 식품별 기준 및 규격에 의한 식품 유형 사례(『식품공전』 제5)

식품군	식품 종	식품 유형
1. 과자류	-	1) 과자, 2) 캔디류, 3) 추잉 껌, 4) 빙과류
2. 빵 또는 떡류	-	1) 빵류, 2) 떡류, 3) 만두류
17. 커피	-	-
18. 음료류	18-1. 과일·채소류 음료	1) 농축 과·채즙(또는 과·채분), 2) 과·채주스, 3) 과·채 음료
	18-2. 탄산음료류	1) 탄산음료, 2) 탄산수
	18-3. 두유류	1) 두유액, 2) 두유, 3) 분말 두유, 4) 기타 두유
	18-4. 발효음료류	1) 유산균음료, 2) 효모음료, 3) 기타 발효음료
	18-5. 인삼·홍삼 음료	-
	18-6. 기타 음료	1) 혼합 음료, 2) 음료 베이스

표 6-2 규격 외 일반 가공식품의 기준 및 규격에 의한 식품 유형(『식품공전』 제4)

식품군	식품 종	식품 유형
-	-	1) 곡류 가공품, 2) 콩류 가공품, 3) 서류 가공품, 4) 전분 가공품, 5) 식용유지 가공품, 6) 당류 가공품, 7) 수산물 가공품, 8) 기타 가공품

예 1 비스킷은 과자(1.1)로, 사탕은 캔디류(1.2)로, 식빵은 빵류(2.1)로 표시한다.

예 2 커피의 경우 식품 유형, 식품 종이 정해지지 아니하고 식품군만 있으므로 볶은 커피, 인스턴트커피 등 종류를 가리지 아니하고 식품 유형란에 '커피(17)'로 표시하고, 인삼·홍삼 성분에 식품 또는 첨가물을 가하여 제조한 음료는 식품의 유형이 없으므로 식품 종인 '인삼·홍삼 음료(18-5)'로 표시한다.

(2) 제품명

① 표시 기준에 정한 제품의 명칭

a. 원재료명 또는 성분명을 제품명의 일부로 사용하고자 하는 경우

b. 여러 원재료를 통칭하는 명칭을 제품명 또는 제품명의 일부로 사용하고 하는 경우

c. 2가지 이상의 원재료 명칭을 서로 혼합하여 제품명으로 사용하고자 하는 경우

d. 특정 성분을 제품명 또는 제품명의 일부로 사용하고자 하는 경우
 그 특정 성분이 제품의 특성을 만족시키는지의 여부에 따름

e. 제품명으로 가상의 명칭을 사용하고자 할 경우
 제품에 대한 식품 유형이 표시되어야 하며, 식품의 원료로서 안전성이 입증되지 않은 제품명을 일부 사용하는 것은 바람직하지 못함

② 제품명으로 사용할 수 없는 표현

a. 제품명은 소비자를 오도하거나 혼동시키지 않아야 함

b. 다른 유형의 식품과 오인·혼동할 수 있는 내용인지 확인

예 '○○탕', '○○보감', '한방', '공진단', '경옥고' 등 한약과 혼동할 수 있는 표현

예 혼합 음료 제품명을 '○○ 주스', 향신료 조제품 제품명을 '○○고춧가루' 등으로 표시하는 등 다른 유형의 식품과 오인·혼동할 수 있는 표현

예 '비아그라', '플라센타', '슬림' 등

예 '시가 캔디', '키스해 줘 ○○○' 등 어린이 기호식품 중 사행심을 조장하거나 성적

호기심을 유발하는 등 어린이의 건전한 정서를 해할 우려가 있는 표현

③ 사용할 수 없는 제품명

a. 천연 동식물명을 단독으로 사용하거나, 또는 혐오감을 주거나 미풍양속을 해할 우려가 있는 것

b. 신고 받은 업종 외의 제품으로 오인·혼동 우려가 있는 것

예| 의약품으로 오인할 우려가 있는 것

c. 제품과 직접 관계가 없는 지명·인명·회사명 등을 사용하여 소비자가 제품의 생산지·제조자 등을 오인할 우려가 있는 것

d. 동일한 제조자가 둘 이상의 상이한 제품에 동일한 제품명을 사용하고자 할 때

e. 명백히 다른 제품으로 인식되는 경우로서 동 제품의 사용 목적과 어긋나는 경우

(3) 제조 연월일

포장을 제외한 더 이상의 제조나 가공이 필요하지 아니한 시점(포장 후 멸균 및 살균 등과 같이 별도의 제조공정을 거치는 제품은 최종 공정을 마친 시점)을 말한다. 다만, 캡슐 제품은 충전·성형 완료 시점으로, 소분 판매하는 제품은 소분용 원료제품의 제조 연월일로, 원료제품의 저장성이 변하지 않는 단순 가공 처리만을 하는 제품은 원료제품의 포장 시점으로 한다.

(4) 유통기한

식품을 제조 가공하는 영업자가 포장·유통 방법 등을 고려하여 식품의약품안전처가 고시한 '식품, 식품첨가물, 축산물 및 건강기능식품의 유통기한 설정 기준' 법률에 근거하여 제품의 제조일로부터 소비자에게 판매가 허용되는 유통기한을 설정하고, 식품·식품첨가물 품목제조보고서의 제출서류 3. 유통기한 설정 사유서에 기록한 유통기한을 기입한다. 유통기한 설정방법에 대한 자세한 내용은 '2. 유통기한 설정 개요 및 방법'에 있다.

유통기한을 품목 제조 보고한 내용보다 초과 표시한 때에는 품목류 제조 정지 10일 및

제조공정processing units 식품을 제조하는 단계별 과정

최종 공정final processing unit 식품이 제품화되는 마지막 단계인 제조공정

소분 판매sales subdivision 대용량 포장제품을 소용량으로 분할한 포장제품으로 제조·판매하는 행위

품목 제조items manufacturing 영업을 목적으로 식품 및 식품첨가물을 제조하는 행위

과태료 200만 원의 처분을 받게 된다.

(5) 품질 유지기한

식품의 특성에 맞는 적절한 보존방법이나 기준에 따라 보관할 경우 해당 식품 고유의 품질이 유지될 수 있는 기한을 말한다.

소비자들이 일상적으로 장기간 보관하면서 섭취하는 제품으로 부패·변질 우려가 없는 제품을 '품질 유지기한# 표시 대상 식품'으로 정하고, 유통기한 대신 그 제품의 품질을 가장 잘 유지할 수 있는 품질 유지기한으로 표시할 수 있다.

표시 대상 식품으로는 장기 보관 식품에 레토르트 식품과 통조림 식품이 있고, 유형에 따른 대상 식품에 잼, 당류(포도당 등), 다류 및 커피류, 음료류(멸균제품에 한함), 장류, 조미식품(식초와 멸균한 카레 제품에 한함), 김치류, 젓갈류 및 절임식품, 조림식품(멸균에 한함), 주류(맥주에 한함), 기타 식품류(전분, 벌꿀, 밀가루에 한함) 등이 포함된다.

(6) 원재료명 또는 성분명 및 배합 비율

① 원재료명

원재료라 함은 식품 또는 식품첨가물의 제조·가공에 사용되는 물질로서 최종제품 내에 들어 있는 것을 말한다. 음료류, 액상 소스 등과 같이 원재료로 물을 사용하고 최종제품에 물이 남아 있는 경우에는 '정제수'를 표시하여야 하며, 빵과 같이 정제수가 제조·가공수로 사용하는 경우에는 표시하지 않는다.

주원료라 함은「식품위생법」'제7조 규정에 의한 식품의 기준 및 규격'에서 정한 성분 배합 기준 이상의 원재료, 또는 각 식품의 주용도, 제품의 특성을 고려하여 다른 식품과 구별, 특징짓게 하기 위하여 사용되는 원료이다.

② 성분명

성분이라 함은 제품에 따로 첨가한 영양소 또는 비영양소이거나 제품에 따로 첨가하지 아니한 식품 또는 식품첨가물의 제조·가공 또는 조리에 사용된 원재료의 성분을 말한다.

품질 유지기한quality maintenance period 식품의 특성에 맞는 적절한 보존방법이나 기준에 따라 보관할 경우 해당 식품 고유의 품질이 유지될 수 있는 기한. 유통기한 대신 그 제품의 품질을 가장 잘 유지할 수 있는 품질 유지기한으로 표시. 레토르트 식품과 통조림 식품, 젓갈류, 장류, 주류 등에 해당

③ 배합 비율을 표시하여야 하는 경우

『식품공전』 및 『식품첨가물공전』에 사용 기준이 정하여져 있는 원재료 또는 성분은 반드시 배합 비율을 표시하여야 한다. 단, 제조 과정에는 사용되는 식품첨가물이지만 최종제품에 잔류하지 아니할 경우에는 배합 비율에는 기재하지 아니하고 제조방법에 그 사실을 기재한다.

허용 외 첨가물 및 제한 기준 준수 등 식품첨가물 사용 목적과 사용 기준의 타당성은 『식품첨가물공전』을 대조 확인한다.

(7) 보관방법 및 포장 재질

① 보관방법

원료 및 제품의 특성을 고려하여 품질이 최대로 유지될 수 있는 방법이다. 상온은 15~25℃를, 실온은 1~35℃를 말하며 원칙적으로 35℃를 포함한다. 냉장 저장#은 0~10℃를 말하며 원칙적으로 10℃를 포함하고, 냉동 저장#은 −18℃ 이하를 의미한다.

② 포장 재질

제품의 포장에 사용되는 종이, 나무, 합성수지, 유리병, 금속 캔, 파우치 등을 말하며, 제품 포장용기 또는 포장지에 포장 재질을 표시하여야 한다.

a. 합성수지제의 재질 표시는 식품과 직접 접촉하는 부분에 대한 재질만을 표시할 수 있다.

b. 염화비닐수지, 폴리에틸렌(PE), 불소 처리된 폴리에틸렌 및 폴리프로필렌(PP), 폴리스티렌(PS), 폴리염화비닐리덴(PVDC), 폴리에틸렌테레프탈레이트(PET), 페놀수지(PF) 등으로 표시한다.

c. 『식품공전』 중 합성수지제 기준·규격에 따라 영문 약자로 표시할 수 있으며 LDPE, HDPE는 각각 고밀도 폴리에틸렌(LDPE), 저밀도 폴레에틸렌(HDPE)으로 표시하거나, 두 경우 모두 폴리에틸렌(PE)으로 표시할 수 있다.

냉장 저장cold storage　식품의 어는점 이상의 낮은 온도에서 식품을 보관하는 저장방법. 온도 범위는 0~10℃

냉동 저장frozen storage　식품의 수분을 얼려 효소나 산화에 의한 변질을 최소화하는 저장방법. 온도 범위는 −18℃ 이하

(8) 포장방법 및 포장단위

① 포장방법

식품의 보존성을 증진시키기 위하여 용기 또는 포장 등에 질소 가스 등을 충전하였을 경우 그 사실을 표시하여야 한다. (밀봉, 진공포장, 선도 보존포장, 수축포장, 무균포장, 차광포장 등)

② 포장단위

내용물의 성상에 따라 중량·용량 또는 개수로 표시하되, 고체 또는 반고체일 경우 중량으로, 액체일 경우 용량으로, 고체와 액체의 혼합물일 경우 중량 또는 용량으로 표시하며, 개수로 표시할 때에는 중량 또는 용량을 괄호 속에 표시한다.

(9) 성상

① 제품 고유의 성질이나 상태, 모양 등의 특성

a. 고체 식품 : 외형이 고체인 식품과 직접 음용하지 아니하는 페이스트(paste) 형태, 시럽(syrup) 형태, 겔 형태 등의 식품

b. 액체 또는 액상 식품 : 유동성이 있는 액체 상태, 또는 이를 그대로 농축한 것

c. 환 : 식품을 구상(공 모양)으로 만든 것

d. 과립(granule) : 식품을 입자 형태로 만든 것

e. 분말(powder) : 입자의 크기가 과립 형태보다 작은 것

f. 건조물(고형물) : 원재료를 건조하여 남은 고형물로서 수분 함량이 15% 이하인 것

② 『식품공전』의 식품 일반의 기준 및 규격의 성상 "제품은 고유의 색택을 가지고 이미·이취가 없어야 한다."는 생산제품 고유의 색택(회백색, 흰색 등)을 의미하고 이미(다른 맛)·이취(제품 본래의 냄새와 다른)가 없어야 한다는 설명으로, 생산제품 고유의 색깔, 모양, 상태, 형태 등이 포함된 제조업소의 생산제품 특성을 표현한다.

③ 액체·반유동체·결정상·분말상·정제·캡슐형 등 제품의 특성을 구체적으로 표기하며, 정제 또는 캡슐 형태로 제조된 경우 의약품으로 오인·혼동할 우려가 없도록 한다.

④ 붉은색, 회백색, 흰색, 미백색 등 제품의 색깔과 짠(맛), 단(맛) 등 제품의 성질과 사각형, 원형, 정육면체 등 제품의 모양 등을 상세히 설명한다.

2) 제조방법설명서

'식품위생법 시행규칙' 별지 제43호 서식인 식품·식품첨가물 품목제조보고서에 포함될 제출서류인 제조방법설명서는 정해진 양식은 없으며, 품목제조보고서의 제품 정보를 작성함에 있어서 지면의 부족 등으로 인하여 명기하지 못한 사항 등을 보완하기 위해서 작성한다.

① 원료 처리부터 최종제품의 포장·숙성 과정까지 상세히 기록

a. 식품의 제조방법은 식품 유형을 판단하는 데 중요한 자료가 되며 해당 제품의 원료명 및 함량, 제조방법 설명, 용도, 제품의 형태, 섭취량 및 섭취방법 등이 포괄적으로 검토되어야 하므로 상세히 기록하여야 한다.

b. 제조 가공 시에 사용되는 식품첨가물이지만 최종제품에는 잔존하지 않아도 그 사실을 명기한다.

c. 제품의 특성 및 포장방법(용기)에 따라 살균 등을 필요로 하는 제품에 대하여는 살균 온도를 명기한다. 이는 공정에 따라 기준·규격이 상이하게 다를 수 있을 뿐 아니라 동일한 제품에 대하여도 유통기한이 달라질 수 있기 때문이다.

d. '식품 등의 표시 기준' 제9조(식품 등의 세부 표시 기준 등), 별지 1 '식품 등의 세부 표시 기준' 3. 식품별 개별 표시 기준에 따른 표시 사항(표 6-3)은 식품의 유통기한 및 식품 유형 판단 등의 기초가 되므로 반드시 기록한다.

e. 식품에 제한적으로 사용할 수 있는 원료

- 『식품공전』 제11. 부표 및 별표, 별표 2의 '식품에 제한적으로 사용할 수 있는 원료'의 목록에 명시되어 있는 동 식품 등은 원료 배합 시의 기준으로 50% 미만(배합수는 제외)으로 사용하여야 한다.

표 6-3 식품별 개별 표시 기준 사례(식품 등의 표시 기준, 별지 1의 3)

식품 유형		개별 표시기준
1. 과자류	가) 과자 나) 캔디류 다) 추잉껌 다) 빙과류	1) 유탕 또는 유 처리한 제품은 '유탕 처리 제품' 또는 '유처리 제품'으로 표시하여야 한다. 2) 유산균 함유 빙과류는 그 함유된 유산균 수를 표시하여야 하며, 특정 균의 함유 사실을 표시하고자 할 때에는 그 균의 함유 균 수를 표시하여야 한다. 3) 빙과류의 실중량은 부피로 표시할 수 있다.
2. 빵 또는 떡류	가) 빵류 나) 떡류 다) 만두류	〈삭제 2014. 12. 26 〉

• '식품에 제한적으로 사용할 수 있는 원료'의 목록에 속하는 원료를 혼합할 경우, 혼합 성분의 총량이 제품의 50% 미만(배합수는 제외)이어야 한다.

② 각 공정에 사용되는 기계·기구류 명기

연질 캡슐의 제조공정 중 타인의 시설 이용 시 동 사실을 명기한다. (위탁 가공 업소명 등)

③ 시설 기준 적용의 특례 사항 명기

a. 하나의 업소가 2종 이상의 업종을 영업할 경우 작업 공정도, 기계류 및 작업장 등을 명기한다. 「축산물가공처리법」, 「주세법」, 「먹는 물 관리법」, 「건강기능식품에 관한 법률」, 「농어촌 발전 특별조치법」, 「농수산물 가공산업 육성법」 등.

b. 의약품 제조업과 식품 제조·가공업을 함께 허가(신고)한 영업자가 식품의약품안전처장이 고시한 시설을 이용하고자 하는 경우

④ 반제품을 납품받아 완제품화하는 경우 동 사실 명기

예 햄버거 패티, 햄버거의 빵, 수입산 염장 무(배추) 등

3) 식품 등의 한시적 기준 및 규격 검토서

식품의 기준 규격에 없는 원료를 사용하고자 할 때는 '식품 등의 한시적 기준 및 규격 인정 기준'에 관한 법에 따라 「식품·의약품 분야 시험·검사 등에 관한 법률」이 지정한 식품전문 시험·검사 기관 또는 식품 위생 검사기관에 의뢰하여 식품 등의 한시적 기준 및 규격 검토서를 발급받을 수 있다.

(1) 대상 제품의 범위

① 식품(원료로 사용되는 경우만 해당)

a. 국내에서 새로 원료로 사용하려는 농·수·축산물 및 미생물 등

b. 농·수·축산물로부터 추출·농축·분리·배양 등의 방법으로 얻어 식품으로 사용하려는 원료

② 천연물질로부터 유용 성분을 추출·농축·분리·정제 등의 방법으로 얻은 물질(식품첨가물) 중 「식품위생법」 제7조 제1항의 규정에 따라 개별 기준 및 규격이 고시되지 않은 원료

③ 「식품위생법」 제7조 제1항에 따라 고시한 성분으로 제조한 것으로서 기구 또는 용기·포장을 살균·소독할 목적으로 사용되는 식품첨가물(기구 등의 살균·소독제)

④ 「식품위생법」 제9조 제1항에 따라 개별 기준 및 규격이 고시되지 아니한 식품 및 식품첨가물에 사용되는 기구 및 용기·포장

(2) 한시적 기준 및 규격 검토의 신청

① 신청서 작성

식품 제조·가공업자 또는 수입자는 신청서(전자 문서로 된 신청서를 포함)를 작성하여 식품의약품안전처 또는 식품위생검사기관에 신청한다.

a. 식품 원료 : 별지 제1호 서식

b. 식품첨가물 : 별지 제2호 서식

c. 기구 등의 살균·소독제 : 별지 제3호 서식

d. 기구 및 용기·포장 : 별지 제4호 서식

② 신청서에 첨부할 제출 자료의 범위 및 작성 요령, 용도에 따른 살균 소독제 유효 성분의 사용 농도 등은 다음과 같다.

a. 식품 원료 : 별표 1

b. 식품첨가물 : 별표 2

c. 기구 등의 살균·소독제 : 별표 3 및 별표 4

d. 기구 및 용기·포장 : 별표 5

③ 제출 자료 작성에서 사용하는 용어·단위 및 형식 등은 원칙적으로 '식품첨가물의 기준 및 규격' 또는 '식품의 기준 및 규격'을 준용하고, 외국의 자료는 한글 요약문(주요사항 발췌) 및 원문을 제출하며 필요한 경우에 한하여 전체 번역문을 제출한다.

④ 자료 검토에 필요한 경우에는 관계문헌, 상용 표준품, 제품에 사용된 성분, 시험에 필요한 특수 시약, 기구, 균주, 배지 등을 제출한다.

(3) 한시적 기준 및 규격의 인정

① 시험검사기관의 기술 검토를 거쳐 식품의약품안전처장이 한시적 기준 및 규격을 인정할 수 있다.

② 식품 전문 검사기관은 신청서를 접수한 날로부터 다음의 기간 내에 처리한다(단, 공휴

일은 제외).

a. 식품 원료 : 30일 이내

b. 식품첨가물, 기구 등의 살균·소독제, 기구 및 용기·포장 : 14일 이내

③ 식품 위생 검사기관이 기술 검토를 하는 경우에는 검토를 완료하고, 인정신청서와 그 결과를 신청서 접수한 날로부터 10일 이내에 식품의약품안전처장에게 제출하여 인정되도록 한다.

4) 유통기한의 설정사유서

식품을 제조 가공하는 영업자가 포장·유통 방법 등을 고려하여 식품의약품안전처 고시 '식품, 식품첨가물, 축산물 및 건강기능식품의 유통기한 설정 기준'에 근거하여 제품의 제조일로부터 소비자에게 판매가 허용되는 유통기한을 설정한다.

식품 제조 영업자는 포장 재질, 보존조건, 제조방법, 원료 배합 비율 등 제품의 특성과 냉장 또는 냉동 보존 등 기타 유통 실정을 고려하여 위해 방지와 품질을 보장할 수 있도록 유통기한 설정실험을 통하여 유통기한을 설정한다.

유통기한 설정실험을 직접 하지 못하는 영업자는 관련법 별지 제1호 서식, 유통기한 설정실험의뢰서를 작성하여 해당 기관에 의뢰할 수 있다.

① 타 국내외 식품 등 제조·가공 업자

② 식품 관련 학과 설치 대학 및 대학 부설 연구소

③ 식품 위생 검사기관

유통기한 설정사유서는 관련법 별지 제3호 서식(부록 3 참고)에 다음의 내용을 작성한다.

① 제품명

② 식품의 유형

③ 보존 및 유통 방법 : 실온#, 상온#, 냉장, 냉동, 기타

④ 유통기한

실온 저장room temperature storage 식품을 환기장치와 단열만으로 저장하는 방법. 상온 저장이라고도 함. 과일류의 호흡을 없애기 위한 간이 저장방법이기도 함. 온도 범위는 1~35°C

상온 저장room temperature storage 실온 저장. 온도 범위는 15~25°C

⑤ 실험 수행기관 종류 : 자사, 의뢰, 생략

⑥ 실험 수행기관명

⑦ 유통기한 설정 근거

⑧ 유통기한 설정실험 결과보고서(관련법 별지 제2호 서식)

유통기한과 관련된 자세한 내용은 '2. 유통기한 설정 개요 및 방법'에서 서술하기로 한다.

5) 할랄 인증 식품인증서 사본

종교인인 무슬림에게 허용된 음식이 할랄 푸드(Halal food)이며, 이슬람 경전에 따라 제조되어야 인정받고 할랄 마크를 부착할 수 있다. 이들은 돼지고기 섭취가 금지되고 다른 가축도 특정인이 도축한 것만 식용할 수 있다.

예를 들면 라면 스프에 돼지고기 분말 사용은 금지되며 쇠고기 분말도 무슬림이 도축한 것으로 제조된 것만 사용할 수 있다. 한국도 할랄 식품 산업에 관심을 갖는 것은 16억의 잠재 고객과 미개척지에 대한 진출 가능성 때문이다.

할랄 인증기관인 한국이슬람교중앙회(KMF)에 신청하면 심사를 거쳐 인증서(그림 6-2)를 받을 수 있고, 관련 제품에 할랄 인증 마크(그림 6-3)를 사용할 수 있다.

(1) 신청 서류 제출

① 할랄 인증신청서 : 별도의 양식은 없으며 식품회사 내부 공문으로 신청이 가능하다(회사명, 주소, 제품명을 한국어 및 영어로 표시).

② 사업자 등록증

③ 공장등록증

④ 품목제조보고서

⑤ 제조공정도

⑥ 제품시험성적서

⑦ 생산허가서 또는 영업허가서(영업신고증)

⑧ 기타(HACCP, GMP, ISO 또는 기타 인증서 보유 시 사본 제출)

KOREA MUSLIM FEDERATION

KMF 14-117 Dec., 5, 2014

HALAL CERTIFICATION

TO WHOM IT MAY CONCERN

Halal Committee of Korea Muslim Federation hereby certifies that the products listed below mentioned have met the Halal requirements in accordance with the Islamic law.

1. Ourhome Natural Kimchi

Manufactured/Distributed :
OURHOME Ltd. Jecheon Plant
1343, Wangam-dong, Jecheon-si, Chungcheongbuk-do, Korea

Valid until : Dec., 4, 2015

Yours in Islam

Hj. Hamid Choi, Youngkil *Ph.D* (Islamic Studies)
- Chairman of the Halal Committee
- Member of the Supreme Council of the World Muslim League for Mosques(Mecca, Saudi Arabia)

그림 6-2 **김치 할랄 인증식품 인증서 사례**

그림 6-3 **할랄 인증 마크 사례**

(2) 심사 절차 및 인증

① 신청서 접수

② 서류 검토

③ 공장 현장 실사

a. 공장의 위생 및 안전 조건, 요구조건 준수 여부 확인

b. 회사 소개와 제조 과정에 대한 설명/프레젠테이션 및 질의·응답

c. 창고 실사 및 제조 과정 실사

④ 인증서 발급

6) 식품 위탁 제조 가공업에 대한 품목제조보고

생산시설이 부족하여 동종 생산시설을 보유한 식품 제조·가공업자에게 위탁 생산하여 영업하는 자는 '식품위생법 시행규칙' 제36조(업종별 시설 기준)에 따른 별표 14의 업종별 시설 기준 적용의 특례가 적용된다.

신규로 위탁하여 식품 등을 제조·가공할 경우 관련법 별지 제43호 서식(품목제조보고서)

의 기타란에 위탁 생산 내역인 수탁자(회사명), 소재지 등을 기재하여 신고해야 하며, 기생산하고 있는 식품 등을 제조·가공할 경우 관련법 별지 제45호 서식(품목제조보고 사항 변경보고서) 변경 사유란에 내용을 기재하여 신고관청에 보고한다.

7) 품목제조보고 검토 사례

(1) 품목제조(변경)보고 미이행

① 제품명별로 생산 시 품목제조보고와 자가 품질검사를 해야 하는데 한 품목만 보고하고 유사 제품에 대한 추가 보고는 하지 않음

② 제품명 변경, 원재료명 또는 성분명 및 배합 비율을 변경하고도 보고 미이행, 유통기한을 연장할 경우에도 유통기한 연장 보고를 이행하지 않음

③ 보고한 후 실제 제품 생산 시 내용과 다르게 제품을 만드는 행위
의약품으로 혼동할 수 있는 표시, 원료의 변경 사용 등

④ 보고한 원재료명 및 성분명에는 포함되어 있으나 실제 제조 시는 사용하지 않음

(2) 품목제조보고 내용 누락 및 오기

보고 사항에 기재된 식품의 유형, 제품명, 원재료명 또는 성분명 및 배합 비율 등을 기재하여야 하나 고의로 내용을 누락하거나 다르게 기록

(3) 제품명 부적정 표시

사용한 원재료명이나 성분명을 제품명에 일부 사용할 수는 있으나 사용하지 않음에도 원재료명을 제품명 일부로 사용

(4) 식품 유형 분류 부적정

① 농축 과실즙, 채소즙, 과·채즙, 또는 과실주스, 채소주스, 과·채주스 등을 원료로 하여 가공한 것(과·채소즙 10% 이상)은 식품 유형을 "과·채 음료"로 하여야 하나 추출음료로 분류

② 식품 유형이 없는 경우에 한하여 식품 종을 식품 유형으로 할 수 있음에도 ○○ 냉면김치, ○○ 단무지, ○○ 장아찌, ○○ 생강절임 등의 식품 유형을 절임식품(식염 절임, 장류 절임, 식초 절임, 당 절임이 있음)으로 잘못 분류(자가 품질검사 기준·규격 항목이 다르게 적용)

③ 식품군을 식품 유형으로 분류 : 제품명 ○○ 간장, ○○ 된장 등의 식품 유형 검토의 경우 간장은 양조·혼합·효소분해·한식 간장의 식품 유형을 선택해야 하고, 된장은 한식된장·된장·조미된장으로 식품 유형을 선택해야 하는데 식품 유형을 조미식품으로 분류

(5) 보존 및 보관 기준 온도 개념 미흡

설정한 유통기한과 관계가 있는 보관 기준 온도 표시에 상온(15~25℃), 실온(1~35℃), 냉장(0~10℃), 동결(-18℃ 이하)에 대한 정확한 설정 또는 기재 필요

(6) 도시락 제품에 대한 유통기한 표시방법

유통기한은 ○○월 ○○일 ○○시까지로 표시해야 하므로 품목제조보고 시 제조일로부터 ○○일 또는 제조시간으로부터 ○○시간까지로 기재해야 함

2. 유통기한 설정 개요 및 방법

1) 유통기한 설정 개요

(1) 유통기한

유통기한#은 제품의 제조일로부터 소비자에게 판매가 허용되는 기한을 말하며, 식품을 제조 가공하는 영업자가 포장·유통 방법 등을 고려하여 식품의약품안전처 고시 '식품, 식품첨가물, 축산물 및 건강기능식품의 유통기한 설정 기준'에 따라 정한다.

유통기한 설정이 필요한 이유는 제조 업체가 생산한 제품의 안전이나 품질이 저하되어 판매할 수 없게 되기까지의 기간을 파악하기 위해서이다. 유통기한 설정실험은 제품에 따라 어려운 과정이 될 수 있으나, 유통기한 설정의 잘못으로 야기될 수 있는 제품 회수비용보다 저렴할 뿐 아니라 회사의 이미지를 유지하는 데 필요하다.

제품이 품질 변화 없이 유지될 수 있는 기간이 얼마인지를 설정할 책임은 식품 및 축산물 제조업자에게 있으나 설정된 유통기한이 유지될 수 있도록 관리할 책임은 원재료 생산자, 원재료 공급자, 포장업자, 유통업자, 도·소매업자, 소비자 모두에게 있다.

유통기한shelf life 제품의 제조일로부터 소비자에게 판매가 허용되는 기한

(2) 유통기한 설정실험 대상

식품 제조 영업자는 포장 재질, 보존조건, 제조방법, 원료 배합 비율 등 제품의 특성과 냉장 또는 냉동 보존 등 기타 유통 실정을 고려하여 위해 방지와 품질을 보장할 수 있도록 유통기한 설정실험을 통하여 설정한다.

① 유통기한 설정 실험을 수행해야 하는 경우

a. 새로운 제품의 개발 시

b. 제품 배합 비율 변경 시

c. 제품의 가공 공정의 변경 시

d. 제품의 포장 재질 및 포장방법의 변경 시

e. 소매 포장 변경 시

② 유통기한 설정실험을 생략할 수 있는 경우

관련법 별지 제3호 서식 유통기한 설정사유서의 유통기한 설정 근거란에 제품의 원료, 보존 특성을 기재하고 유통기한 설정실험 생략 사유 및 그 근거를 제시하여야 한다(다만, 유통기한 표시를 생략할 수 있는 식품과 품질 유지기한 표시 대상 식품은 제외). 식품첨가물과 건강기능식품도 이와 유사하다.

a. 별표 3 식품의 권장 유통기간 이내로 유통기한을 설정하는 경우

b. '식품 등의 표시 기준' 별지1 제1호 가목 5)에서 정한 유통기한 표시를 생략할 수 있는 식품 또는 품질 유지기한 표시 대상 식품에 해당하는 경우(다만, 식품 제조·가공업자가 유통기한을 표시하고자 하는 경우에는 제외)

c. 유통기한이 설정된 제품과 다음 각 항목인 식품 유형, 성상, 포장 재질, 보존 및 유통 온도, 보존료 사용 여부, 유·유탕 처리 여부, 살균(주정 처리, 산처리 포함) 또는 멸균방법 등 모두가 일치하는 신제품의 유통기한을 이미 설정된 유통기한 이내로 하는 경우

d. 유통기한 설정과 관련한 국내외 식품 관련 학술지 등재 논문, 정부기관 또는 정부출연기관의 연구보고서, 한국식품산업협회 및 동업자 조합에서 발간한 보고서를 인용하여 유통기한을 설정하는 경우

(3) 유통기한 설정실험 시설 및 기관

식품 및 축산물의 유통기한 설정을 위해서는 다음과 같은 시설, 인력 및 관리 체계를 유

지하여야 한다.

① 유통기한 설정실험시설

a. 실험에 적절한 저장시설(온·습도 조절이 가능한 저장고 등)

b. 미생물실험시설

c. 이화학실험시설

d. 관능검사시설

② 유통기한 설정실험 계획, 유통기한 설정실험 결과, 결과 분석 및 해석이 가능한 전문 인력

③ 유통기한 설정실험 업무의 체계적 수행을 위한 관리 체계

유통기한 설정실험을 직접 하지 못하는 영업자는 관련법 별지 제1호 서식인 유통기한 설정실험의뢰서(부록 2 참고)를 작성하여 해당 기관에 의뢰할 수 있다.

① 타 국내외 식품 등 제조·가공 업자

② 식품 관련 학과 설치 대학 및 대학 부설 연구소

③ 식품 위생 검사기관

2) 유통기한 설정실험 지표

식품 및 축산물은 시간의 흐름에 따라 변질·부패되기 마련이며, 부패란 소비자들이 더 이상 섭취할 수 없는 정도로 변질된 것을 말한다.

부패로 발생되는 3가지 주요 변화는 물리적 부패(physical spoilage)#, 화학적 부패(chemical spoilage)# 및 미생물학적 부패(microbiological spoilage)#이다.

제품의 유통기한은 여러 가지 요인들에 의하여 영향을 받을 수 있으며, 일반적으로 내부적 요인과 외부적 요인으로 나눌 수 있다. 내부적 요인과 외부적 요인들은 서로 상호작용

물리적 부패physical spoilage 수분의 손실, 증가, 이동 및 온도 변화 등에 의해 일어나는 부패. 식품 내부 성분의 점도 생성, 용해도 증가, 결정화 등을 포함

화학적 부패chemical spoilage 식품 내부의 탄수화물, 단백질, 지질과 같은 성분들의 반응과 분해에 의해 일어나는 부패. 산화, 산패, 비효소적 갈변, 호화, 노화 등을 포함

미생물학적 부패microbiological spoilage 세균, 효모, 곰팡이 발육 등의 형태를 포함한 미생물이 원인이 되어 식품이 변질되거나 부패되는 것

품질 지표quality indicators 식품, 축산물의 유통 및 저장 중 발생하는 미생물학적, 화학적 및 물리학적 품질 변화를 수치화하여 객관적으로 표현할 수 있는 실험 항목

표 6-4 유통기한에 영향 미치는 내·외부적 요인

내부적 요인	외부적 요인
• 원재료 • 제품의 배합 및 조성 • 수분 함량 및 수분활성도 • pH 및 산도 • 산소의 이용성 및 산화환원 전위	• 제조공정 • 위생 수준 • 포장 재질 및 포장방법 • 저장, 유통, 진열 조건(온도, 습도, 빛, 취급 등) • 소비자 취급

표 6-5 품질 지표실험을 위해 사용될 수 있는 실험 항목

분야	유통기한 설정실험 항목
이화학적	수분, 수분활성도, pH, 산가, TBA가, 휘발성 염기질소(VBN), 산도, 당도, 영양 성분(비타민) 등
미생물학적	세균 수, 대장균, 대장균군, 곰팡이 수, 진균 수, 유산균 수 식중독균(바실러스 세레우스, 장염비브리오균, 살모넬라, 황색포드상구균, 클로스트리디움 퍼프리젠스, 리스테리아, 모노사이토제네스) 등
물리학적	점도, 색도, 탁도, 용해도, 경도, 비중 등
관능적	외관(곰팡이, 드립, 침전물, 케이킹, 분리 상태, 색택, 외형 등) 풍미(향, 냄새, 산패취 등), 조직감(물성, 점성, 표면 균열, 표면 건조 등), 맛 등

표 6-6 식품의 유통기한 설정실험 지표 사례(관련법 별표 2)

식품 종류		설정실험 지표		
식품군	식품 종 또는 유형	이화학적	미생물학적	관능적
1. 과자류	과자	수분 산가(유탕·유 처리 식품)	세균 수(발효제품 또는 유산균 함유 제품 제외) 유산균 수(유산균 함유 제품 한함)	성상 물성 곰팡이
2. 빵 또는 떡류	빵류, 떡류, 만두류	수분, 산가(유탕 처리 식품) 휘발성 염기질소(식육, 어육 함유 제품) TBA가(식육, 어육 함유 제품)	세균 수(발효제품 또는 유산균 함유 제품 제외) 황색포도상구균(크림빵)	성상 물성 곰팡이
레토르트 살균식품		색도 휘발성 염기질소(식육, 어육 함유 제품) TBA가(식육, 어육 함유 제품)	세균 발육 혐기성 세균 내열성 세균	성상 외관 물성

할 수 있으며, 그 결과는 유통기한을 연장할 수도 단축시킬 수도 있다.

유통기한을 과학적으로 설정하기 위해서는 개별 식품의 특성이 충분히 반영된 객관적 품질 지표를 선정해야 한다. 객관적 품질 지표란 이화학적, 미생물학적 실험 등에서 수치화가 가능한 지표를 말한다. 주관적 품질 지표로는 색, 향미 등을 측정하는 관능적 품질 지표가 있는데 훈련된 평가원(패널)에 의해 정해진 방법에 다라 실시된다면 관능검사도 객관적인 항목으로 사용할 수 있다.

3) 유통기한 설정실험

(1) 설정실험방법

① 실측실험

유통기한의 약 1.3~2배 기간 동안 실제 보관 또는 유통조건으로 저장하면서 선정한 품질 지표가 품질 한계#에 이를 때까지 일정 간격으로 실험한다.

제품의 유통기한을 가장 정확하게 설정할 수 있는 원칙적인 방법이다. 별도의 통계 처리가 필요하지 않아 초보자도 쉽게 할 수 있으며, 시간, 비용 등 경제적 측면에서 3개월 이내의 비교적 유통기한이 짧고 유통조건이 단순한 제품에 효율적이다.

② 가속실험#

실제 보관 또는 유통조건보다 가혹한 조건에서 실험하여 단기간에 제품의 유통기한을 예측하는 것이다. 계산 과정이 어렵고 복잡하여 초보자가 접근하기는 쉽지 않지만, 시간, 비용 등 경제적 측면에서 3개월 이상 유통기한이 길고 유통조건이 복잡한 제품에 효율적이다.

즉, 온도가 물질의 화학적, 생화학적, 물리학적 반응과 부패 속도에 미치는 영향을 이용하여 실제 보관 또는 유통 온도와 최소 2개 이상의 비교 온도#에 저장하면서 선정한 품질 지표가 품질 한계에 이를 때까지 일정 간격으로 실험하여 얻은 결과를 아레니우스 방정식(Arrhenius equation)#을 사용하여 실제 보관 및 유통 온도로 외삽한 후 예측하여 설정한다.

(2) 실험의 수행

① 검체 준비

시판하고자 하는 최종제품의 형태로 가공·포장된 것을 검체로 준비한다. 검체의 채취 및 취급 대상 식품 등은 '식품의 기준 및 규격' 제9. 검체의 채취 및 취급방법에 따른다.

검체 수는 실험에 필요한 대조구와 실험구 수를 고려하여 준비한다. 특히, 저장기간 동

품질 한계quality limits 제품의 저장조건 또는 유통조건으로 저장하면서 선정한 품질 지표에 도달하기까지의 기간

가속실험accelerated test 온도가 물질의 화학적, 생화학적, 물리학적 반응과 부패 속도에 미치는 영향을 이용하여 단기간에 저장온도를 상승시켜 증가된 변화율로부터 획득한 데이터를 아레니우스 방정식을 사용하여 정상 저장조건으로 외삽하여 유통기한을 예측하는 실험

비교 온도compare temperatures 유통기한 설정을 위한 실측실험이나 가속실험 시 실제 유통되는 온도 이외의 온도 조건에서 일어나는 품질 변화를 비교하기 위해 설정한 온도

아레니우스 방정식 Arrhenius equation 물질의 품질 변화에 대한 온도 의존성을 설명하기 위해 시간과 속도상수로 표현되는 화학반응식. 가속 저장실험에서 가속 인자가 온도인 경우에 주로 사용

실측실험actual experiment 의도하는 유통기한 동안 실제 저장조건 또는 유통조건으로 저장하면서 선정한 품질 지표에 대해 품질 한계에 이를 때까지 일정 간격으로 실험을 진행하면서 변화를 측정하는 실험

안 기대되지 않은 변화 발생 시 수행해야 할 재실험이나 관능검사 시 검사방법과 평가원수(패널)를 고려하여 실험 종료 시까지 충분히 실험할 수 있는 양을 준비한다. 통상 이론치의 20~50% 정도 많이 저장한다.

② 저장조건

a. 저장온도

실측실험의 저장온도는 제조 후 보관, 유통, 진열, 소비 전 보관 등 제조에서 소비에 이르기까지 일어날 수 있는 조건들을 고려하여 최소 2개의 온도, 즉 유통온도와 비교온도를 설정한다.

가속실험의 저장온도는 정확한 예측을 위해 최소 3~4개의 온도가 필요하므로 제품의 저장은 유통온도 외에 최소 2개 이상의 온도를 추가하여 설정한다.

b. 저장기간

실측실험은 실험의 정확성을 위하여 목표 유통기한 이상으로 저장한다. 저장기간은 의도한 유통기한의 1.3~2배 기간으로 저장한다.

가속실험은 목표 유통기한의 50% 이상이 되도록 저장한다. 저장기간은 최소 3개월 이상의 기간으로 저장한다.

예 예상 유통기한 2년인 경우 저장기간은 1년 이상
예상 유통기한 1년인 경우 저장기간은 6개월 이상
예상 유통기한 6개월 이상인 경우 저장기간은 3개월 이상

표 6-7 식품의 유통기한 설정실험 저장조건 사례

실험 구분	제품 구분	유통온도	저장온도	상대습도
실측실험	상온 유통제품	15~25°C	유통온도 : 25°C 비교온도 : 15°C	75%
	냉장 유통제품	0~10°C	유통온도 : 10°C 비교온도 : 15°C	90% 이상
가속실험	상온 유통제품	15~25°C	대조구(유통온도) : 25°C 실험구 : 15~40°C 범위 내 5°C 또는 10°C 간격으로 최소 2개 온도 이상	75%
	냉장 유통제품	0~10°C	대조구(유통온도) : 10°C 실험구 : 15~40°C 범위 내 5°C 또는 10°C 간격으로 최소 2개 온도 이상	90% 이상

c. 실험 주기

저장온도별로 의도한 유통기한이 15일 이내의 것은 매일 실험하고, 15일 이상의 것은 저장기간 내 최소 6회 또는 전체 저장기간을 100%로 보고 저장기간의 20%, 25%에 해당하는 간격으로 설정한다. 종료 시점 이후의 평가는 제품이 기대되는 저장기간 안에 있는지 저장기간 연장 가능성이 있는지를 평가하기 위한 것이다.

예 0%(기준점), 20%, 40%, 60%, 80%, 100%(종료 시점), 120%(종료 시점 이후)

0%(기준점), 25%, 50%, 75%, 100%(종료 시점), 125%(종료 시점 이후)

d. 실험 반복 수

실험 주기마다 1회 단일 포장을 1개 실험군으로 하여 무작위 최소 3개의 검체로 3반복 수행되어야 한다.

e. 실험방법

유통기한 설정실험 지표의 실험방법은 '식품의 기준 및 규격', '식품첨가물의 기준 및 규격', '건강기능식품의 기준 및 규격'에서 규정한 방법, AOAC 실험방법, Codex 실험방법, 학술진흥재단 등재 학술지 또는 과학기술논문 인용 색인(SCI, SCIE)에 해당하는 학술지에 게재되어 있는 실험방법에 따라 실험한다.

f. 결과 해석

실측실험은 품질 지표 중 가장 먼저 품질 한계(규격)에 도달한 지표의 직전 일을 그 제품의 품질 한계일로 한다. 최종 유통기한은 업체가 수용할 수 있는 범위 내에서 1 미만의 안전계수#를 곱하여 산출한 값을 사용한다(업체 자율 설정).

가속실험은 실험에서 얻은 결과를 실제 유통조건으로 추정하여 해석한다. 시간에 따른

표 6-8 유통기한 결과 해석 사례

식품 유형	품질 지표	0차 유통기한(일/월)	1차 유통기한(일/월)
식육 가공품	관능검사	153.95/5.06	195.77/6.44
	산도	136.24/4.48	92.62/3.05
	세균 수	19671.97/646.75	396.65/13.04
	휘발성 염기질소	230.03/7.56	153.43/5.04
	실험에 의한 유통기한 : 136.24일(4.48개월) 최종 설정 유통기한 : 136.24×0.8=108.992≒108일 4.48×0.8=3.584≒3.5개월		

품질 변화를 반응속도# 상수로 표현하는 화학반응식에서 적절한 반응 차수(0차 또는 1차)를 사용하여 데이터를 선형 회귀 분석한다. 기본 원리는 법률 가이드라인의 가속실험 해석 방법에 따른다. 최종 유통기한은 업체가 수용할 수 있는 범위 내에서 1 미만의 안전계수를 곱하여 산출한 값을 사용한다(업체 자율 설정).

(3) 실험 결과보고서 작성

유통기한 설정실험 결과보고서는 관련 법률 별지 제2호 서식에 따라 실험 결과보고서 요약, 제품 특성(제품 사진 포함), 실험방법[검체 준비, 저장조건(온도, 습도), 저장기간 및 실험 주기, 실험 반복 수, 품질 지표, 품질 한계, 실험법], 실험 결과(데이터, 결과 해석 자료), 결론, 참고자료에 관한 내용을 기록하고 날짜를 기재한 후 서명한다.

4) 유통기한의 설정

식품 등 및 건강기능식품 제조·가공업자와 식품 등 수입 판매업자는 유통기한 설정실험 결과 보고서를 근거로 '식품위생법 시행규칙' 별지 제3호 서식의 유통기한 설정사유서(부록 3 참고)를 작성한다. 이것을 식품·식품첨가물 품목제조보고서에 첨부하여 제품 생산 시작 전이나 제품 생산 시작 후 7일 이내에 등록관청에 제출하면 유통기한 설정이 완료된다.

식품·식품첨가물 품목제조보고서의 작성은 '1. 품목제조보고서 작성'을 참조한다.

3. 현장검사관리 기준

1) 검사관리 기준

검사#란 품질 기준과 비교하여 차이가 있는지의 여부를 시험하고 판정을 내리는 것으로 식품을 제조하는 공장에서 제품 생산에 수반되는 원료, 포장재, 반제품, 제품, 기자재 및 검사 관련 기기, 측정 장비 등의 검사관리 전반에 대한 관리 기준, 관리 기준 이탈 시 조치

안전계수safety factor 제조사 등이 제품의 사용조건을 정할 때, 이론치나 실험에 의해서 그할 수 있는 수치의 안전한 사용을 위해 미리 설정한 상한치에 대한 비율. 식품의 경우 실제 유통조건에서 성분 열화(劣化)의 불확실성을 고려하여 제조사가 수용할 수 있는 계수를 정하고, 이론상의 수치보다 적은 유통기한을 상한치로 설정

반응속도reaction rate 반응물의 농도가 시간에 따라 변화하는 정도를 정량적으로 기술한 것. 반응속도로부터 반응속도 상수 에너지, 활성화 에너지, 반감기, Q_{10}값, 유통기한을 구할 수 있음

검사check 원료, 포장재, 반제품 및 제품을 해당 검사 규격에 의거 시험하여 적합성 여부를 판정하는 것

사항 및 절차에 대한 내용을 포함한다. 또한 검사관리 기준에서는 제품의 생산에 관련된 원료, 포장재, 반제품 공정관리 및 제품에 대한 검사 절차 및 방법, 조치 사항 등을 규정하여 제품 품질에 대한 신뢰성을 높이고 품질 향상, 위생 및 안정성을 기여함으로써 안전하고 건전한 식품을 소비자에게 공급하기 위한 절차와 방법을 규정한다.

2) 검사의 목적

검사의 목적은 제조한 제품에 대한 신뢰성을 부여하기 위하여 측정방법, 판정방법 및 기준에 따라 판정을 내리는 것으로 다음과 같이 분류할 수 있다.

- 불량품을 구분하기 위하여
- 평균적인 품질평가를 위하여
- 제품의 균일성을 판정하기 위하여
- 검사요원과 측정기구의 정밀도를 평가하기 위하여
- 공정의 변화 판단, 각종 정보 확보 및 공정 능력 등을 평가하기 위하여 실시한다.

3) 검사 내용 및 방법

원료, 포장재, 반제품 및 제품을 해당 검사 기준에 따라 시험하여 적합성 여부를 판정하는 것으로 내용과 방법에 따라 구분하여 검사한다.

① 입고검사

제품 제조에 사용되는 원료, 포장재, 기자재가 구매처로부터 납품되었을 때, 규격에 적합한지를 검사하는 것을 말한다.

② 공정검사

제조공정 중의 부적합품#을 식별하고 적절하게 관리하는 검사를 말하며 주로 HACCP 관리기준서에서 언급되는 점검일지를 활용한다.

③ 제품검사

최종 단계에서 실시되는 검사로서 완성된 제품이 제품 규격에 적합한지 여부를 결정하

부적합품incongruity product 회사 기준에서 요구하는 규격, 기준, 품질 특성 및 판정 기준 등에 적합하지 않은 원료, 포장재, 반제품 및 제품

표 6-9 주요 검사별 점검 항목(예)

검사 내용	주요 점검 항목
구입검사	• 외관검사(성상, 포장 상태 등) • 라벨 검사[제품명, 포장 단위, 영업 신고번호, 제조일, 영양 표시, 첨가물 표시, 제조원(수입원) 및 주소, 교환 장소, 원산지 표시 등]
제조·가공 공정검사	• 원료 계량(첨가량, 유통기한, 이물 분업 등) • 전처리검사(Brix, pH, 온도, 원료 투입량, 원료 투입 순서, 원액의 색상 등) • 제조검사(수분, 입도 크기, 밀도, 색상, 수율 등) • 포장검사(포장 재료, 포장 단위 등)
출고검사	• 출고처, 출고 수량, 표시 사항, 출고 차량 등

는 검사이며 미생물 분석 및 일반 분석 등이 해당된다.

④ 출하검사

제품의 출하 시 포장 상태 및 유통기한, 표기 사항의 적합 여부를 확인하여 부적합품이 고객에게 인도되지 않도록 사전에 점검하는 것이다.

⑤ 자주검사

공정의 진행 중에 생산 관리팀에서 작업 표준에 적합하게 작업이 진행되고 있는지 여부를 생산 담당자가 스스로 진행하는 검사를 말한다.

⑥ 관능검사

인간의 감각(시각, 청각, 촉각, 미각, 후각 등)을 이용하여 품질을 평가·판정하는 검사이다.

⑦ 전수검사

반제품 및 제품에 대해 위해 요소 발생 우려가 높거나 부분적인 품질 결함이 발견될 때 LOT의 전량에 대하여 검사하는 것을 말한다.

⑧ 정밀검사

육안으로 식별할 수 없는 성분검사, 이화학적 검사, 미생물검사 등으로, 세밀한 분석을 위하여 시간이 필요한 검사를 말하며 조단백·조지방 분석일지, 미생물실험일지, 기타 미생물실험일지, 병원성 미생물실험일지, 제조 설비 미생물검사 관리일지, 작업자 미생물검사

LOT 검사나 조사, 분류를 위하여 자재, 제품 등의 단위체 또는 단위량을 하나로 종합하여 구분 지은 것

관리일지, 기타 분석일지 등에 기록하여 유지한다.

⑨ 무검사

외부에서 입고되는 물품 중 제공된 시험성적서, 제품 인증, 시스템 인증 및 기존 입고검사의 결과로 물품의 품질을 보증할 경우 등의 사유로 물품에 대한 직접적인 시험검사를 생략하는 것을 말한다.

⑩ 재검사

부적합 원료, 포장재, 반제품, 제품 및 재작업한 반제품, 제품을 규격에 의거해 재시험하여 적합성 여부를 판정하는 것을 말한다.

4) 검사관리 기준

(1) 검사 원칙

① 신규 원료·포장재 입고# 시 협력 업체의 「식품위생법」에 의한 영업 신고(허가)증과 품목 제조보고서 사본 및 원산지 증명서류 등 법적으로 필요한 서류를 받아 보관해야 한다.

② 외부 위탁검사가 필요할 경우에는 기안서 혹은 공인기관 검사의뢰서에 기재하여 전문기관에 검사를 의뢰할 수 있다.

③ 입고검사 결과가 합격일 경우 입고하고, 불합격인 경우 부적합품 규정에 따라 조치한다.

④ 검사 항목, 판정 기준 등 세부 사항은 해당 검사 규격에 따른다. 단, 해당 검사 규격이 없는 경우는 『식품공전』, 『식품첨가물공전』과 유사 규격에 준하여 검사를 실시할 수 있다.

⑤ 검사 활동 중에 발견한 부적합 사항이 즉시 시정이 필요한 경우에는 해당 공정 및 담당자에게 즉시 시정을 통보하고 시정 상태를 확인한다.

⑥ 검사 상태의 식별 및 표시방법은 샘플 채취 규정 등을 따른다.

⑦ 해당 검사 규격의 검사 항목, 판정 기준 등 세부 사항은 『식품공전』, 『식품첨가물공전』 및 「식품위생법」에 따라 검사를 실시하며, 1회/년 관련법을 확인하여 검사 규격을 개정한다.

입고warehousing 검사에 합격한 원료, 포장재, 제품, 반제품 등을 자재 또는 제품 창고로 이송하는 것

(2) 원료·포장재의 입고검사 및 반품관리 기준

① 입고검사관리 기준

- 각 품목의 원료·포장재의 검사관리 기준은 「식품위생법」 및 『식품공전』의 내용을 참고하고, 입고검사 원칙 및 원료·포장재 규격서에 의거 입고검사를 실시한다. 원료 규격서와 포장재 규격서는 검수실/QA에 비치하고, 포장재는 포장재 한도 견본과 포장재 규격서를 이용하여 검사한다.
- 무검사품은 제품 품질에 영향이 없는 원료·포장재 및 연속 3회 이상 입고되는 대상품에 대한 입고검사 시 불합격이 발생하지 않았을 경우, 무검사 대상으로 선정할 수 있으며 이에 대한 세부 사항은 관련 부서와 협의 후 실시한다.
- 입고 차량의 적재함은 청결해야 하고 식품 취급이 가능한 차량에 적재되어야 한다. 위험물 취급 차량 및 폐기물 처리 차량에 의한 운반은 불허하며, 적재함 상단의 덮개를 사용하여 입고품의 내·외부가 손상되거나 이물(해충)이 흡착되는 것을 방지하도록 한다. 우천 시 내·외부에 비닐 등을 사용하여 이중으로 포장함으로써 누수로 인하여 입고품을 오염시키지 않아야 하며 운반 차량의 운송 상태는 검수관리 담당자가 점검한다.
- 비가열제품의 원료 및 후첨 원료에 대한 검사는 검사관리 기준에 의거 시험성적서 확인과 자체 미생물 분석을 실시하여 관리한다.

② 반품관리 기준

입고검사 시 원료·포장재에 대해서 유통기한 경과 물품이나 불량품 및 변질 재료, 취급부주의로 파손된 입고품 그리고 기타 제품검사 규격에서 규정한 사항에 위반된 품목이 있을 시에는 반품# 조치를 하도록 한다.

③ 검사방법 및 주기

- 검수# 담당자는 원료·포장재의 입고 시마다 입고 수량 및 운송 상태 등을 확인하고 납품 업체에서 작성·제공하는 시험성적서를 접수한다.
- 검수 담당자는 원료·포장재 입고 시 규격서에 의거하여 LOT별 랜덤 샘플링#에 의한

반품return 공장에 입고되는 입고품(원료, 포장재, 기자재 등)에 한하여 검사 규격(표시 사항, 이물 혼입, 미생물 오염 등)을 충족시키지 못할 때에 다시 납품 업체로 보내는 행위

검수inspection 입고된 원료, 포장재의 품목, 표기 사항, 위생 상태, 온도관리 상태, 원료 및 포장재 외관검사, 시험성적서 확인 등 1차적인 확인

샘플링sampling 수입품, 원료, 포장재, 반제품, 제품으로부터 샘플을 발췌하는 행위

일반 분석검사를 실시하며, 원료 분석일지, 포장재 분석일지에 기록해 유지한다.

- 원료의 미생물시험 중 일부 항목은 입고 시마다 시험성적서를 접수한다. 병원성 미생물에 대한 검사는 신규 원료 최초 3회 및 변경 시 1회 실시 및 연 1회 실시하고 병원성 미생물 시험일지에 기록해 유지한다.
- 비가열제품의 원료 및 후첨 원료에 대한 검사 주기는 검사관리 기준에 의거 검사를 실시하고, 검사일지에 기록해 유지 관리한다.
- 검사자의 분석 능력은 분석 항목에 대한 외부 공인기관 결과와 비교 분석하여 검증한다.

④ 원료관리 기준 및 이탈 시 조치 사항

- 이화학시험 및 이물 등 입고 시마다 랜덤 샘플링을 통해 자체 시험검사 및 시험성적서를 접수해 관리한다.
- 『식품공전』의 공통 규격 항목 중 중금속, 방사선, 잔류 농약, 곰팡이 독소, 농약의 잔류 허용 기준, 축산물의 항생 기준 등의 위해 요소는 납품 업체에서 외부 공인기관에 의뢰한 결과를 접수해 관리한다.
- 유통기한 경과 변질된 원료, 파손된 원료 입고 시에는 바로 반품한다. 검수 담당자는 이에 대한 제반 사항을 기록하며 납품 업체에 통보하며 규정에 의거하여 처리한다.

⑤ 내포장재 관리 기준 및 이탈 시 조치 사항

- 『식품공전』의 '제7. 기구 및 용기 포장의 기준 및 규격'에 준하여 실시한다. 박스 및 종이(라벨 포함)류를 제외한 포장류에 대해 외부 공인기관에서 시험한 법적인 항목(재질시험, 용출시험)에 대한 시험성적서를 접수하여 관리한다.
- 그 외의 표기 사항, 규격, 사이즈, 외관검사 등은 입고 시마다 랜덤 샘플링하여 검사를 실시한 후에 기록한다.

(3) 공정검사관리 기준

① 관리 기준

생산된 반제품 및 제품을 검사하여 규격 이내로 관리하고, 부적합품이 고객에게 인계되는 것을 방지함을 목적으로 관리하며, 제조공정도에서 규정한 규격 및 주기에 따라 공정 중인 제품(이하 '공정품'이라 함)의 일반 성분 분석을 실시하고, 생산관리 담당자는 상기 규격에서 규정한 사항에 위반되지 않도록 각 품목의 공정 간 관리 기준 및 중요 관리점에 대하여 관리한다.

② 검사 방법 및 주기

- 생산 담당자는 제조공정도에서 규정한 방법 및 주기에 준하여 실시한다.
- CCP 일지의 기록 사항이 정확하게 기록되는지도 확인한다.

(4) 제품검사관리 기준

① 관리 기준

생산된 제품의 검사는 검사 계획에 따라 실시하여 검사 구격 이내로 관리하며, 부적합품이 고객에게 인계되는 것을 방지함을 목적으로 한다.

② 검사 방법 및 주기

제품설명서 상의 항목에 따라 검사를 실시하고 그 사항을 자가 품질검사성적서, 제품 시험성적서 및 기타 분석일지 등 관련 일지에 기록하여 유지한다.

③ 관리 기준 이탈 시 조치 사항

- 미생물 관리 기준 이탈 시 관련 부서와 협의하여 출하 여부를 결정한다. 법적 규격을 초과할 경우에는 전량 폐기*한다.
- 이물 혼입이 되었을 경우에는 해당 제품을 전수 검사한다.

(5) 출하검사관리 기준

① 관리 기준

제품의 출하 시 포장 상태 및 유통기한 초과 여브를 확인하여 부적합품이 고객에게 인도되지 않도록 하는 것을 목적으로 하며, 출고 담당자는 제품의 출고 내역을 거래명세표에 기록하고 추적성 관리*를 위하여 전산 시스템에 기록하여 관리한다.

폐기discard 제품 제조 시 중대한 이물 혼입 및 미생물 오염이 심각할 경우 또는 유통기한 경과, 관능 상태 변화 등으로 재생산 투입이 불가능한 제품 및 원자재, 그리고 훼손되어 사용할 수 없다고 판단되어 버리는 행위

추적성 관리traceability management 원료, 포장재의 입고로부터 제품의 생산, 출하에 이르기까지 식별을 표시함으로써 부적합품 및 고객의 불만 사항 발생 시 조기에 추적하여 발생 원인을 신속히 해결하기 위한 관리

(6) 자주검사관리 기준

① 관리 기준

공정의 진행 중에 공정 기준에 적합한지를 작업자 스스로 검사를 실시하며 공정검사관리 기준에 의거하여 실시한다.

② 검사 방법 및 주기

공정품의 관리로 부적합품이 발생하지 않도록 관리하며 그 방법 및 주기는 제조방법설명서 및 제조공정도에 따른다.

③ 관리 기준 이탈 시 조치 사항

- 관리 기준 이탈 시 그에 준하는 조치 사항은 제조공정도에 따른다.
- 작업자가 2회 이상의 조치 사항을 취하였음에도 공정품의 품질이 기준에 적합하지 않을 경우 설비를 중단시키고 그 사항을 보고한다.
- 제조시설기준서에 준하여 설비 점검을 실시한다.
- 단, CCP 관련 사항에 대한 한계 기준 이탈 시, 별도로 정하는 규정에 따라 처리한다.

(7) 검수관리 기준

① 검수실은 원료·포장재 창고 입구에 온도계, 저울 등 필요 기구를 비치한 후 사용한다.

② 검수관리는 원료·포장재 입고검사관리 기준에 준하여 실시한다.

(8) 시험성적서 작성 및 발행

① 담당자는 고객의 요청 혹은 필요에 따라 해당 제품에 대한 검사 기록을 근거로 시험성적서를 작성해야 한다.

② 검사 결과의 신뢰성을 확보하기 위하여 시험성적서 상에는 항목 제품명(혹은 검체명), 제조 연월일(LOT. NO. 또는 유통기한), 검사 연월일, 검사 항목, 검사 기준 및 결과, 판정 결과 및 판정 연월일, 검사자 및 판정자의 서명 날인을 반드시 기재해야 한다.

(9) 실험실관리 기준

① 자체 미생물실험실은 생산 구역 내부에 위치하지 않아야 한다.

② 실험실은 실험실 직원들 외에는 접근을 제한해야 한다.

③ 미생물의 교차 오염을 피하기를 위해 실험복(실험 가운)은 미생물실험실 안에서만 입는다.

5) 추적성 관리

추적성 관리 기준은 원료·포장재의 입고로부터 제품의 생산 및 출하에 이르기까지 식별 표시#를 함으로써 부적합품 및 고객의 불만 사항 발생 시 조기에 추적하여 발생 원인을 신속히 해결하는 데 그 목적이 있다.

(1) 원료·포장재의 식별 및 추적성 관리

① 원료·포장재의 입고 시 이름, 수량, 규격 등을 전산 시스템에 기록하여 관리해야 한다.

② 원료·포장재 입고검사일지에 적부 판정, 입고 일자, 제조일자, 공급 업체 등을 기록하여 추적이 가능하도록 한다.

③ 부적합 판정을 받은 원료·포장재에 대하여 관리 기준 이탈 시 조치 사항에 따라 식별 표시한다.

(2) 공정품의 식별 및 추적성 관리

① 작업지시서#(제조방법설명서)에 원료의 LOT 번호(생물의 경우 입고 일자) 등을 기록해야 한다.

② 자주검사 및 공정검사 중 발생한 부적합품은 관리 기준 이탈 시 조치 사항에 따라 식별해 관리해야 한다.

(3) 제품의 식별 및 추적성 관리

① 공정검사 결과 적합품에 대하여 「식품위생법」 제10조에 의거, 표시 사항이 표기된 포장재 또는 별도의 라벨을 제품 겉면에 부착하여 추적이 가능하도록 해야 한다.

② 제품검사 후 검사 결과, 유통기한, 품명 및 규격 등을 기록하여 추적이 가능하도록 해야 한다.

③ 검사 결과 부적합품에 대해서는 관리 기준 이탈 시 조치 사항에 따라 식별 표시한다.

식별 표시identification marking 서로 다른 물품이 혼합되지 않도록 분별하여 표시하는 행위

작업지시서work order 작업자가 제품을 제조하는 데 필요한 작업방법, 작업조건, 관리방법, 사용 자재, 원료·포장재 투입량, LOT 번호, 사용 설비 및 기타 작업상 주의 사항 등에 대하여 구체적으로 기술되어 있는 문서

6) 검사 설비관리

(1) 관리 기준

제품의 일반 및 미생물 분석에 필요한 실험실 검사설비는 항상 청결하게 관리되어야 한다.

(2) 검사 방법 및 주기

① 분석 기자재 담당자는 표준 분석 설비에 대한 검·교정#을 외부 기관에 1회/년 의뢰하여 실시한다.

② 분석 설비에 필요한 설비, 시약, 유리류 등을 주기적으로 점검하여 그 사항을 시약 사용 및 관리대장(미생물), 시약 사용 및 관리대장(이화학)에 작성하고 이상 여부 발생 시 즉시 보고하고 조치토록 한다.

(3) 검·교정 관리

검사 설비 검·교정 점검표에 의거하여 검·교정 관리를 실시한다.

① 냉장·냉동 및 가열 처리시설 등의 온도측정장치는 연 2회 이상 검·교정한다.

② 검·교정 계획에 따라 검·교정 일정을 사용 팀과 협의한 후 검·교정 계획을 수립하고 차후 검·교정 일정에 대해 사용 팀에 통보한다.

③ 검·교정 주기 : '계량 및 측정에 관한 법률 시행규칙' 운용 규정 제6조에 의해 검·교정 주기를 설정하며, 주기가 명시되지 않은 검·교정 설비는 제작사의 매뉴얼을 참조하고 설명서에 검·교정 주기가 없을 경우에는 유사 설비의 검·교정 주기에 따른다.

④ 사외 검·교정 : 표준기#로 사용되는 검·교정 설비와 사외 검·교정 설비는 기자재 담당자가 검·교정 기관에 검·교정을 의뢰하고, 관련 서류인 '검·교정 성적서'와 '검·교정 필증'을 받아 보관한다.

⑤ 사내 검·교정 : 검·교정 대상 분류에서 사내 검·교정 설비로 분류된 설비에 대해서는 기자재 담당자가 검·교정을 하며, 검사 설비 검·교정 점검표에 기록하고 설비에 자체 '검·교정 필증'을 부착한다.

검·교정calibration 검사 장비 및 계측기 등 측정 장비의 상태 변화 정도를 표준치 범위 이내에 속하도록 조정하는 작업으로, 하위급 검사 설비의 정도 변이를 소정의 절차에 따라 비교, 검사하여 차이가 있을 때 공인기관 또는 검·교정 요원에 의해 수정 실시하고, 증명해 주는 행위

표준기reference standard 공인 검·교정 기관에 의하여 검·교정을 실시한 기기로서, 사내 검·교정 대상 기기의 검·교정 실시 시 기준이 되는 기기

⑥ 검·교정 설비의 보전은 사용 팀에서 외관 청소, 일상 점검(육안)을 실시한다.

⑦ 검·교정 설비의 계획 보전을 실시한다.

⑧ 사외 및 사내 자체 검·교정 설비로 분류된 설비의 유지 및 이동 상태에 대해서도 관리한다.

⑨ 구매 절차에 의해 구입된 검·교정 설비는 검·교정을 필한 후 '검·교정 성적서'는 보관하고 검사 설비 검·교정 점검표에 기록한다.

⑩ 사용 팀의 작업자는 공정 운전 중 검·교정 설비의 이상 유무를 확인하고, 이상 발견 시에는 해당 팀장에게 보고하며 해당 팀장은 수리를 의뢰한다.

⑪ 검·교정 설비의 유지 관리를 하기 위해 설정한 주기에 맞게 점검을 실시하며 그 결과를 검사 설비 검·교정 점검표에 이상 여부를 기록한다.

⑫ 자석의 자력검사는 자석 관리일지에 이상 여부를 기록한다.

⑬ 검·교정 완료 후 조치

- 기자재 담당자는 검·교정 설비의 적합 및 부적합 기준을 판정한다.
- 검·교정 결과, 적합 판정을 받으면 기자재 담당자는 검사 설비 검·교정 점검표에 기록하고 '검·교정 필증'을 부착한다.

(4) 관리 기준 이탈 시 조치 사항

① 점검 및 검·교정 시 교정의 범위를 벗어난 설비를 발견한 경우, 사용 팀에 통보하여 설비를 격리시키고 재검사를 실시한다.

② 부적합 장비가 검사 및 시험에 사용된 경우, 검·교정 유효기간 이후의 해당 장비로 측정한 모든 제품의 해당 검사 기록을 찾아 재검증을 실시한다.

③ 해당 제품에 대한 재검사 및 시험 여부를 결정하고 재검사 및 시험이 필요할 경우, 검·교정되어 정확한 측정 장비를 사용하여 식별된 제품에 대하여 재검사 및 시험을 실시한다.

④ 검·교정 결과 부적합 판정을 받으면, '부적합' 표지를 부착하며, 사용 부서와 협의하여 부적합 계기를 철거하고 우선적으로 재고품으로 교체한 후 검·교정하여 사용한다.

측정 장비measuring equipment 계측기, 측정기 등의 총칭으로 품질을 판정하는 데 필요한 도구로서 통상 계량할 수 있는 계측 공구 및 이에 준하는 기기와 전기 계측기

⑤ 검·교정 설비의 사용 중 부적합 판정을 받으면 '검·교정 성적서'에 명시된 표준기를 파악하여 표준기로 검·교정된 설비를 2개 이상 점검하여 이상 여부를 확인한다. 이상이 없으면 이상이 발견된 설비만 검·교정하고, 표준기의 정밀도가 벗어났으면 모두 다시 검·교정한다.

⑥ 표준기가 정밀도를 벗어났을 시에는 검·교정 일자를 파악하여 그 이후에 검·교정된 설비를 운용 부서에 통보하고 설비에 '사용 금지' 스티커를 붙인 후 수리 또는 폐기 조치한다.

7) 검체 채취(샘플 채취 지침서) 및 방법

(1) 검체 채취 원칙

검체 채취는『식품공전』의 '검체의 채취 및 취급방법'에 의거하여 검사 목적, 대상 식품의 종류와 물량, 오염 가능성, 균질 여부 등 검체의 물리·화학·생물학적 상태를 고려해야 한다.

① 검체의 채취는 규정된 자가 수행한다.

② 검체 채취방법은 아래 (2)의 내용을 따른다.

③ 검체는 검사 목적, 검사 항목 등을 참작하여 검사 대상 전체를 대표할 수 있는 최소한도의 양을 채취한다.

④ 검체는 LOT 단위로 채취한다.

⑤ 채취된 검체가 손상되거나 이물질 혼입, 미생물 등에 오염되지 않도록 주의한다.

(2) 검체 채취방법

① 검체가 불균일할 때

• 다량의 검체가 필요하나 검사의 효율성, 경제성 등으로 부득이 소량의 검체를 채취할 수밖에 없는 경우는 외관, 보관 상태 등을 종합적으로 판단하여 의심스러운 것을 대상으로 채취할 수 있다.

• 침전, 부유 등으로 균질하지 않은 제품은 전체를 가능한 한 균질하게 처리한 후 대표성이 있도록 채취해야 한다.

② 포장된 검체의 채취

• 용기, 포장에 넣어 유통되는 식품 등은 가능한 한 개봉하지 않고 그대로 채취한다.

• 대형 용기, 포장 등에 넣은 식품 등은 검사 대상 전체를 대표할 수 있는 일부를 채취할 수 있다.

③ 차량에서 벌크 검체 채취

차량에서 저장조로 투입하기 전에 채취해야 한다. 다만, 부득이한 사유가 있는 경우에는 그러하지 아니할 수 있다.

④ 냉장, 냉동 검체의 채취

냉장 또는 냉동 식품의 검체 채취 시에는 그 상태를 그대로 유지하면서 채취해야 한다.

⑤ 미생물검사가 필요한 검체의 채취

• 검체를 채취, 운송, 보관해야 하는 때에는 채취 당시의 상태를 유지할 수 있도록 밀폐되는 용기, 포장 등을 사용해야 한다.
• 미생물학적 검사를 위한 검체는 가능한 한 미생물에 오염되지 않도록 단위 포장 상태 그대로 수거하도록 하며, 검체를 소분할 경우에는 멸균된 기구, 용기 등을 사용하여 무균적으로 진행해야 한다.
• 검체는 부득이한 경우를 제외하고는 정상적인 방법으로 보관 및 유통 중에 있는 것을 채취해야 한다.

⑥ 페이스트상 또는 시럽상 식품 등

검체의 점도가 높아 채취하기 어려운 경우에는 검사 결과에 영향을 미치지 않는 범위 내에서 가온 등 적절한 방법으로 점도를 낮추어 채취할 수 있다.

(3) 검체의 운반 및 보관 방법

① 채취된 검체는 오염, 파손, 손상, 해동, 변형 등이 되지 않도록 주의하여 운반한다.
② 냉동·냉장 검체는 냉동·냉장 상태로 운반해야 하나 부득이한 경우 빠른 시간 내에 채취, 운반하여 냉동·냉장에 보관 혹은 분석한다.
③ 검체가 부패 또는 변질 우려가 없는 경우에는 반드시 냉장 보관할 필요는 없으나, 이송 보관 시 검체 및 포장의 파손 등에는 주의해야 한다.

(4) 검체 채취의 기구 및 용기

① 기구 및 용기는 운반, 세척, 멸균에 편리한 것이어야 하며 미생물검사를 위한 검체 채취의 기구, 용기 중 검체와 직접 접촉하는 부분은 반드시 멸균 처리해야 한다.

② 검체와 직접 접촉하는 기구 및 용기는 검사 결과에 영향을 미치지 않는 것이어야 한다.

8) 기록 및 보관

관련 모든 기록은 보관, 관리한다.

4. 소비자 클레임

일상생활에 필요한 모든 제품은 소비자가 요구하는 품질을 만족시켜야 한다. 또한 제품 구매자의 만족도 향상을 위해서 계획적이고 체계적인 품질관리를 실시하고 제품에 대한 품질보증이 이루어져야 한다. 이러한 관리가 이루어지지 않을 때 클레임이 발생하게 된다. 소비자 클레임이란 구매자가 계약조건 또는 상품 표시내용과 일치하지 않는 사항에 대하여 제기하는 이의로서, 상품 거래에서 거래 상대방이 품질 불완전·착하 부족·손상, 그 밖의 계약 위반을 하였을 때 상대방에 대하여 손해배상의 청구나 이의를 제기하는 것이다. 클레임이 발생하였을 때 제조 가공 업체에서는 한정된 제품에만 클레임이 미미하게 발생하였다고 생각하기 쉬우나, 소비자 입장에서는 클레임이 발생한 제품 전체를 불량품으로 오인하게 되므로 제품을 생산하는 업체까지 신뢰하지 않는 결과를 초래하게 된다. 따라서 생산 업체는 불량률 제로를 위한 품질관리를 철저하게 해야 하며, 고객 만족을 위한 품질 경영이 이루어져야 한다. 클레임이 발생하더라도 소비자의 피해 의식을 최소화할 수 있는 방법과 회사의 이미지 제고를 위하여 끊임없는 노력과 연구를 해야 한다.

1) 클레임 처리의 목적

클레임이란 고객이 상품을 구매하는 과정에서 또는 구매한 상품에 관하여 품질, 서비스, 불량 등을 이유로 불만을 제기하는 것이다. 그러나 고객과의 접점이 있는 장소는 단순히 상품을 판매만 하는 장소가 아니라, 서비스와 정성으로 고객에게 즐거움을 제공하는 곳으로 이해되어야 한다. 고객에 성의를 다하는 클레임 처리#는 회사의 신용을 높여 주고 고객과의 관계를 효과적으로 유지시켜 주는 중요한 대고객 업무 중의 하나이다. 따라서 당사에서 판매하는 제품에 대해 수요자로부터 발생하는 고객 클레임에 대한 내용은 정확히 파악하고, 그 처리를 효율적으로 관리함으로써 고객 불만을 해소하여 동종 고객 불만의 재발을 방지하고, 항상 좋은 품질과 신용을 확보하는 데 그 목적이 있다.

2) 클레임 유형

(1) 클레임의 발생 원인

클레임 발생 원인은 생산시설 및 부서의 현장관리 종사자 등에게 있다. 일반적으로 클레임의 발생 원인은 원료 구매, 재료관리, 제조 가공, 연구 개발 품질관리, 영업 및 소비자 서비스 등의 과정에서 관련 종사자의 잘못으로 발생한다.

클레임은 그 내용 정도에 따라 다음과 같이 구분한다.

① 제품의 중대한 결함# 또는 기능상의 하자로 고객의 인체 및 재산에 피해를 야기시킨 경우

② 관계 법령에 저촉되는 결함#이 발생된 경우

③ 제품의 특성 및 성능의 이상이 계속적으로 발생된 경우

④ 시급히 대책을 강구하지 않으면 향후 큰 문제가 발생할 소지가 있는 경우

⑤ 유통 및 운반 과정상 취급 부주의에 의해 제품이 손상된 경우

⑥ 제품의 단순한 결함으로 특성 및 성능의 이상이 일시적으로 발생된 경우

⑦ 고객의 부주의로 인해 파손 및 불에 탄 제품에 대해서 서비스를 요구하는 경우

클레임 처리claim processing 고객이 제기한 클레임을 해소하기 위한 일련의 조치로, 클레임의 접수·확인·설명·판정·수리·교체·보상 등의 실시와 더불어 고객에 대한 사전, 사후 관리도 포함

중대한 결함significant fault 재작업을 해도 요구 품질을 충족시키지 못하는 결함 또는 등급 격하 후 다른 용도로 전환 가능한 것

결함fault 의도된 사용에 대한 요구 사항을 만족시키지 못하는 것

(2) 클레임 경보

표 6-10 클레임 등급별 결함 수준과 내용

등급 구분	내 용		비고
	결함 수준	판단 기준	
관심(Blue)	가벼운 결함	•억지성 불만(디자인, 색감, 환경 등) •단순 하자(설치문제, 방문 요청)	
주의(Yellow)		•고객의 사용 부주의(오연결, 과전압) •단순 하자(원인 불명)	
경계(Orange)	중한 결함	•당사 제품 문제로 예견 •제품 결함의 계속적 발생	
심각(Red)		•당사 제품 문제로 판단 •고객의 인체 또는 재산상 피해	

(3) 클레임 교육 및 훈련

제품은 본래 사람들의 생활을 향상시키는 데 기여하기 위해 생산되는 것이다. 고객은 제품이 일반적으로 사용되는 효용을 가지고, 안전하게 일정 기간 사용할 수 있는 조건하에서 적절한 가치를 인정하고 구매하게 된다. 이러한 기대에 위배되는 제품 사고가 발생하게 되면 고객은 클레임을 제기한다.

이러한 클레임 중 고객 응대 과정에서 직원들의 불친절, 업무 처리 미숙, 책임 회피는 또 다른 클레임의 중요한 원인이 될 수 있다. 고객 응대 과정에서 불만을 해결해 주지 못하면 기업에 대한 부정적인 악평이 확산되고, 이로 인하여 예비 고객들의 신뢰 저하로 이어져 회사의 생존 자체가 위협당하는 심각한 상황에 봉착할 수 있다. 따라서 고객을 응대할 때 고객을 화나게 하는 직원들의 태도와 이에 따른 응대의 기본 요령에 대한 교육이 필요하다.

① 고객을 화나게 하는 7가지 태도

- 무관심 : 고객에 대한 책임감과 조직에 대한 소속감이 없는 직원의 경우에 나타나는 태도
- 무시 : 고객의 불만을 사소한 것으로 여기는 태도
- 냉담 : 클레임 접수 시 차갑고 퉁명스럽게 대하는 태도
- 거만 : 고객을 무지하고 어리숙하게 여겨 설명하려는 태도
- 경직화 : 인사나 응대, 답변 등이 기계적이고 반복적으로 고객을 대하는 태도
- 규정 제일 : 회사의 규정만을 주장하며 고객에게 규정 준수를 강요하는 태도

• 책임 회피 : 자신의 업무 영역, 책임 한계를 보이며 다른 부서에 처리를 떠넘기는 태도

② 고객 응대의 기본 요령

• 최초 응대가 가장 중요하다. 먼저 고객의 불만에 대하여 "죄송합니다."라는 사과의 뜻을 표시한다.
• 고객의 이야기를 끝까지 잘 들어야 하며, 도중에 말을 가로막는다든가 변명의 말을 하지 않도록 하며 고객의 문제와 걱정하는 점에 대하여 성실한 태도로써 관심을 표시해야 한다.
• 고객이 원하는 바가 무엇인지를 정확히 파악해야 한다.
• 고객과 말다툼이 될 소지가 있거나 이미 화가 나 있는 고객의 경우에는, 대화할 때에 가능한 톤을 낮추어서 상대방의 감정이 가라앉도록 한다.
• 끝까지 거절해야 할 경우에는 "안 됩니다."와 같은 직접적인 표현을 삼가하고, "죄송합니다."와 같은 우회적인 단어를 선택하여 감정의 대립을 완화한다.
• 고객 불만을 적극적으로 해결하려는 노력을 보여 주어야 한다. 책임의 주체가 회사인지 고객인지 판별하기 어려운 경우, 고객의 입장에서 문제를 해결하기 위해 최대한 노력한다.
• 언쟁을 피해야 한다. 지든 이기든 회사 이미지에 손상을 끼친다.

(4) 클레임 관리 업무의 분장

클레임 발생 시 관련 조직의 업무는 표 6-11과 같이 구분된다.

(5) 상시 클레임 관리 체계의 구축

고객 클레임의 사전 예방은 클레임 문제가 처음 발생했을 때 처리하여 고객 클레임으로 이어질 가능성을 줄이고 고객들과 우호적인 관계를 맺고 유지하는 역할을 한다. 특히 고객 클레임을 근원적으로 해결하기 위해서 클레임이 발생하기 전에 원인을 사전에 제거하는 것이 중요한다.

기업은 클레임을 제기하는 고객의 권리를 인식하고 효과적으로 고객 클레임을 예방하고 해결할 수 있어야 한다. 즉, 제품의 제공과 관련한 고객 클레임에 대한 예방 및 개선 활동을 목적으로, 고객 권리 보호에 관한 자발적 관심과 책무를 명확히 할 수 있는 예방 시스

표 6-11 클레임 관리조직 및 주요 임무

조 직	주요 임무
위원장/대표이사	•클레임 관리 대응 방침의 결정 •클레임 관리 대책의 전반적인 총괄 •최우선 업무의 결정 •기타 전사적 사항
클레임 관리팀	•고객 클레임의 접수, 조사 보고 및 연락 •관련 사업부, 품질관리 부서 통보 •고객 클레임 관리대장의 기록 및 관리 •고객 클레임 처리 활동 추진 •제품 사고 원인의 분석 결과 및 조치 결과 보고(대표이사) •고객 클레임의 사후관리 실시
분석조사반	•제품 사고의 원인 조사 및 분석, 대책 수립 •제품 사고의 분석 결과 관련 부서 배포
복구 지원반	•통보 및 의뢰받은 클레임의 원인조사 회신 -공정 이력조사, 검사 이력조사, 생산 이력조사, 재현시험 등 •사고제품에 대한 조치 지원 -수리, 생산 •제품 사고 처리, 재발 방지 대책 확인

템의 구축이 필요하다.

① 품질관리에 만전을 기해야 한다

기업은 품질 유지 및 향상을 위해 노력해야 한다. 이를 위해 결함 없는 제품, 안전한 제품을 제공하기 위한 사내 체제와 방법에 관한 정보를 명기하고, 소비자에게 제품의 안전성과 품질 확보를 설명해야 한다. 특히 품질관리에 관해서는 법령을 상회하는 독자의 기준을 정비·준수하여, 자재 매입에서 출하까지의 전 공정을 체계적 관리하에서 실행해야 한다. 이에 따라 품질관리의 방법으로 다음 사항이 고려될 수 있으며, 또한 그 정보를 명시하는 것이 필요하다.

- 제품의 품질과 안전성을 중시하는 기업 이념, 경영 방침의 채용과 경영층에 의한 전사적 명시
- 사내 체제의 정비(품질관리 및 안전 대책 담당부문의 설치 및 권한의 명확화, 책임자의 역할·권한의 명확화 등)
- 제조 매뉴얼의 정비(제품의 품질검사 및 안전검사와 설비 점검에서의 확인 사항, 빈도의 명확화, 체크 리스트의 정비·활용, 부품·원자재의 관리 등)
- 외부 기관의 활용(민간시험, 검사기관의 활용에 의한 자사 검사의 보완 등)

- 사업자 간의 협력(본사와 지사, 부품·원자재와 산업용 기계의 제조업자와 이들을 사용하는 기업, 제조업자와 판매업자 등 사업자 간, 업계 간에 있어서 품질 및 안전성 확인 체제의 정비, 관련 정보의 교환 등을 통한 협력 등)
- 검사기록의 보존(제품 특성에 다른 기록의 보존 원칙의 명확화, 각 제조 단계에서의 기록의 보존)

② 제품의 안전성 명시

안전한 제품을 제공하기 위한 기업 내 체제와 방법에 관한 정보를 명기하고, 소비자에게 식품을 포함한 제품의 안전성을 설명하는 항목이다.

- 소비자가 제품 및 서비스를 이용하는 기간 중 이로 인해 영향을 받을 수 있는 소비자의 건강 및 안전에 대한 검토 및 정책적 대응을 마련
- 중대한 결함 정보, 사고 정보, 소비자 상담 등에 관한 정보의 제공방법, 빈도, 범위 등의 기준을 명시
- 제품 회수#에 관한 명확한 기준 표시
- 제품 회수를 결정한 후 실제 고지를 하는 방법, 정보의 범위 등에 대한 명시
- 제품의 통상적 사용 및 예상할 수 없었던 오사용의 경우에 발생 가능한 피해를 방지하기 위한 장치에 관한 방침 명시

③ 정보 제공 활동

카탈로그, 상품 설명 팸플릿, 취급설명서, 광고, 홈페이지 등은 소비자에게 정보를 제공하는 수단으로 제품과 서비스의 일부라 할 수 있다. 이들은 제품이나 서비스의 합리적 선택 및 구입 과정을 도울 뿐만 아니라, 올바르고 안전한 사용방법을 안내해 주는 수단이다. 부정확한 정보는 소비자로 하여금 제품이나 서비스를 잘못 선택하게 하며, 사업자와 소비자 간의 부적당한 계약 체결로 이어진다. 또 오사용 등의 문제가 발생하여, 그 해결에 막대한 노력과 시간이 소비된다. 이를 피하기 위해 소비자 정보 제공 수단의 작성 및 제작 시에 소비자 관점에서 사전 체크하는 것이 매우 중요하다.

- 소비자에게 제공하는 정보가 관계 법규·법령, 업계 자율관리 프로그램 등에 저촉되지 않는지, 사회규범을 따르고 있는지 등을 정확하게 명시
- 광고 및 메일 발송 시에 그 내용에 대한 책임을 명확하게 함과 동시에, 소비자가 이해

회수recall 식품 위생상 위해가 발생하였거나 발생할 우려가 있는 경우에 영업자가 해당 식품이 더 이상 유통·판매·사용되지 않도록 거두어들이는 행위

하기 쉽고 오인하지 않도록 활자를 보기 좋게 하고 내용을 알기 쉽게 배려

- 소비자의 오인을 막기 위해 과대·허위 표시를 금지하고, 객관적이고 타당성 있는 자료를 사용
- 계약 체결 전에 소비자에게 중요한 사항에 대한 정보를 제공할 때의 기본적 방침, 구체적인 방법(서면, 구두 등) 등을 표시
- 제품, 서비스의 내용, 애프터서비스, 결제방법, 배달방법, 해약조건 등 소비자가 상품 등을 구입함에 있어 고려해야 할 정보로서 소비자에게 제공해야 하는 정보 또는 설명해야 하는 정보의 범위를 명시
- 고객의 생명, 신체, 재산에 관한 정보와 같은 소비자의 불이익을 초래하는 정보에 대해서 소비자에게 반드시 제공

3) 클레임의 관리

제기된 클레임의 처리는 제품이나 클레임 내용에 따라 사내 처리 규정을 제정하여 이를 기준으로 전사적으로 시행한다. 또한 클레임 발생 원인을 정밀하게 분석하여 소비자의 입장을 객관적으로 정리해야 한다. 관련된 부서 인원이 함께 모여 클레임 발생 현장을 확인하고 공동으로 해결 방안을 찾는 조직적인 개선 활동도 필요하다.

개선된 제품 및 추가 제공된 서비스 내용의 조치에 대한 결과를 클레임을 제기한 소비자, 클레임을 처리한 관련 요원이 확인하고 관리해야 한다.

(1) 상황 접수 및 전파

당사 모든 임직원은 관련된 정보를 입수한 경우, 클레임 관리팀장에게 전달해야 한다. 클레임 관리팀장은 자체적으로 입수하거나 임직원으로부터 전달받은 정보에 대하여 클레임 수준 및 등급을 평가하고 필요한 내용을 규정된 기간 내에 보고해야 한다.

(2) 상황 접수 및 전파 시 중점 확인 사항

경계 단계 또는 심각 단계의 클레임이 발생한 경우, 클레임 관리팀장은 관련 부서 및 담당자와 수집된 정보 및 추가로 입수 또는 파악된 정보를 바탕으로 응급 조치의 필요성을 파악하고, 조치방법을 결정하는 데 다음의 중점 사항들을 확인한다.

① 제품 사고 유형 및 클레임 요구 사항

② 일반 사항 또는 긴급 상황 여부의 현상 파악

③ 고객의 인체 및 재산상 피해 확대 여부

클레임 관리팀장은 분석된 내용을 사장에게 보고하고, 사장은 비상대책위원회의 소집 여부를 결정한다. 경계 단계 수준의 클레임이라 하더라도 사안의 중대성을 고려하여 클레임 대응 대책위원회를 구성하여 운영할 수 있다.

(3) 보고 규정

제품 사고에 의한 고객 클레임 상황이 발생하였거나 발생 가능성이 있는 경우에 관련 부서에서는 클레임 정보를 보고 계통에 따라 보고해야 한다.

(4) 긴급 연락처

각 본부 책임자와 클레임 관리 담당자의 연락처는 별도로 정리하며, 그 내용은 수시로 업데이트하여 관리한다.

(5) 단계별 대응 조치

① '관심' 단계

담당 부서장은 정보에 대한 정리 및 추이를 파악하여 지속적으로 관리하도록 해당 부서에 지시하고 '주의' 단계의 상황이 발생하지는 않았지만 별도의 대응이 필요하다고 판단되는 경우에는 부서장에게 보고한 후 정보 단계를 변경하여 해당 단계에 따른 조치를 실시한다.

② '주의' 단계

- 클레임 관리팀장은 자체 클레임 평가 '주의' 단계에서 종료될 것으로 예상될 때에는 관련 사항에 대한 정보 수집기간을 단축하되 추이 현황을 주시한다.
- 클레임 관리팀장은 직원들의 고객 응대교육을 실시한다.
- '경계' 단계의 클레임이 발생할 것으로 예상되는 경우, 클레임 대응 대책위원회를 설치·운영한다.

③ '경계·심각' 단계

a. 상황 접수

- 중한 고객 클레임 상황이 발생했을 때에는 즉시 해당 부서장 및 대표이사에게 통보한다.

- 해당 부서장은 고객 클레임 상황이 발생하면 클레임 원인에 대한 정보 사항을 수집하고, 수집되는 즉시 대표이사 또는 클레임 관리팀장에게 통보한다. 상황을 접수받은 클레임 관리팀장은 즉시 클레임 대응 대책위원회를 구성하도록 관련 조치를 취한다.

b. 클레임 대응 대책위원회의 구성과 운영

- 위기 확산에 대한 검토를 자체적으로 실시
- 클레임 대응 대책위원회는 클레임 관리팀, 분석조사반, 복구 지원반의 3개 반으로 편성하며, 각 반의 주요 임무를 수행한다.

(6) 고객 클레임에 대한 대응 절차

① 클레임의 접수 및 통보

제품 사고가 발생한 경우 회사는 고객 편익 도모를 위하여 특약점, 영업부서, A/S# 부서, 품질관리 부서 등에서 고객이 제기한 클레임을 접수할 수 있다. 접수가 끝나면 접수 사안을 판단하여 클레임 관련 부서에 통보한다.

② 클레임의 처리

- 접수된 클레임 사항에 대해서는 일반 사항인 경우에는 접수한 부서에서 처리하되, 유선 또는 현지 확인을 통한 처리 사항인지 여부를 판단한다. 다만, 클레임의 내용, 기술 또는 인적 여력의 문제로 신속한 처리가 곤란하다고 판단될 때에는 즉시 관련 부서 간 상호 처리를 통보해야 한다.
- 클레임 접수된 내용에 대해서 접수대장의 기재된 사항을 검토하고 즉시 원인 분석을 조사해야 하며, 조사가 끝난 클레임 사항에 대해서는 주관 부서는 유·무상 처리 판정을 하고 대표이사에게 보고한다.
- 고객 클레임 판단 기준에 따라 관심·주의 단계에서는 금전으로 해결하는 것을 원칙으로 하며, 고객의 주관이 확고할 경우 현물 교환을 유도한다.
- 판단 기준이 경계·심각 단계일 경우에는 현장 방문을 통하여 확인한다. 그 내용이 경이하여 현지 조치가 가능하다고 판단될 때에는 즉시 수리 또는 교체하도록 하며, 사용하던 불만제품은 회수해야 한다.

A/S after service 회사의 귀책사유 없이 판매제품에 대해 유·무상의 점검, 수리, 소모품 교환 등을 실시하는 일

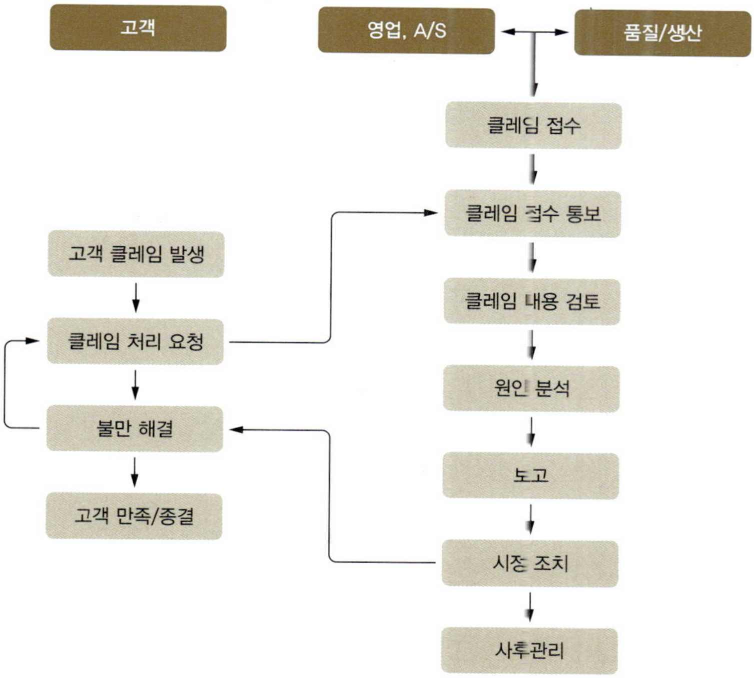

그림 6-4 **고객 클레임 대응 절차**

- 만약 현지 수리가 불가능한 경우, 무상 처리인 경우에는 제품의 교체 또는 현금으로 보상 처리하고, 유상일 경우에는 소요 예상 제품 및 부품을 관련 부서에 요청하고 클레임 제품을 수리한다. 수리가 끝난 후에는 고객에게 즉시 출하하고 현금 수금을 원칙으로 한다.
- 고객의 클레임 처리가 완료되어 고객의 불만이 완전히 해소되면 그 처리 내용을 고객 불만 접수대장 및 조치 보고서에 작성한 후 보고와 함께 사후 관리를 실시한다.

고객 클레임 대응 절차는 영업부서, A/S부서, 품질부서, 생산부서가 긴밀히 협력하여 실행되어야 그 목적을 달성할 수 있으므로, 대응 절차의 업무 분장을 명확히 해야 하며 이를 문서화하여 시행하는 것이 바람직하다.

(7) 클레임의 종결 및 수습 절차

① 사후 관리

- 주관 부서는 제품의 품질 향상 및 회사의 신뢰성 회복을 위해 클레임 처리 결과에 대

표 6-12 소비자 피해 보상 기준 (재정경제원 고시 제1996-3호)

품 종	소비자 피해 유형	보상 기준		
		교환	환불	배상
청량음료 과자류 빙과류 낙농제품류 통조림류 제빵류 설탕, 제분류 식용유류 고기 가공식품류 기타 각종 제품류**	① 함량, 용량 부족 ② 부패, 변질 ③ 유통기간 경과 ④ 이물 혼입 ⑤ 부작용 ⑥ 용기 파손 등으로 인한 상해 사고	소비자 피해 유형 중 ①, ②, ③, ④항의 경우는 교환	소비자 피해 유형 중 ①, ②, ③, ④항의 경우는 구입가 환불	소비자 피해 유형 중 ⑤, ⑥의 경우는 치료비, 경비, 임금 배상*

*임금은 피해로 인하여 임금 손해가 발생한 것이 입증된 때에 한하며, 금액을 입증할 수 없는 임금은 정부 노임 단가를 기준

**기타 각종 제품류에는 조미료, 장류, 다류, 면류, 자양식품, 주류, 도시락, 찬류, 냉동식품류, 먹는 샘물 등이 포함

한 현상 분석 및 실적관리와 중요 문제점을 개선하여 불만의 근원적 요인을 제거할 수 있도록 관련 부서와 협조하여 지속적인 사후 관리를 실시해야 한다.

② 재발 방지

- 주관 부서는 반기별로 고객 클레임의 처리 결과를 정리하여 각 부서 및 지원 부서에 배포해야 한다.
- 각 부서 및 지원 부서에서는 배포된 자료를 활용하여 소속 직원에게 교육을 실시하는 등 유사한 고객 클레임이 발생하지 않도록 예방 조치 활동을 실시해야 한다.

③ 보고

- 주관 부서는 고개 클레임의 처리·관리 현황을 반기별로 종합하여 대표이사에게 보고해야 한다.

(8) 클레임 발생보고서 작성 요령

① 클레임 발생 일시 및 장소

② 원인, 대응 조치 활동

③ 사후 복구와 관련된 사항

④ 사태 종결, 수습 절차 등 기술

식품의약품안전처, 식품공전, 식품기준규격 정보마당
식품의약품안전처, 식품 등의 표시 기준
식품의약품안전처, 식품 등의 표시 기준 가이드라인
식품의약품안전처, 식품 등의 한시적 기준 및 규격 인정 기준
식품의약품안전처, 식품 및 축산물의 유통기한 설정실험 가이드라인
식품의약품안전처, 식품, 식품첨가물, 축산물 및 건강기능식품의 유통기한 설정 기준
식품의약품안전처, 식품위생법
식품의약품안전처, 식품위생법 시행규칙
식품의약품안전처, 식품·의약품분야 시험·검사 등에 관한 법률
식품의약품안전처, 식품첨가물공전
식품의약품안전처, 품목제조보고서 작성요령
한국이슬람교 중앙회(KMF) www.koreaislam.org

단원 정리

앞부분에서는 식품 영업을 하기 위해서 '식품위생법 시행규칙' 별지 제43호 서식인 식품·식품첨가물 품목제조보고서 작성방법과 유통기한 설정 실험 및 유통기한 설정방법을 설명하고, 뒷부분에서는 식품 제조·가공 및 유통 현장에서 이루어지는 검사관리의 전반적인 기준과 고객 클레임의 관리 및 대응에 대하여 설명하였다.

1 식품 영업을 하려는 자는 품목제조보고서를 작성하고 관련 서류를 첨부하여 제품 생산 시작 전이나 제품 생산 시작 후 7일 이내에 등록관청에 제출하여야 한다.

2 식품·식품첨가물 품목제조보고서 양식은 '식품위생법 시행규칙' 별지 제43호 서식을 사용하고, 주요 내용으로 보고인, 영업소, 제품 정보, 원재료명 또는 성분명 및 배합 비율 등을 작성한다.

3 제품 정보에는 식품의 유형, 제품명, 유통기한, 원재료명 및 배합 비율, 용도·용법, 포장방법, 성상 등이 포함된다.

4 품목제조보고서에 포함될 제출서류인 제조방법설명서는 정해진 양식은 없으며, 품목제조보고서의 제품 정보를 작성함에 있어 지면의 부족 등으로 인하여 명기하지 못한 사항 등을 보완하기 위해서 작성한다.

5 유통기한은 제품의 제조일로부터 소비자에게 판매가 허용되는 기한을 말하며, 식품을 제조·가공하는 영업자가 포장·유통 방법 등을 고려하여 식품의약품안전처고시 '식품, 식품첨가물, 축산물 및 건강기능식품의 유통기한 설정 기준'에 따라 정한다.

6 유통기한은 포장 재질, 보존조건, 제조방법, 원료 배합 비율 등 제품의 특성과 냉장 또는 냉동 보존 등 기타 유통 실정을 고려하여 위해 방지와 품질을 보장할 수 있도록 유통기한 설정실험을 통하여 설정한다.

7 유통기한 설정실험을 직접 하지 못하는 영업자는 관련법 별지 제1호 서식인 유통기한 설정실험의뢰서를 작성하여 해당 기관에 의뢰할 수 있다.

8 유통기한 설정실험 결과보고서는 관련 법률 별지 제2호 서식에 따라 실험 결과보고서 요약, 제품 특성(제품 사진 포함), 실험방법[검체 준비, 저장 조건(온도, 습도), 저장기간 및 실험 주기, 실험 반복 수, 품질 지표, 품질 한계, 실험법], 실험 결과(데이터, 결과 해석 자료), 결론, 참고자료에 관한 내용을 기록하고 날짜 기재와 서명을 한다.

9 유통기한 설정실험 결과보고서를 근거로 유통기한 설정사유서를 작성하여 이것을 식품·식품첨가물 품목제조보고서에 첨부하여 등록관청에 제출하면 유통기한 설정이 완료된다.

10 검사란 품질 기준과 비교하여 차이가 있는지의 여부를 시험하고 판정을 내리는 것으로 식품을 제조하는 공장에서 제품 생산에 수반되는 원료, 포장재, 반제품, 제품, 기자재 및 검사 관련 기기, 측정 장비 등의 검사관리 전반에 대한 관리 기준, 관리 기준 이탈 시 조치 사항 및 절차에 대한 내용을 말한다.

11 검사의 목적은 제조한 제품에 대한 신뢰성을 부여하기 위하여 측정방법, 판정방법 및 기준에 따라 판정을 내리는 것이다.

12 검사는 원료, 포장재, 반제품 및 제품을 해당 검사 기준에 따라 시험하여 적합성 여부를 판정하는 것으로 구입검사, 제조 가공 공정검사, 출고검사로 구분한다.

13 검사관리 기준에서는 제품의 생산에 관련된 원료, 포장재, 반제품 공정관리 및 제품에 대한 검사 절차 및 방법, 조치 사항 등을 규정하여 제품 품질에 대한 신뢰성을 높이고 품질 향상, 위생 및 안정성에 기여함으로써 안전하고 건전한 식품을 소비자에게 공급하기 위한 절차와 방법을 규정한다.

14 검사는 어떤 검사요원이 실험하여도 동일한 결과를 얻을 수 있도록 표준화해야 하며, 정확하고 신속하게 관리하고 운영되어야 한다. 효율적으로 관리되지 않은 검사는 시간적으로나 경제적으로 큰 손실을 초래하며, 품질보증면에서도 효과가 없다.

15 클레임이란 고객이 상품을 구매하는 과정에서 또는 구매한 상품에 관하여 품질, 서비스, 불량 등을 이유로 불만을 제기하는 것으로, 고객과의 접점이 있는 장소는 단순히 상품을 판매만 하는 장소가 아니라 서비스와 정성으로 고객에게 즐거움을 제공하는 곳으로 이해되어야 한다.

16 제품에 대해 수요자로부터 발생하는 고객 클레임에 대한 내용을 정확히 파악하고, 그 처리를 효율적으로 관리함으로써 동종 고객 불만의 재발을 방지하고 고객 불만을 해소하여 항상 좋은 품질과 신용을 확보해야 한다.

17 클레임 발생 원인은 생산시설 및 부서의 현장관리 종사자 등에게 있다. 일반적으로 클레임의 발생 원인은 원료 구매, 재료관리, 제조 가공, 연구 개발, 품질관리, 영업 및 소비자 서비스 등의 과정에서 관련 종사자의 잘못으로 발생한다.

18 제기된 클레임의 처리는 제품이나 클레임 내용에 따라 사내 처리 규정을 제정하여 이를 기준으로 전사적으로 시행한다. 또한 클레임 발생 원인을 정밀하게 분석하여 소비자의 입장을 객관적으로 정리해야 한다. 관련된 부서 요원이 함께 모여 클레임 발생 현장을 확인하고 공동으로 해결 방안을 찾는 조직적인 개선 활동도 필요하다.

19 클레임 처리 결과는 제품의 품질 향상 및 회사의 신뢰성 회복을 위해 현상 분석 및 실적관리와 중요 문제점을 개선하여 불만의 근원적 요인을 제거할 수 있도록 지속적인 사후 관리를 실시해야 한다.

연습문제

1. 식품 영업을 하려는 사람은 언제 식품·식품첨가물 품목제조보고서를 관할관청에 제출해야 하는지 설명하시오.

2. 품목제조보고서에는 어떤 내용을 기록해야 하며, 첨부할 제출서류는 무엇인지 설명하시오.

3. 식품·식품첨가물 품목제조보고서의 제품 정보에는 어떤 내용을 기록해야 하는지 설명하시오.

4. 품목제조보고서 작성에서 제품 정보의 식품 유형란 작성을 위한 식품 유형의 결정방법을 설명하시오.

5. 식품 영업자가 유통기한을 설정할 수 있는 방법을 설명하시오.

6. 식품·식품첨가물의 유통기한은 어떤 절차를 거쳐 확정되는지 설명하시오.

7. 현장검사의 목적에 해당하지 않는 것을 고르시오.
   ① 불량품을 구분하기 위하여 ② 평균적인 품질평가를 위하여
   ③ 제품의 균일성을 판정하기 위하여 ④ 원산지 판별을 위하여

8. 다음 중 입고검사 관리 규정이 아닌 것을 고르시오.
   ① 원료·포장재는 「식품위생법」 및 『식품공전』의 내용을 참고하고 입고검사 원칙 및 원료·포장재 규격서에 의거해 실시한다.
   ② 무검사품은 연속 3회 이상 불합격이 발생하지 않았을 경우 선정할 수 있다.
   ③ 입고 차량에 대해서는 검사하지 않아도 무관하다.
   ④ 후첨 원료에 대해서는 시험성적서 확인과 자체 미생물 분석을 실시하여 관리한다.

9. 검체 채취방법에 해당하지 않는 것을 고르시오.

① 검체의 채취는 종사자 누구나 할 수 있다.

② 검사 대상 전체를 대표할 수 있는 최소한도의 양을 채취한다.

③ 검체는 LOT 단위로 채취한다.

④ 채취된 검체가 손상되거나 이물질 혼입, 미생물 등의 오염이 되지 않도록 주의해야 한다.

10. 클레임 발생 원인이 아닌 것을 고르시오.

① 제품의 중대한 결함 또는 기능상의 하자로 고객의 인체 및 재산상의 피해를 야기한 경우

② 관계 법령에 저촉되는 결함이 발생된 경우

③ 제품의 특성 및 성능의 이상이 계속적으로 발생된 경우

④ 고객이 고의적으로 파손 및 불탄 제품에 대해서 서비스를 요구하는 경우

11. 클레임 처리 내용에 해당하지 않는 것을 고르시오.

① 일반 사항인 경우에는 접수한 부서에서 처리한다.

② 판단 기준이 경계·심각 단계일 경우에는 현장 방문을 통하여 확인한다.

③ 클레임을 제기한 사람에게 책임을 묻는다.

④ 고객의 불만이 완전히 해소되면 그 처리 내용을 보고하고 사후 관리한다.

12. 소비자 피해 보상 기준 중 환불 규정에 해당되지 않는 것을 고르시오.

① 함량, 용량 부족　　② 부패, 변질

③ 유통기간 경과　　④ 용기 파손 등으로 인한 상해 사고

부록

식품·식품첨가물 품목제조보고서

※ 뒤쪽의 유의사항을 읽고 작성하여 주시기 바라며, [ ]에는 해당되는 곳에 ✓표를 합니다.　　(앞쪽)

보고인	성명	생년월일(법인등록번호)
	주소	전화번호
		휴대전화
영업소	명칭(상호)	영업등록번호
	소재지	
제품 정보	식품의 유형	
	제품명	
	유통기한 제조일부터 일 (월, 년) 품질유지기한 제조일부터 일 (월, 년)	
	원재료명 또는 성분명 및 배합 비율 뒤쪽에 기재	
	용도 용법	
	보관방법 및 포장 재질	
	포장방법 및 포장 단위	
	성상	
	고열량·저영양 식품 해당 여부 [ ] 예 [ ] 아니오 [ ] 해당 없음	
	할랄 인증 식품 해당 여부 [ ] 예 [ ] 아니오	
기타		

「식품위생법」 제37조 제5항 및 '같은 법 시행규칙' 제45조 제1항에 따라 식품(식품첨가물) 품목제조 사항을 보고합니다.

년　월　일

보고인　(서명 또는 인)

지방식품의약품안전청장
특별자치도지사·시장·군수·구청장　귀하

제출서류	1. 제조방법설명서 1부 2. 「식품·의약품분야 시험·검사 등에 관한 법률」 제6조 제3항 제1호에 따라 식품의약품안전처장이 지정한 식품전문 시험·검사 기관 또는 같은 조 제4항 단서에 따라 총리령으로 정하는 시험·검사 기관이 발급한 식품 등의 한시적 기준 및 규격 검토서 1부 3. 식품의약품안전처장이 정하여 고시한 방법에 따라 설정한 유통기한의 설정사유서 1부 4. 할랄 인증 식품 인증서 사본(할랄 인증 식품의 표시·광고를 하는 경우만 해당합니다.)

유통기한 설정실험의뢰서

제목				
신청인	기관명		대표자 (의뢰인)	
	전화번호		팩스번호	
	주소		e-mail	
실험 수행기관	기관명		대표자 (책임자)	
	전화번호		팩스번호	
	주소		e-mail	
의뢰 검체 수량				

'식품 등 및 건강기능식품의 유통기한 설정 기준'에 따른 설정실험을 첨부와 같이 의뢰합니다.

첨부 1. 제품의 특성
2. 의뢰 검체

년 월 일

실험 의뢰 기관명 : 기관 대표자 : (직인)

유통기한 설정사유서	
제품명	
식품의 유형 (식품첨가물 품목명)	
보존 및 유통 방법	실온( ) / 상온( ) / 냉장( ) / 냉동( ) /기타( )
유통기한	
실험 수행기관 종류	자사( ) / 의뢰( ) / 생략( )
실험 수행기관명	
유통기한 설정 근거	
상기와 같이 유통기한 설정사유서를 제출합니다. 첨부 : 별지 제2호 서식의 유통기한 설정실험 결과보고서 년 월 일 제출인 : (인)	

제1장

1. 품질은 필요조건이나 규격을 충족시키는 제품의 특성이다.

첫째, 법적 표준 : 정부 또는 지방자치단체는 법률 또는 규정을 통하여 법적 표준을 설정해서 식품, 의약품, 화장품 등에 대한 품질의 최소 기준을 나타낸다.

둘째, 기업 또는 자발적 수준의 표준 : 기업 수준의 표준 또는 자발적 수준의 표준은 산업의 다양한 분야에서 설립된 기업이 정하는 품질 표준이다.

셋째, 산업 표준 : 산업 표준은 조직된 그룹이 특정 제품에 대하여 특정 품질의 한계를 세우는 것이다.

넷째, 소비자 또는 등급 표준 : 제품에 대한 소비자의 요구 사항을 나타내며, 일반적으로 이전 소비자의 경험에 기초한다.

2. 식품은 다른 제품과 달리 사람이 섭취하기 때문에 소비자의 건강과 영양, 안전성 등을 만족시켜야 한다. 또한 다른 제품과 비교하여 식품이 소비자를 만족시킬 수 있는 품질 특성을 기술하면 다음과 같다.

- 요구 품질 : 품질은 우선 사용하는 사람의 입장에서 생각해야 한다면 소비자가 요구하는 품질이 어떤 것인지를 파악해야만 하고, 이때 소비자가 요구하는 품질이 요구 품질이다. 즉, 소비자에 의해 결정되는 품질로서 실제 사용하면서 평가되므로 설계 품질의 기초가 되는 소비자 품질이자 목표 품질이다.
- 설계 품질 : 소비자가 요구하는 품질을 실현하기 위해 제품을 기획하므로 소비자의 요구를 충분히 조사한다. 그리고 원료의 수급방법, 제조 공정의 설비, 제조 기술 수준, 생산관리 능력 및 경제성을 고려하여 제조 가능한 수준으로 설정한 품질이다. 또한 설계 품질의 결과를 바탕으로 성분 배합비율, 성상, 성능, 용도 등 제품 규격을 규정하는 품질이다.
- 제조 품질 : 설계 품질이 완성되면 이것을 제조공정을 통해서 실물로 실현하기 위한 준비작업이 이루어진다. 즉 공정 설계와 원자재의 구매, 인력 확보 등이 진행되고, 이들의 투입으로 제조 단계에서 설계 품질을 제품화하게 된다. 여기서 실현된 품질을 제조 품질 또는 적합 품질이라고 한다.
- 시장 품질 : 시장에 나간 제품을 하나의 상품으로 소비자들이 구입하여 사용하면서 평가하는 품질이다.

3. 식품의 3가지 품질 요소는 양적 요소(무게, 부피, 비중, 수량, 개수), 영양 위생적 요소(성분 조성, 영양소의 질과 효율, 이물질, 독성물질, 유해 미생물, 첨가물), 관능적 요소(외관, 풍미, 조직)로 구분된다.

최근 식품의 품질에서 중요하다고 알려져 있는 기능성 성분을 영양적 요소에 포함시키는 방안과 독립적 품질 요소로 분리하여 각자의 생각을 기술한다.

4. 식품의 품질 변화 및 저하에 영향을 미치는 요인으로는 1) 미생물(미생물 증식, 독소 생성, 이취 및 이미 발생, 물성 변화), 2) 효소(효소적 갈변, 이취 및 이미 발생), 3) 화학반응(악취, 산화 및 환원, 영양소 손실, 비효소적 갈변), 4) 물리적 변화(용질 및 물분자의 이동, 결정화 및 재결정화, 상 변화, 빛에 의한 색의 변화, 향미 손실, 수축 및 붕괴), 5) 기계적 요인(압력에 의한 포장 손상, 진동에 의한 상처, 파손) 등이 있다.

- 품질의 측정방법 중 주관적 방법은 주로 관능 평가를 의미하며 정성 또는 정량적으로 평가한다. 주로 수치로 나타내기 어려운 외관, 색, 냄새, 맛 등에 대하여 실시한다.

  객관적 방법은 물리적, 화학적, 미생물학적, 위생학적 방법 등이 있다.
- 물리적 방법 : 신속하고 장시간의 훈련을 거치지 않고도 측정할 수 있는 방법
- 화학적 방법 : 양적인 평가로 영양소의 종류와 함량을 측정하는 방법
- 미생물학적·위생학적 방법 : 미생물학적 또는 위생학적 품질을 측정하는 방법으로 소비자 입장에서는 가장 기본적으로 갖추어야 할 요소가 미생물학적, 위생학적으로 안전한 식품이다. 미생물학적 품질 측정방법은 『식품공전(2014년 기준)』 제9장 일반 시험법의 3. 미생물 시험법을 참조하고, 화학물질 및 자연에서 유래한 독성물질 등은 『식품공전』 제9장 일반 시험법의 2. 식품 중 식품첨가물시험법, 4. 식품 중 잔류 농약 분석법, 5. 식품 중 잔류 동물용 의약품시험법, 6. 식품 중 자연독소 시험법, 7. 식품 중 유해물질시험법 등을 참조한다.

5. 최근 발생한 식품 품질 사고를 설정하고 원인에 따른 예방 방안을 품질관리와 연관시켜 각자의 생각을 기술해 본다.

제2장

1. 총체적 품질경영이란 품질보증을 위하여 제품만이 아닌 인력과 서비스를 모두 포함한 종합적 관리 또는 경영을 뜻한다. 글로벌화에 따른 국제 경쟁이 치열해지면서 소비자들을 만족시킬 수 있는 품질 좋은 제품을 생산하는 것이 기업의 가장 중요한 목표가 되어 총체적 경영이 필요하게 되었다.
2. 7가지 통계적 분석 도구로는 데이터 시트, 관리도, 히스토그램, 파레토 차트, 특성 요인도, 흐름도, 상관도표를 들 수 있다.
3. 히스토그램과 파레토 차트는 둘 다 막대 차트와 비슷하고 세로축(y축)은 빈도를 나타내고 가로축(x축)은 반응변수를 표시하는데, 히스토그램은 각 그룹의 분포를 나타내는 반면 파레토 차트는 빈도 크기가 큰 것부터 작은 것의 순서로 나타내며 꺾은선그래프로 나타낸 누적백분율도 포함한다. 히스토그램은 가장 빈도수가 많은 반응, 데이터의 분포 형태, 데이터 중에 비정상적으로 벗어난 값들을 살펴보는 데 용이하여 식품의 재료나 제품의 질이 늘 일정한지를 평가하는 데 유용하다. 반면 파레토 차트는 어떤 프로젝트나 기업 활동에 있어서 가장 큰 이슈가 무엇인지를 찾을 수 있게 하고 그 이슈를 해결하기 위하여 답을 찾거나, 공정 라인에 따른 불량품의 발생 빈도수 및 불량품 발생 요인에 대한 데이터를 분석하여 그 답을 찾는 데도 유용하다.
4. 다음에 제시된 특성 요인도는 하나의 예시로, 커피의 질에 영향을 주는 인자들은 수정이 가능하다.

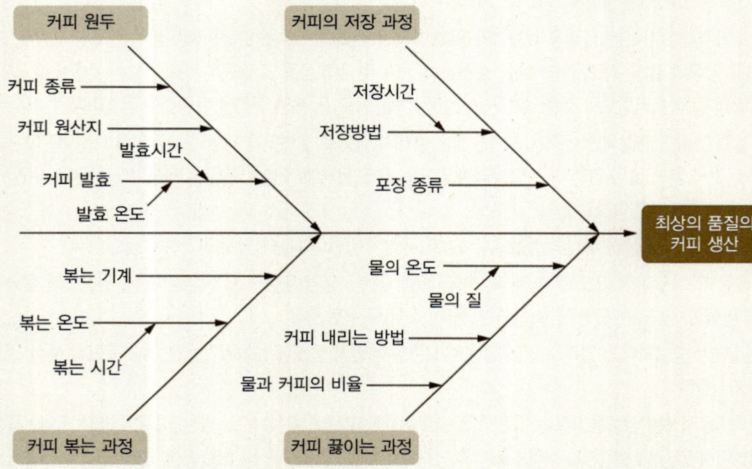

5. 도출되는 아이디어를 모으는 데 이용되는 대표적인 계획 및 경영 도구들로는 친화도, 우선순위 교차표와 매트릭스도를 들 수 있으며, 프로젝트의 활동 및 추진 과정을 살펴보기 위해서는 활동 네크워크표와 간트 차트가 유용하게 이용될 수 있다.
6. 품질보증부의 임무는 제품이나 서비스에서 소비자들의 만족을 극대화하는 데 필요한 계획적이고 체계적인 모든 활동을 포함하는데, 식품 공정에 있어서 품질관리, 품질평가, 품질감사 및 규제와 관련된 활동을 수행하고 관리한다. 반면 품질관리부의 임무는 제품의 품질을 향상시키기 위하여 공장 내로 들어오는 재료들의 성능, 공정 중의 제품이나 최종제품들의 품질평가를 주로 담당하며 요구되는 품질의 수준에 맞추기 위해 정해진 변수들에 따라 제조 라인들이 유지되도록 작업자들을 돕는 역할도 한다.
7. 품질 관련 감사로는 제조공정 감사, 위생/GMP(good manufacturing practice) 감사, HACCP 감사, 제품 품질 감사, 그리고 특별 감사가 있다.
8. 품질 매뉴얼, 표준 운영 절차서, 특정 제품 제조공정 문서, 일반 제조공정 문서, 품질관리 분석법 문서, 위생 표준 공정절차 문서, 우수 제조관리 기준 문서들을 들 수 있다.

제3장

1. 시스템이란 독립된 각각의 구성 인자가 고유의 기능을 유지하면서 총합적 목표를 달성하기 위하여 상호 유기적으로 연결된 집합체를 의미한다. 사람이 섭취하는 식품은 안전성 확보가 무엇보다도 우선되어야 할 가치이며 이를 위해 식품을 생산하기 위한 시스템은 식품 원료에서 최종제품까지 체크해야 한다. 이를 위해 전체 공정을 구성하는 개별 공정 단계에서 품질조건을 만족시키는 중간제품을 생산하며 생산공정을 안정화시켜 규격화된 최종제품을 지속적으로 생산하는 환경을 확보하는 것이 필요하다. 이러한 목표를 달성하기 위해서는 기업 내 각각의 구성 인자가 고유의 기능을 유지하면서 총합적인 목표를 달성하기 위한 유기적 연결 시스템을 구성하여야 식품 생산 및 서비스가 소비자에게 효율적으로 제공될 수 있다.
2. 초콜릿의 제조는 카카오 열매를 분쇄하여 카카오닙(cacao nib)을 만들고 카카오닙을 갈아서(grinding) 코코아매스(cocoa mass)를 생산하고 코코아매스를 압착하여 코코아버터와 초콜릿 음료의 원료인 코코아파우더를 얻는다**[원료조제]**. 생산할 초콜릿 종류에 따라 코코아매스, 코코아버터, 설탕, 유화제 등과 첨가물을 제조방법에 따라 '혼합'한 후 적당한 온도에서의 콘칭(conching) 작업을 거쳐 부드러운 페이스트(paste)를 만든다**[배칭]**. 초콜릿 페이스트를 냉각하여 굳히는 온도 조절을 통해**[템퍼링]** 초콜릿에서 요구되는 특유의 결정 상태로 만들고 성형한 다음 용기에 담은 후**[포장]** 상품화한다.
3. GMP와 HACCP은 모두 식품 및 의약품의 안전성을 확보하기 위한 시스템이며 HACCP 원칙에 따라 안전한 식품을 생산하기 위하여 GMP는 필수적으로 요구되는 사항이라 할 수 있다. GMP가 식품의 생산 과정에서의 안전성과, 품질 관련 법률이 요구하는 선결조건을 만족시켜 결과적으로 생산된 제품의 안전성을 확보하는 기본 단계의 조처인 데 반해, HACCP은 제조 과정에서 위험이 발생할 수 있는 가능성을 예측하여 이를 집중 관리함으로써 위해 요소의 발생을 사전에 차단하는 한 단계 더 나아간 체계적인 접근방법이라 할 수 있다. 이에 따라 HACCP은 GMP의 적용 대상인 식품 생산업을 포함하여 식당, 병원과 같은 식품 체인, 화장품과 제약 산업 및 이와 직간접으로 연관된 산업에까지 그 적용 범위를 넓혀가고 있다.
4. 문서화된 감사 계획을 현장 작업자를 비롯한 피감사자 모두에게 서면으로 통보하는 동시에 감사의 시행 목적이 제조공정의 오류를 적발하는 것이 아니라 공장의 생산 활동을 지원하기 위한 것임을 인지시킨다. 공정의 감사 결과에서 드러난 문제점은 회사의 경영층뿐만 아니라 현장감독과 같은 작업자들에게도 통보, 종사 업무에 따라 다른 각도에서 내용을 검토하도록 하여 당사자들이 돌출된 문제점을 능동적으로 인식하고 추가의 개선 방안을 제안하는 계기가 되도록 유도한다. 또한 정상적으로 작업을 수행하는 부서의 인원에 대해서는 회사 차원에서 격려하는 기회를 마련한다.
5. 위해 요소로는 생물학적·화학적·물리적 위해가 있으며, 그 각각의 특성은 다음과 같다.
   - 생물학적 위해 요소(biological hazards) : 원·부자재, 공정에 내재함으로써 인체의 건강을 해할 우려가 있는 *Listeria monocytogenes*, 장출혈성 대장균, 대장균, 곰팡이, 기생충, 바이러스 등 생물학적 단위의 위해 요소
   - 화학적 위해 요소(chemical hazards) : 제품에 내재함으로써 인체의 건강을 해할 우려가 있는 중금속, 농약, 항생물질, 항균물질, 사용 기준 초과 또는 사용 금지의 식품첨가물 등 화학적 단위의 위해 요소
   - 물리적 위해 요소(physical hazards) : 원료와 제품에 내재함으로써 인체의 건강을 해할 우려가 있는 인자 중 돌조각, 유리조각, 쇳조각, 플라스틱 조각, 머리카락 등 물리적 단위의 위해 요소
6. 식품을 제조, 가공함에 있어 원료는 중요한 요소 중의 하나이다. 작업장에서 적절한 원료의 사용은 지속적으로 관리되어야 할 요소이자, 식품 사고와 직결될 수 있는 사항이다. 따라서 적합한 원료를 사용하기 위해서는 원료를 공급 업체에서부터 위생관리가 적절하게 이루어지고 있는지 확인해야 하며, 입고된 원료의 상태 또한 협력 업체의 시험성적서나 육안검사로 점검해야 한다.
7. 제조 및 조리 과정에서 식품을 오염시킬 수 있는 가장 큰 위험은 종사자들의 위생적이지 못한 손 관리에 있다. 개인위생관리는 오염 위험을 줄이기 위하여 제조 및 조리 중일 때만이 아니라 평상시에도 지속적으로 이루어져야 한다. 특히 작업자의 손에 의한 식품의 교차 오염을 방지하기 위한 관리가 필요하다. 마찬가지로 작업자가 자주 드나드는 장소인 화장실의 관리가 제대로 되지 않으면 이 또한 교차 오염의 위험이 높아지므로 보다 확실한 위생관리가 이루어져야 한다.
8. 작업장에 해충이나 설치류 등의 유입이나 번식을 방지하는 방충·방서 관리는 지속적으로 관리되어야 하며, 이들의 유입 여부를 정기적으로 점검해야 한다. 작업장 내에서 해충이나 설치류 등을 구제할 경우에는 정해진 위생 수칙에 따라 공정이나 식품의 안전성에 영향을 주지 않는 범위 내에서 적절한 보호 조치를 취한 후 실시한다. 작업 종료 후 식품 취급시설 또는 식품에 직간접적으로 접촉하는 부분은 세척 등을 통해 오염물질을 제거해야 한다.

9. GMP는 good manufacturing practice의 약자이며, '우수식품 · 의약품의 제조관리기준'으로 번역된다. 원래 1963년 미국식품의약국(FDA)이 의료 기관과 환자에 고도의 안전성과 품질을 가진 의약품을 제공할 수 있도록 하기 위해 원료 입고에서 최종제품의 출하에 이르는 제조공정 전 과정에 걸쳐 제조관리 및 품질관리의 기술 기준을 정한 것이다.
 - GAP는 '안전하고 건강한 식품과 비식품에 관한 농장에서의 생산 과정과 생산 후 과정에서 환경, 경제, 사회의 지속 가능성을 도모하기 위해 얻은 지식을 활용하는 것'이라 정의하고 있다, 즉, GAP와 식품의 안전성 확보 및 환경 부하 저감을 위한 농업 생산방식과 그 기준 등 합리적인 농업 생산방법을 규정하는 행동 규범이다. 즉, 농산물 생산 단계에서의 병원성 미생물이나 오염물질, 이물질 혼입 등 식품 안전을 위협하는 위험을 분석하고, 재배에서 수확까지의 과정뿐만 아니라 수확 공정 이후의 세척, 선별 결과, 보관, 저장, 화물 운송에 이르는 모든 단계에서 식품 안전의 위해 요소를 최소화하기 위한 관리방법을 정리한 것이다.
 - HACCP은 재료의 생산 단계에서부터 제조, 가공, 유통, 심지어 최종제품의 소비에 이르기는 모든 과정(from farm to table, 농장에서 식탁까지)에서 발생할 우려가 있는 생물학적 · 화학적 · 물리적 위해 요소들을 과학적으로 분석하고 사전에 위해 요소의 잔존, 오염될 수 있는 원인들을 차단하여 소비자에게 안전하고 위생적인 식품을 공급하기 위한 시스템으로, 위해 방지를 위한 사전 예방적 식품 안전관리 체계이다.
 - ISO 22000(식품안전경영 시스템)은 '농장에서 식탁까지' 식품 공급 과정 전반에 걸쳐 식품 안전을 보장하기 위한 국제 규격으로, 품질경영 시스템 ISO 9001:2000과 식품 유해요소 중점관리기준인 HACCP이 포함되어 있으며, 이러한 두 시스템의 통합은 식품 안전 보장 및 성과의 지속적 개선이라는 목적을 동시에 추구한 것이다.

제4장

1. 공인염료 : 화학 합성에 의해 생성된 물질로서 고순도의 specification과 높은 착색력(tinctorial strengrth)를 가지고 있다.
   비공인염료 : 색을 낼 수 있는 자연의 모든 성분들로 카로티노이드, 캐러멜 색소나 안토시아닌, 파프리카 등이 있다. 이러한 비공인염료는 산소, pH, 빛 등에 약하고, 착색력이 낮으며, 가격이 비싸고, 색의 불균일성과 안전성이 부족하다는 단점이 있다.
   L값은 밝고 어두움을 나타내며, a값은 적색(+)과 녹색(-), b값은 노랑(+)과 파랑(-)을 나타낸다.
2. 사람이 씹는 방법을 기계적으로 고안한 것으로, 단단함과 응집성 등을 측정할 수 있다. 단단함은 부서뜨리는 데 필요한 힘이라 정의되고, 응집성은 부서지기 전까지 변형되는 정도를 나타낸다.
3. 푸아죄유 식에서 $Q=\frac{\pi R^4 \Delta P}{8\eta L}$, 점도는 $\eta=\frac{\pi R^4 \Delta P}{8\eta Q}$ 로 나타내며 상대점도는 용액의 점도와 물의 점도와의 비로 표시된다.

   상대점도 $\eta_r=\frac{\eta_{용액}}{\eta_{물}}=\frac{\frac{\pi R^4 \Delta P}{(8\eta Q)_{용액}}}{\frac{\pi R^4 \Delta P}{(8\eta Q)_{물}}}=\frac{t_s \cdot \rho_s}{t_0 \cdot \rho_0}$

   비점도 $\eta_{sp}=\frac{\eta_s-\eta_0}{\eta_0}=\eta_r-1$

   고유점도 $[\eta]=\lim_{c\to 0}\frac{\eta_s-\eta_0}{\eta_0 \cdot C}=\lim_{c\to 0}\frac{\eta_{sp}}{C}$

4. 파손강도(Failure stress) $=\frac{8\,\mathrm{kg}_f \times 9.8\,N/1\,\mathrm{kg}_f}{\pi(1\,\mathrm{cm})^2(1\,\mathrm{m}/100\,\mathrm{cm})^2}=249.7\,\mathrm{kPa}$

   파손 변형(Failure strain) $=\frac{0.4\,\mathrm{cm}}{4\,\mathrm{cm}}\times\frac{100\,\mathrm{mm/min}}{200\,\mathrm{mm/min}}=0.05$

   영률(Young's modulus) $=\frac{249.7\,\mathrm{kPa}}{0.05}=4994\,\mathrm{kPa}$

5. 세균의 증식 pH 범위 : 4.0~9.0, 효모의 증식 pH 범위 : 2.0~8.5, 곰팡이의 증식 pH 범위 : 1.5~9.0
6. 표준한천배지, 배양온도 : 35±1°C, 배양시간 : 24~48시간

7. 시료의 농도별로 많은 시험관을 이용하여 실험을 시행한 후 양성시험관의 수로부터 세균의 수를 구하는 방법으로, 시료 100 mL에 존재 가능한 균의 수를 의미하며 그 결과는 총대장균군 수/100 mL로 표시한다.

8. 증균 배양의 배지는 NaCl을 첨가한 TSB 배지, 분리 배양의 배지는 난황 첨가 만니톨 식염 한천배지, Baird-Parker 한천배지 또는 Baird-Parker(RPF) 한천배지이다.

집락의 특징은 난황 첨가 만니톨 식염 한천배지에서 황색의 불투명 집락을 나타내며 그 주변에 혼탁한 백색 환이 있는 집락, Baird-Parker 한천배지에서는 투명한 띠로 둘러싸인 광택이 있는 검은색 집락, Baird-Parker(RPF) 한천배지에서는 불투명한 환으로 둘러싸인 검은색 집락이다.

9. 면역자성 분리법, 역수동 라텍스 응집법, 효소결합 면역흡착 분석법, 면역형광검사, 면역크로마토그래피 측면 유동 분석법, 유동 세포 분석기

10. 모든 속성이 품질관리의 대상으로 고려되어야 할 필요는 없다. 관능적 구격은 기호도와 관련된 속성에 대하여 정해지며 그 과정은 다음과 같다.

i) 다른 관능적 성질을 보이거나 시장에서 실제 변이를 대표하는 제품군(부적격제품 포함)을 선택한다. ii) 제품과 대조구 간 차이를 분석한다. 부적격제품에 대한 속성이 세기를 평가한다. iii) 다수의 소비자 패널이 제품의 기호도를 평가한다. iv) 속성 세기의 변이와 기호도 변이의 관계를 분석한다.

또한 실질적으로는 관련된 식품을 전문적으로 다루는 공인 기관이 이미 설정해 놓은 규격을 따를 수도 있다.

11. 제품 개발을 위한 관능검사법에서 대조구의 사용은 주로 시료의 속성 세기를 정량화하기 위함이며 따라서 대조구로 사용되는 물질은 단순히 그 성질이 일관되어 세기의 기준이 될 수 있어야 한다. 그러나 품질관리를 위해서 사용되는 관능검사에서 대조구는 제조, 저장 등의 과정 중의 제품 품질의 적격 및 부적격을 판별하는 데 사용되며 제품 대조구, 개념적 대조구, 문서 대조구의 형태로 제공된다.

관능검사법 또한 차이가 있는데 일반적으로는 차이 분석, 묘사 분석, 선호도 분석, 품질 등급화 등이 적용되지만, 품질관리에는 특히 대조구와의 차이를 보는 차이 분석이 사용된다.

12. 관능검사법의 선택은 주어진 여건에 따라 최적으로 이루어진다. 즉, 만약 고려되는 관능 속성의 수가 5~10개로 제한된다면 묘사 분석이 바람직하다. 반면에 제품의 변이가 쉽게 특정한 속성에 의하여 정의될 수는 없지만 광범위한 속성(외관, 풍미, 텍스처 등)으로 쉽게 반영될 수 있을 경우에는 품질 등급화와 같은 차이검사가 더 적합할 수 있다. 만약 제품의 변이가 관능 속성에 의하여 정의될 수 없지만 부적격제품이 관능적으로 다르게 느껴질 수 있을 경우에는 in/out 방법과 같은 차이검사가 추천된다.

관능검사법을 선택함에 있어 i) 품질관리의 목적, ii) 대조구의 형태, iii) 인지되는 제품의 변이가 관능 속성에 의하여 정의되는지의 여부, iv) 감지되어야 하는 변이의 크기 등의 기준을 고려하면 바람직하다. 이에 따라서 적기 및 저비용으로 적용할 수 있는 관능검사법을 선택할 수 있다.

제5장

1. 일상에서 발견되는 통계의 오류는 수많은 예가 있겠으나, 하나의 예로 최근 통계를 활용한 2016년 총선 결과 예측에 대한 오류에 대하여 아래 사이트 등에서 언급하고 있으므로 참고하세요.

http://news.kbs.co.kr/news/view.do?ncd=3258485&ref=A

http://www.mediatoday.co.kr/?mod=news&act=articleView&idxno=129634

http://www.journalist.or.kr/news/article.html?no=38945

2. 양측 검정 : 표본집단이 모집단과 차이가 나는가를 검정할 때 사용. 즉 "차이가 있다."라는 가설에 대한 검정

단측 검정 : 우열을 가리거나 증감(+ 또는 -)을 따지는 검정을 할 때 사용. 즉 "효과가 좋다. 혹은 나쁘다." 등의 결과를 얻기 위한 검정 시 사용

3. 이 문제의 관점은 통계는 도구이지 목적이 아니라는 의미에서 제공한 것으로, 선택의 문제이므로 정답은 없다.

거짓말 탐지기의 정확도가 90%이므로, 범인 검거의 관점에서 보면 '10명의 범인 중 9명은 거짓말 탐지기로 찾아내고 나머지 1명은 놓칠 수 있다.'는 예측(확률적 예측이며, 실제로는 10명 다 찾을 수도, 10명 다 못 찾을 수도 있음)이며, 따라서 확률적으로 1명을 놓치더라도 위험한 범죄자 9명을 검거할 가능성이 높으니 사용해야 한다는 의견이 높을 수 있다. 반면에 무고한 시민 1명이 범죄자의 누명을 쓸 수도 있다는 가능성(무고한 시민이 범죄자로 몰릴 확률 : 1명/1990명=0.05%) 또한 있으므로 인권 보호의 관점에서 사용하지 말자는 의견 또한 나올 수 있다. 더불어 범죄율(10명/2000명=0.5%)이 매우 중요한 판단 관점일 수 있다. 무고한 시민 1명(10% 부정확도로 인한)과 거짓말 탐지기를 사용하지 않아 발생할 수 있는 10명의 재범 가능성(위험한 범죄자이므로)에 대한 중요도 판단은 사회적 합의가 필요하다. (진범을 악착같이 잡으려 한다면 그로 인해 어쩔 수 없이 무고한 시민이 고충을 겪게 되는 경우 또한 많아지는 것이 일반적이다. ← 1종 오류와 2종 오류의 관계)

4. 참고할 수 있는 예시 사이트 하나를 소개한다. http://blog.naver.com/stat833/220068721499
5. 참고할 수 있는 예시 사이트 하나를 소개한다. http://cafe.naver.com/office2080/1273
6. 참고할 수 있는 예시 사이트 하나를 소개한다. http://blog.naver.com/stat833/220064862005
7. 참고할 수 있는 예시 사이트 하나를 소개한다. http://blog.naver.com/stat833/220060189937
8. 참고할 수 있는 예시 사이트 하나를 소개한다. http://blog.naver.com/stat833/220069870037

제6장

1. 제품 생산 시작 전이나 제품 생산 시작 후 7일 이내에 제출해야 한다.
2. 보고인, 영업소, 제품 정보, 원재료명 또는 성분명 및 배합 비율 등을 기록하고. 첨부할 제출서류로는 제조방법설명서, 유통기한의 설정사유서이다.
3. 식품의 유형, 제품명, 유통기한, 원재료명 및 배합 비율, 용도·용법, 포장방법, 성상 등을 기록해야 한다.
4. 식품 등의 기준 및 규격의 최소 분류단위로서 식품 종에서 분류하고 있는 최소 분류로 기재해야 한다. 그러나 식품 유형이 없는 것은 식품 종을, 식품 유형과 식품 종이 없는 것은 식품군을 식품 유형으로 한다. 즉, 『식품공전』 '식품별 기준 및 규격'에 정하는 바에 따라 식품의 유형을 설정하고, 여기에 정해지지 아니할 경우에는 '규격 외 일반 가공식품의 기준 규격'에 따라 식품의 유형을 정한다.
5. 제품의 포장·유통 방법 등을 고려하여 식품의약품안전처 고시 '식품, 식품첨가물, 축산물 및 건강기능식품의 유통기한 설정 기준'에 따라 영업자가 설정한다. 유통기한 설정실험을 직접 하지 못하는 영업자는 ① 타 국내외 식품 등 제조·가공 업자, ② 식품 관련 학과 설치 대학 및 대학 부설 연구소, ③ 식품 위생 검사기관에 유통기한 설정실험의뢰서를 작성하여 해당 기관에 의뢰할 수 있다.
6. 유통기한 설정실험 결과보고서를 근거로 유통기한 설정사유서를 작성하여 이것을 식품·식품첨가물 품목제조보고서에 첨부하여 등록관청에 제출하면 유통기한 설정이 완료된다.
7. ④ 원산지 판별은 회사의 현장에서 검사하는 것이 아니라 원재료의 수입 시 수입국을 표시하는 것이다.
8. ③ 입고 차량의 적재함은 청결해야 하고 식품 취급이 가능한 차량에 적재되어야 하기 때문에 항상 청결하게 관리해야 한다. 차량의 운송 상태는 검수관리 담당자가 점검한다.
9. ① 검체 채취는 『식품공전』의 '검체의 채취 및 취급 방법'에 의거하여 검사 목적, 대상 식품의 종류와 물량, 오염 가능성, 균질 여부 등 검체의 물리·화학·생물학적 상태를 고려해야 하며, 검체의 채취는 규정된 자가 수행한다.
10. ④ 소비자의 부주위로 인한 경우는 클레임을 제기할 수 있지만 고의로 훼손한 경우는 해당되지 않는다.
11. ③ 클레임은 소비자가 불만을 제기하는 것으로 클레임을 제기한 사람에게 책임을 물어서는 안 되며, 고객 응대의 기본 요령에 어긋나는 행동이다.
12. ④ 용기 파손 등으로 인한 상해 사고는 소비자 배상 기준 중 배상에 해당한다.

찾아보기

영문 찾아보기

저자 소개

류기형
현재 공주대학교 식품공학과 교수
경상대학교 식품공학과 학사
고려대학교 식품공학과 석사
Kansas State University 식품공학과 박사
Cornell University 박사후 연구원

권미라
현재 부산대학교 식품영양학과 부교수
서울대학교 식품영양학과 학사
서울대학교 식품영양학과 석사
서울대학교 식품영양학과 이학박사
USDA-ARS 연구원
미국 Kraft/Nabisco 연구원

김병기
현재 단국대학교 식품공학과 명예교수
서울대학교 식품공학과 학사
한국과학원 생물공학과 석사
Texas A&M University 식품공학 전공 박사

김병용
현재 경희대학교 식품생명공학과 교수
연세대학교 식품공학과 학사
North Carolina State University 식품과학과 석사
North Carolina State University 식품과학과 박사

박양균
현재 목포대학교 식품공학과 교수
전남대학교 식품공학과 학사
전남대학교 식품공학과 석사
전남대학교 식품공학과 박사
Cornell Univ. & Florida Univ. 방문교수

양지영
현재 부경대학교 식품공학과 교수
서울대학교 식품공학과 학사
서울대학교 식품공학과 석사
울대학교 식품공학과 박사
a State University 연구교수

은종방
현재 전남대학교 농식품생명화학부 식품공학전공 교수
전남대학교 식품가공학과 학사
전남대학교 식품가공학과 석사
Mississippi State University 식품공학 박사

이승주
현재 동국대학교 식품생명공학과 교수
서울대학교 식품공학과 학사
서울대학교 식품공학과 석사
University of Massachusetts-Amherst 식품공학 전공 박사

이재권
현재 경기대학교 식품생물공학과 교수
연세대학교 식품공학과 학사
연세대학교 식품공학과 석사
Texas A&M University 곡류 가공학 박사

정헌상
현재 충북대학교 식품생명공학과 교수
충북대학교 식품공학과 학사
충북대학교 식품공학과 석사
충북대학교 식품공학과 박사

최원석
현재 국립 한국교통대학교 식품공학과 교수
고려대학교 생물공학과 학사
고려대학교 식품공학과 석사
고려대학교 식품공학과 식품공학 전공 박사
University of Arkansas, Dept. of Food Sci. 방문교수

실무를 위한 **식품품질관리**

2022년 8월 20일 초판 4쇄 발행
2016년 8월 25일 초판 1쇄 발행

지은이 류기형 · 권미라 · 김병기 · 김병용 · 박양균 · 양지영
은종방 · 이승주 · 이재곤 · 정헌상 · 최원석

발행인 이 영 호
발행처 **수 학 사**
10881 경기도 파주시 회동길 56 기한재 1층
출판등록 1953년 7월 23일 제2020-000143호
전화번호 031) 946-4642(代) 팩스 031) 944-1457
http://www.soohaksa.co.kr
디자인 북큐브

정가 25,000원

ISBN 978-89-7140-703-5 (93570)